岩 波 文 庫

33-959-1

気 体 論 講 義

(上)

ルートヴィヒ・ボルツマン著
稲 葉 肇 訳

Ludwig Boltzmann

VORLESUNGEN ÜBER GASTHEORIE
I. THEIL
Theorie der Gase mit einatomigen Molekülen, deren Dimensionen gegen die mittlere Weglänge verschwinden

1896

凡　例

- 本書は，Ludwig Boltzmann, *Vorlesungen über Gastheorie* I: 1896, II: 1898 の全訳である．岩波文庫に収録するにあたり，原書第I部を「上巻」とし，第II部を「下巻」とした．
- 訳者補足は本文中は〔　〕，文献は［　］で示した．
- 人名に関する訳注は，『科学者人名辞典』(*Complete Dictionary of Scientific Biography*, Charles Scribner's Sons, New York, 2007)，『一般ドイツ人名辞典』(*Allgemeine Deutsche Biographie*, Duncker & Humblot, Leipzig, 1875-1912)および『新ドイツ人名辞典』(*Neue Deutsche Biographie*, Duncker & Humblot, Berlin, 1953-)をもとに作成した．
- 歴史的事情に関する訳注は，とくに指示がない限り，広重徹『物理学史』全2巻(培風館, 1968)，P. M. ハーマン『物理学の誕生：エネルギー・力・物質の概念の発達史』(杉山滋郎訳, 朝倉書店, 1991)，小山慶太『物理学史』(裳華房, 2008)，H. カーオ『20世紀物理学史：理論・実験・社会』上・下(岡本拓司監訳, 有賀暢迪, 稲葉肇ほか訳, 名古屋大学出版会, 2015)をもとに作成し

た.

- 本文で原著者が想定していると思われる文献に関する訳注は,ブラッシュによる英訳(*Lectures on Gas Theory*, tr. S. G. Brush, University of California Press, Berkeley and Los Angeles, 1964)の訳注に大幅に依拠している.

- 原著では「速度」と「速さ」が用語上区別されていない.これは現代の気体運動論の教科書にも見られることのある方針だが,本来は両者は区別すべきでもある.そこで本書では "Geschwindigkeit" に一貫して「速度」という訳語を当てるが,明らかに「速さ」を表している場合には「速度〔の大きさ〕」などと補うことにした.

- 原著の用語の中には,現代の読者にとって馴染み深いとは言えないものがある.本訳書では歴史的文脈を保存するため,それらは可能な限り残し,初出箇所に訳者補足で対応する現代の用語を付した.ただし,「活力」(lebendige Kraft),「力関数」(Kraftfunktion),「複合分子」(zusammengesetztes Molekül),「可滴流体」(tropfbare Flüssigkeit)は,それぞれ「運動エネルギー」「ポテンシャル関数」「多原子分子」「液体」とした.

- 原著の言葉遣いには,「単位面積にかかる圧力」のように,現代の読者にとっては不自然に思える表現もあるが,理解に支障をおよぼさない限りはこのような言葉遣いもそのままにし,訳語の一貫性を優先させた.

- 数式の表記は底本に従ったが，明らかな誤植については断りなく訂正した．
- 原著では，雑誌名と書名を略記する際に，本訳書の読者にとって馴染み深いとは言えないものが使われている．以下に主要なものの対応を掲げる．また，以下の略称は訳注においても用いることがある．
    - Ann. d. Chem. u. Pharm. = Annalen der Chemie und Pharmacie
    - C. r. d. Pariser Acad. = Comptes rendus hebdomadaires des séances de l'Académie des sciences
    - Edinb. trans. = Transactions of the Royal Society of Edinburgh
    - Maxwell, Scient. Pap. = J. C. Maxwell, *The Scientific Papers of James Clerk Maxwell*, ed. W. D. Niven, 2 vols., University Press, Cambridge, 1890.
    - Phil. Mag. = Philosophical Magazine
    - Phil. Trans. = Philosophical Transactions of the Royal Society of London (1665-1886); Philosophical Transactions of the Royal Society A (1887-)
    - Pogg. Ann. = Annalen der Physik und Chemie
    - Proc. R. S. London = Proceedings of the Royal Society of London
    - Sill. J. → Silliman's Journal
    - Silliman's Journal = American Journal of

　　　　Science
 - Sitzungsberichte der Wiener Akademie → Wiener Sitzungsberichte
 - Wied. Ann. → Pogg. Ann.
 - Wien. Sitzungsber. → Wiener Sitzungsberichte
 - Wiener Sitzungsber. → Wiener Sitzungsberichte
 - Wiener Sitzungsberichte = Sitzungsberichte der Kaiserlichen Akademie der Wissenschaften. Mathematisch-Naturwissenschaftliche Classe. 2. Abt. (1861-1888); Sitzungsberichte der Kaiserlichen Akademie der Wissenschaften. Mathematisch-Naturwissenschaftliche Classe. Abtheilung 2b.(1889-)

目　　次

凡　例

〔第Ⅰ部〕序文 ……………………………………… 13

はじめに ……………………………………………… 19
　§1　気体の振舞いの力学的なアナロジー ………… 19
　§2　気体の圧力の計算 ……………………………… 30

第1章　分子が弾性球である場合．ただし外
　　　　力と可視的な運動はないものとする … 43
　§3　速度分布則のマクスウェルによる証明．
　　　衝突の頻度 ………………………………………… 43
　§4　承前；衝突後の変数の値．逆衝突 …………… 56
　§5　マクスウェルの速度分布が唯一可能なも
　　　のであることの証明 …………………………… 66
　§6　量 H の数学的意味 …………………………… 74
　§7　ボイル-シャルル-アヴォガドロの法則．
　　　加えられた熱の表式 …………………………… 86
　§8　比熱．量 H の物理的意味 …………………… 96
　§9　衝突数 ……………………………………………… 107

§10 平均自由行程 ………………………………… 118
§11 分子運動による任意の量の輸送に関する基本方程式 ………………………………… 125
§12 気体の電気伝導性と内部摩擦〔粘性〕 …… 132
§13 熱伝導と気体の拡散 ……………………… 141
§14 2種類の無視. 二つの異なる気体の拡散 ………………………………………………… 152

第2章 分子が力の中心である場合. 外力と気体の可視的な運動の考察 …………… 175
§15 f と F の偏微分方程式の議論 ………… 175
§16 承前. 衝突の影響の議論 ………………… 183
§17 ある領域のすべての分子にわたる和の時間による微分商〔導関数〕 …………… 198
§18 エントロピー則のより一般的な証明. 定常状態に対応する方程式の考察 …… 212
§19 空気静力学. 方程式147を破ることなく運動する, 重力下の気体のエントロピー ……………………………………………… 226
§20 流体動力学的方程式の一般的形式 …… 237

第3章 分子が距離の5乗に逆比例する力で反発する場合 ………………………………… 263
§21 衝突に由来する項の積分の実行 ……… 263

§22 緩和時間．内部摩擦により修正された動力学的方程式．球関数による B_5 の計算 282

§23 熱伝導．第二の近似計算法 301

§24 方程式147が満たされないときのエントロピー．拡散 325

上巻解説　351

索　引　371

下巻目次
　凡　例
　〔第II部〕序文
　第1章　ファン・デル・ワールスの理論の基本
　第2章　ファン・デル・ワールスの理論の物理的議論
　第3章　気体論にとって有用な一般力学の命題
　第4章　多原子分子気体
　第5章　ヴィリアル概念によるファン・デル・ワールス方程式の導出
　第6章　解離の理論
　第7章　多原子分子気体の熱平衡に関する命題の補足
　下巻解説
　索　引

図版製作＝鳥元真生

●数式中の欧字について

本書の数式中には「フラクトゥール体」という字体の欧字があらわれる．本書で使われているフラクトゥール体の欧字について対照表を掲げておく．　　　　　　　　　　(岩波文庫編集部)

フラクトゥール体	ローマン体	フラクトゥール体	ローマン体
$\mathfrak{D}$	D	$\mathfrak{a}$	a
$\mathfrak{L}$	L	$\mathfrak{b}$	b
$\mathfrak{M}$	M	$\mathfrak{c}$	c
$\mathfrak{N}$	N	$\mathfrak{f}$	f
$\mathfrak{P}$	P	$\mathfrak{l}$	l
$\mathfrak{Q}$	Q	$\mathfrak{m}$	m
$\mathfrak{R}$	R	$\mathfrak{n}$	n
$\mathfrak{W}$	W	$\mathfrak{p}$	p
$\mathfrak{X}$	X	$\mathfrak{q}$	q
$\mathfrak{Y}$	Y	$\mathfrak{r}$	r
$\mathfrak{Z}$	Z	$\mathfrak{u}$	u
		$\mathfrak{v}$	v
		$\mathfrak{w}$	w
		$\mathfrak{x}$	x
		$\mathfrak{y}$	y
		$\mathfrak{z}$	z

気体論講義
(上)

第Ⅰ部

平均自由行程に対して無視できる程度の大きさを持つ単原子分子からなる気体の理論

〔第 I 部〕序文

　　　　　　　　　　すべて無常のものは
　　　　　　　　　　ただ映像にすぎず.*1

　気体論についての教科書を書こうという考えは，すでに何度も頭に浮かんでいた．とくに思い出されるのは，1873年ヴィーン万博の折に，ヴルブレフスキー教授*2がそれを熱心に勧めてきたことである．ただでさえいつ目が見えなくなるか分からないのだから，と教科書を書くことに私があまり意欲を示さなかったとき*3，彼はそっけなくこう答えたのだった．「急ぐ理由が増えたではないか！」いまは，私はこの心配をもはやしていないが，そのような教科書を執筆するタイミングとしては当時よりも適切ではないように思われる．というのは，第一に言っておきたいのは，ドイツでは気体論は時代遅れになってしまったからだ．第二に，ちょうど O. E. マイヤー*4 の有名な教科書の第 2 版が出版され，またキルヒホッフ*5 がその『熱学講義』の中で，気体論に長い一章を割いているからである．しかしながら，マイヤーの本は，化学者や物理化学の学生にとっては優れたものとして認められているけれども，それが追究する目的はまったく異なる．対してキルヒホッフの著作は，たしかにその〔題材の〕選択と説明において，彼の大家ぶりを示してはいる．しかしそれは，

死後出版の，気体論を付録として扱う熱理論の講義録であって，〔気体論としては〕いくらかでも包括的と言えるような教科書ではない．正直に認めると，私は，一方ではキルヒホッフが気体論に示した興味のために，他方では彼がその説明の短さゆえに残した多くの空白のために，同じくこのミュンヘン大学とヴィーン大学での講義をもとにした小論を公刊するよう勇気づけられたのである．

私はここで，はじめに，クラウジウス[*6]とマクスウェル[*7]の画期的な研究を概観することを試みた．私自身の研究にもある程度の紙幅を割いたが，これを悪く思う人はいないだろう．私の研究は，キルヒホッフの『熱学講義』にもポアンカレ[*8]の『熱力学』にも，最後の箇所で敬意とともに引用されてはいるが，当然と思われる箇所であっても，活用されているのではないからだ．そこで私は，いくつかの主要な結果を短くまとめた，可能な限り理解しやすい説明をしても無駄ではないと結論した．内容と説明には，オックスフォードで開催されたイギリス〔科学振興〕協会のあの忘れがたい大会[*9]と，その後，多くのイギリスの研究者による私信や『ネイチャー』に公刊された書簡[*10]から学んだことに，大きな影響を受けている．

私は，この第Ⅰ部に第Ⅱ部を続け，そこでファン・デル・ワールス[*11]の理論，多原子分子気体，解離を扱うつもりである．またそこでは，式 110a の詳しい証明——これは繰り返しを避けるため，§16 では概略だけが示される——が補わ

れるであろう．

いくらか冗長な数式を使用することは，複雑な一連の思考を表現するためには，残念ながらしばしば避けられなかった．多くの人の目には，もし全体を見晴らしていなければ，その結果はもしかすると費やされた労力に見合わないように映るであろうことが，私にはありありと想像できる．〔だが，〕純粋数学の多くの結果は，はじめは不毛に見えるかもしれないが，われわれの思惟形式の範囲と内的直観を本質的に拡張するやいなや，実践的な科学にとってつねに有用なものになる．これは別としても，マクスウェルの電磁気学の複雑な数式でさえ，ヘルツ[*12]の実験以前にはたびたび不毛であると思われていた．気体論についても，このような見方が一般的なものではないことを願う．

ヴィーン，1895年9月
ルートヴィヒ・ボルツマン

注

*1　［訳注］ゲーテ『ファウスト第二部』(相良守峯訳，岩波文庫，1958)の結末部「神秘の合唱」の一節．相良によればこれは，現実の感覚的世界は理念や実在そのものではなく，その映像に過ぎないことを言う．ここで「映像」と訳されたドイツ語 "Gleichnis" は「比喩」あるいは「象徴」も意味しうる．ボルツマンがこれをエピグラフに掲げた理由は不明だが，「像」の理論，すなわち科学理論やモデルを現実の「像」と捉えた上で，同一の現象に対する複数の「像」

の可能性を認め,さらにそれらのあいだの比較基準を論じた科学哲学的議論との関連は考えられることである.訳注*12 および下巻解説も見よ.

*2 [訳注]ポーランドの化学者・物理学者 Zygmunt Florenty Wróblewski (1845-1888)のことか.酸素,窒素,一酸化炭素の液化に成功.

*3 [訳注]ボルツマンは強度の近視だった.上巻解説も見よ.

*4 [訳注] Oskar Emil Meyer, 1834-1909. ドイツの物理学者.化学者ロタール(Lothar Meyer, 1830-1895)の弟.気体の粘性に関する研究で知られる.「有名な教科書」とは『気体運動論』第2版(*Die kinetische Theorie der Gase*, 2. umgearb. Aufl., Maruschke und Berendt, Breslau, 1899)のことだと思われるが,この時点ではまだ出版されていない.

*5 [訳注] Gustav Robert Kirchhoff, 1824-1887. ドイツの物理学者.電気回路に関するキルヒホッフの法則のほか,分光分析,黒体輻射など多くの研究で知られる.『熱学講義』(*Vorlesungen über die Theorie der Wärme*, hrsg. von Max Planck, B. G. Teubner, Leipzig, 1894)は『数理物理学講義』(*Vorlesungen über mathematische Physik*)第4巻として,キルヒホッフの死後,プランクの手により編集されて出版された.

*6 [訳注] Rudolf Julius Emanuel Clausius, 1822-1888. ドイツの物理学者.熱力学第二法則の提唱とエントロピー概念の導入のほか,気体運動論の研究も手がけた.

*7 [訳注] James Clerk Maxwell, 1831-1879. イギリス

の物理学者. 電磁気学におけるマクスウェル方程式を確立したほか, 気体運動論・統計力学におけるマクスウェル-ボルツマン分布に名を残す.

* 8 [訳注] Henri Poincaré, 1854-1912. フランスの数学者・物理学者. 位相幾何学や天体力学の研究で知られる. 『熱力学』とは *Thermodynamique: Leçons professées pendant le premier semestre 1888-89*, redigées par J. Blondin, G. Carré, Paris, 1892 を指す.
* 9 [訳注] ボルツマンは1894年の大会に参加した.
* 10 [訳注]『ネイチャー』誌上に編集者宛書簡として掲載された, 以下のやり取りを指す. G. H. Bryan, Nature **51**, 31 (1894);**51**, 152 (1894);**51**, 176 (1894);**51**, 262 (1895); **51**, 319 (1895);**52**, 244 (1895);E. P. Culverwell, Nature **50**, 617 (1894);**51**, 78 (1894);**51**, 105 (1894);**51**, 246 (1895);**51**, 581 (1895);**52**, 149 (1895);S. H. Burbury, Nature **51**, 78 (1894);**51**, 175 (1894);**52**, 316 (1895);G. F. Fitzgelard, Nature **51**, 221 (1895);L. Boltzmann, Nature **51**, 413 (1895);**51**, 581 (1895). このやり取りについては上巻解説も見よ.
* 11 [訳注] Johannes Diderik van der Waals, 1837-1923. オランダの物理学者. 実在気体に関するファン・デル・ワールスの状態方程式で知られる. 下巻解説も見よ.
* 12 [訳注] Heinrich Rudolf Hertz, 1857-1894. ドイツの物理学者. 1888年, 電磁波の実験的検出に成功し, マクスウェルの電磁気学を確証した. 『力学原理』*Die Prinzipien der Mechanik in neuem Zusammen-*

hange dargestellt, J. A. Barth, Leipzig, 1894. 邦訳『力学原理』上川友好訳・解説, 東海大学出版会, 1974 では「像」の理論と呼ばれる認識論を展開するとともに, 力の概念を使わない力学体系の提示に取り組んだ. 訳注*1 および下巻解説も参照せよ.

はじめに

§1 気体の振舞いの力学的なアナロジー

すでにクラウジウスは，力学的な一般熱学と特殊熱学を厳密に区別していた．前者は本質的には，クラウジウスの例にならえば，熱学の主則と呼ばれる二つの法則〔熱力学第一法則と第二法則〕にもとづくものである．後者は，第一に，熱は分子運動であるという特定の仮定を置き，第二に，それに加えて，この運動の性質について精密なイメージを作り上げようとするものである．

一般熱学もまた，自然界のありのままの事実を超えた仮説をいくつか必要とする．にもかかわらずそれは明らかに，特殊熱学よりも，恣意的な前提からの独立性が強い．一般熱学の命題を特殊熱学のそれから分離し，前者が後者の主観的な仮定から独立であることを証明するのがどれほど望ましく，また必要であるかを詳述しようとすれば，それはすでにクラウジウスが明瞭に説明している既知の原理を，不必要にも繰り返さなければならないことになるだろう．彼はその原理にもとづいて，自身の本を二部に分割したのだった[*1]．

さて最近では，熱学のこれら二つの領域の相互関係は，ある点において変化している．エネルギーの振舞いが物理学の

さまざまな現象領域において示す，きわめて興味深いアナロジーと差異に注目することで，いわゆるエネルギー論[*2]が作り出されたのである．エネルギー論は，熱が分子運動であるというイメージに敵対的である．実際，このようなイメージは，一般熱学にとって必須であるわけではなく，ローベルト・マイヤー[*3]もそれを支持しなかったことは知られている通りである．エネルギー論をさらに発展させることが科学にとって意義深いことは確かである．しかしこれまでのところエネルギー論の諸概念は，厳密に定められた旧来の熱学の諸定理——これは，結果が事前に知られていない，新しい特殊な事例にもつねに明瞭に適用可能である——に取ってかわることができるためには，あまりにも不明瞭にしか表現されておらず，またその命題はあまりにも不明確にしか述べられていない．

さて電気学の領域においては，古くからの，とくにドイツでは一般的だった，遠隔力による電気現象の力学的説明は失敗に終わった．なるほどマクスウェル自身は最大限の敬意をもってヴィルヘルム・ヴェーバー[*4]の理論に言及している．ヴェーバーは，静電単位と電磁単位の換算係数の決定と，その光速度との関係の発見によって，光の電磁気学的理論の体系に向けての一石さえ投じたのだった．それにもかかわらず，電気力の作用についてのヴィルヘルム・ヴェーバーの力学的仮説は，科学の進歩にとって有害でさえあったという極端な主張がなされたのである．

§1 気体の振舞いの力学的なアナロジー

イギリスでは,熱の本性についての見解も原子論についての見解も,この問題とはあまり関係ない状態が続いた.大陸においては,かつて天文学では非常に有用だった,質点間の中心力の仮定が認識論的な要請にまで一般化され,それゆえ 15 年前にはいまだにマクスウェルの電気理論にほとんど何の注意も払われなかった(ただこの一般化は有害であった)*5.まさにこの大陸で,どんな特殊な仮説にもある暫定的な性格がいまふたたび一般化され,そして熱が微小粒子の運動であるという仮定もまた,時とともに間違いであることが認識されて無視されるようになるだろう,と結論されたのだった.

これに対しては,運動論が中心力の説〔力学〕と融合しているのは,単に偶然によるものであることを想起しなければならない.気体論はマクスウェルの電気理論とは特別な親近性をさえ示している.それは気体論が,気体の可視的な運動,内部摩擦〔粘性〕,そして熱を,定常状態および近似的に定常な状態においてのみ本質的に異なるように見える現象として把握し,他方である種の輸送が生じる現象(熱の発生をともなう非常に急速な音響運動,きわめて稀薄な気体における摩擦ないし熱伝導*6)においては,何が可視的な運動で何が熱運動なのかの厳密な区別はもはや可能ではないとする限りにおいてである(§24 を見よ).これは,マクスウェルの電気理論では,変化が生じる場合に静電気力と動電気力〔二つの電流のあいだ,または電流と磁石のあいだにはたらく力.アンペール力〕

の分離などがもはや実行できないことと同様なのである．まさにこの変化の領域において，マクスウェルの電気理論はまったく新しいことを生み出した．同様に気体論においてもこの輸送現象について，摩擦や熱伝導によって修正された通常の流体動力学的な方程式が単なる近似式に見えるような，まったく新しい法則が見出された(§23 を見よ)．完全に新しい法則がはじめて指摘されたのは，マクスウェルが 16 年前に公刊した論文「稀薄気体における張力ついて」[*7]においてである．旧来の流体動力学的現象の記述に制約されている理論では決して再現できなかった現象には，とくに，ラジオメーター効果[*8]も数え入れられる．ラジオメーター効果をまったく別の条件のもとで定量的に観察する実験からは，実験的研究のこれまで注意を払われてこなかったある領域への関心と手引きが，ただ気体論のみから生じうることの証明がたしかに与えられることであろう．実験的研究に対してマクスウェルの電気理論が有する圧倒的な有用性にしても，20 年以上にもわたってほとんど気づかれないままだった．

以下では，熱と力学的エネルギーのどのような質的な差異も考慮しない一方で[*9]，分子の衝突の考察に際してはポテンシャルエネルギーと運動エネルギーという旧来の区別を維持することにする．しかしこのことは，事柄の本質を突いているのでは決してない．衝突中の分子の相互作用に関する仮定はまったく暫定的な性格を持つのであって，いつかは他のものによって置き換えられることは確実である．私は，衝突

§1 気体の振舞いの力学的なアナロジー

中にはたらく力の代わりに，弾性衝突の条件式よりも一般的な，ヘルツの死後出版された『力学』[*10]の意味における純然たる条件式が現れるような気体論をスケッチしようという誘惑にさえ駆られた．しかしこれは控えることにした．あらためて新しく任意の仮定をおきさえすればよかったであろうからである．

経験が教えるところによれば，新しい発見に導かれるのは，ほとんどが特殊な力学的直観を通じてであった．マクスウェル自身，ヴェーバーの電気理論の欠点を一目で認識したが，一方で気体論はきわめて熱心に検討し，(彼の表現では)純粋な数学的形式の方法よりも力学的アナロジーの方法[*11]をはるかに好んだのである．

それゆえ，より直観的かつよりよいイメージが得られないうちは，われわれは一般熱学と並び，またその重要性を損なうことなく，特殊熱学の旧来の仮説を洗練させる必要があるだろう．それどころか，認識論的な一般化が誤りと判明することがどれほど多かったかを科学の歴史が教えるとき，目下のところモダンで，いかなる特殊なイメージにも敵対的な見解は，質的に異なるエネルギーの諸形態の区別と同様に[*12]，後退であると認識されうるのではないだろうか．——誰が未来を見通せるだろうか．だからどの方向性にも自由な道があるべきであり，原子論的であっても反原子論的であっても，どんな教条主義も投げ捨てるべきなのだ！ さらにわれわれは，気体論のイメージを力学的アナロジーと呼ぶが，すでに

この〔アナロジーという〕言葉を選択したことにより，あたかもすべての点において物体の微小な粒子の真の性質を捉えているかのようなイメージから，われわれがどれほど距離を取っているかを明示的に表現しているのである．

われわれはまず，純粋な記述というもっともモダンな観点にのっとり，固体と流体の内部運動に関する既知の微分方程式を受け入れよう．ここから，二つの固体の衝突や，密閉された容器の中の流体の運動のような多くの場合において，その物体の形状が幾何学的に単純な形からごくわずかでもずれると波が生じなければならないこと，その波はたがいにますます入り乱れて，もとの可視的な運動の運動エネルギーが最終的には波の不可視な運動の中に消えていかなければならないということが導かれる．この現象を記述する方程式の数学的な帰結からは，ある程度自然に，次のような仮説へと到る．すなわち，ごく小さな波は最終的に微小粒子の振動へと変化しなければならないが，そのような振動が経験的に生じている熱と同一なのであるという仮説，そして熱とはそもそもわれわれには不可視なほど小さな大きさの運動なのであるという仮説である．

さてこれに対しては，物体はそれが占める空間を数学的な意味で連続的に満たしているのではなく，その小ささのために個別には感覚にとって知覚不可能な離散的な小物体，すなわち分子から成っているのであるという太古からの見解が

§1 気体の振舞いの力学的なアナロジー

付け加えられる．この見解には哲学的な根拠がある．というのは，真の連続体であれば，それは数学的に無限に多くの粒子から成らなければならないが，数学的な意味で真に無限な数など定義できないからだ．さらに，連続体の仮定にあっては，その振舞いに関する偏微分方程式を，最初から与えられたものとみなす必要がある．ところがいま，経験的にこの上なく制御可能なものとしてのその偏微分方程式を，その力学的な基礎づけから厳格に区別することがいかに望ましいとはいっても（ヘルツがとくに電気学について強調したのと同様である），小物体の行ったり来たりの運動によって生じる平均値からその偏微分方程式を力学的に基礎づけることはいちじるしくその直観性を高めるのであり，そしてこれまで原子論以外には，自然現象の力学的説明は見出されていない．

物体のある種の不連続性は，その他にも数多くの，定量的にも一致する事実によって経験的に確かめられている．とりわけ欠かせないのは，化学と結晶学の事実を具体化するための原子論である．それら諸科学の事実と離散的な粒子が集団として示す状態のあいだの力学的アナロジーは，われわれの直観に生じるかもしれない変革すべてをその本質的な要素が耐え抜き，また場合によってはいつか確立した事実として通用するかもしれないものに数え入れられることは確かである．このことは，すでに今日，恒星とは数百万マイルも離れた巨大な物体であるという仮説が，首尾一貫した仕方では，太陽のはたらきと，他の天体が生み出すその姿の微弱な視覚

像を具体化するための力学的アナロジーとしてのみ把握可能であるということと同様である．これを次のように批判することもできよう．すなわちその仮説は，われわれの感覚知覚の世界とは別の，想像上の事物から成る完結した世界を作り上げてしまっており，これについてはほとんど誰も，それが他の仮説によって取って代わられることがあるとは分からないだろう，と．

私は以下で，熱学のいわゆる第二主則〔熱力学第二法則〕の基礎にある事実と，気体分子の運動における確率的法則のあいだの力学的アナロジーが，単なるみかけの類似性をはるかに超えていることの証明が与えられることを望んでいる．

原子論的直観の有効性という問題は，キルヒホッフによって強調された事実，すなわちわれわれの理論は自然界に対して，記号が指示されるものに対してあるのと，つまり文字が音声に対して，あるいは音符が楽音に対してあるのと同様の関係にあるということとは，もちろん何の関係もない．また，理論を単なる記述と呼ぶことが，その自然界に対する関係をつねに想起させるために適切であるかどうかという問題とも関係ない．問題となるのはまさに，単なる微分方程式あるいは原子論的な見解が，いつかは現象の完全な記述であることが判明するかどうかということである．

連続体の現象を，きわめて多数の，並んで配置されている離散的な分子の存在によって説明することで，直観が助けられるといったん認めることにしよう．また，これらの分子が

§1 気体の振舞いの力学的なアナロジー

力学の法則に従うと考えることにしよう．すると，熱は分子の持続的な運動であるというさらなる仮定をせざるを得なくなる．というのは，事実これらの分子はその相対位置に力——この力の起源についてはどのように想定してもよい——によって拘束されていなければならない．ところで，可視的な物体にはたらく力はすべて，すべての分子に一様に作用するのでなければ，分子相互の相対運動を引き起こさなければならない．そしてその相対運動が止まることは運動エネルギーの保存によりありえず，永久に続かなければならないからである．

実際，経験が教えるところによれば，いわゆる自由落下のように，力が完全に一様に物体のすべての部分に影響をおよぼすのであれば，すべての運動エネルギーは可視的な形で現れる．そうではない場合にはすべて，可視的な運動エネルギーは減少し，そのかわりに熱が発生する．この熱は分子相互の新しく生じた運動であり，この運動をわれわれは見ることができない——というのは個々の分子を見ることはできないから——が，他方でそれは接触によってわれわれの神経の分子に伝達され，熱の感覚を生じさせる，という直観がおのずから出てくる．熱は分子がより活発に運動している物体から，分子がゆるやかにしか運動していない物体へと移る．そしてそこでは，可視的な運動エネルギーあるいは仕事から新しく生じたり，あるいはそれらへと変化するのでない限り，熱は運動エネルギーの保存により物質のように振る舞うだ

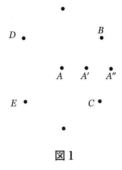

図 1

ろう[*13].

さてわれわれは、固体の分子をその相対位置に拘束する力がどのような性質のものであるかを知らない。それは遠隔力であるかもしれないし、何らかの媒質により伝達されるのかもしれない。またわれわれは、その力が熱運動によってどのような影響を受けるのかも知らない。しかしそれは、接近(圧縮)にも拡大(膨張)にも抵抗するのだから、固体においては分子はそれぞれ静止位置を持つと仮定することで、あるきわめて大雑把な像を得られることは明らかである。つまり分子は隣接する分子に接近するとこれにより反発され、しかし隣接する分子から離れると、逆に引力がはたらくのである。いま熱運動の結果、ある分子が最初にたとえば、その静止位置 A のまわりで、直線上あるいは楕円のような軌道上で振り子のような振動運動をしているとしよう(記号的な図1で

§1 気体の振舞いの力学的なアナロジー

は，分子の重心が示されている）．ここでそれが A' の方に来ると，隣接する分子 B と C により反発され，他方では D と E により引っ張られ，それゆえその最初の静止位置に引き戻される．どの分子もそのような静止位置のまわりで振動しているとすると，物体はある固定的な形状を取る．その物体は固体状の凝集状態にあるのだ．熱運動の唯一の結果は，それによって分子の静止位置がおたがいからいくらか引き離され，それゆえ物体がいくらか膨張することであろう．対して，熱運動がいっそう活発になると，ついには，分子が隣接する二つの分子のあいだを通って，静止位置 A から A''（図1）まで一気に追いやられるという点にまで到る．するともはや，この分子はもとの静止位置に引き戻されることはなく，静止位置を後にすることになる．このことが多くの分子において生じると，これら分子はミミズのようにたがいのまわりを這いまわらねばならず，物体は融解する．このイメージはもしかすると大雑把で，子供っぽいと感じられるかもしれない．また，後で相当程度修正されると，とくに斥力と見えるものは単なる〔分子〕運動の結果であると考えられるかもしれない．いずれにしても認められるのは，分子の運動がある限界を超えると，個々の分子は物体の表面から完全に引き剥がされ，空間中を自由に飛びまわるに違いないということだ．すなわち，物体は気化するのである．物体が密閉された容器の中にある場合，容器は自由に飛びまわる分子により満たされ，分子はあちらこちらでふたたび物体の中に入り込む．ふ

たたび物体に入り込む分子の数が，平均して，物体から引き剝がされる分子の数と等しいとき，容器中の空間は当該の物体の蒸気により飽和している，と言う．

十分に大きな密閉された容器は，その中にもっぱら同種の自由に飛びまわる分子のみが存在している場合，気体の像を与える．分子に対して何の外力もはたらいていないとき，この分子はきわめて長い運動時間のあいだ，発射された銃弾のように，直線軌道を一定の速度で飛行する．分子は偶然にも別の分子と非常に近いところを通るか，あるいは容器の壁に到達したとき，その直線軌道から逸らされる．気体の圧力は，容器の壁に対するこの分子の衝突作用から説明される．

§2 気体の圧力の計算

さて，このような種類の気体をより詳しく考察することにしよう．われわれは分子が力学の一般法則に従うことを仮定しているので，分子どうしの衝突に際しても，器壁との衝突に際しても，運動エネルギー保存の原理と重心運動の原理〔複数の質点からなる質点系全体の運動は，その系全体の重心で代表できるという原理〕が満たされなければならない．われわれは，分子の内部の性質についてもきわめて多様なイメージを作ることができるが，これら二つの原理さえ満たされれば，われわれはただちに実際の気体とある程度の力学的アナロジーを示すような系を得るのである．そのようなイメージの中でもっとも単純なのは，分子が完全に弾性的で，無限小しか変形

§2 気体の圧力の計算

しない球であり、また器壁は完全になめらかで、やはり同様に弾性的な面であるというものである。しかしわれわれは、より便利だと思われるところでは、他の作用法則を前提することもできる。その作用法則は、一般的な力学的原理と調和する限りにおいて、われわれが第一に採用する弾性球の仮定よりも正当であるということはないが、それよりも正当でないということもないのである。

さて、任意の形状の体積 Ω の容器を考え、それがある気体により満たされているとする。また気体分子は器壁でまさに完全弾性球のように跳ね返されるものとする。面積 ϕ を持つ器壁の部分 AB は平らであるとする。この部分に垂直に、内側から外側に向けて正の横軸を置こう。AB に対する圧力は、この部分の面積の裏側に底面 AB の垂直な円筒を考え、その中で面積 AB がピストンのように自身と平行に動かされるようになっているとしても、明らかに変化しない。するとピストンは、分子衝突によって円筒の中へと押し込まれるだろう。しかしピストンに対して、外側から力 P が横軸の負の向きへとはたらいているとすると、その力の強さをうまく選んで、分子衝突に対して釣り合いを保つように、そしてピストンがあちらこちらへと不可視のゆらぎしかできないようにすることができる。

任意のごく短い時間 dt のあいだに、いくつかの分子がピストン AB とまっすぐ衝突することもあるだろう。このとき 1 番目の分子が力 q_1 を、2 番目の分子が力 q_2 を、など

とピストンに対して横軸の正の向きに力をおよぼすだろう. M でピストンの質量を，U で横軸の正の向きに対するピストンの速度〔成分〕を表すと，時間要素 dt について方程式

$$M \frac{dU}{dt} = -P + q_1 + q_2 + \cdots$$

を得る．dt をかけて任意の時間 t にわたって積分すると，

$$M(U_1 - U_0) = -Pt + \sum \int_0^t q\, dt$$

が従う．いま P を気体の圧力に等しいとすると，ピストンは，不可視のゆらぎを無視すれば，目にとまるほどの運動を始めることはゆるされない．上式で U_0 は初期時刻における横軸方向のピストンの速度〔成分〕の値であり，U_1 は時間 t が経過した後のその値である．どちらの量も非常に小さいであろう．それどころか，時間 t を非常に短く取り，$U_1 = U_0$ とすることも容易にできるだろう．というのは，ピストンはその小さなゆらぎの運動において，周期的につねに同じ速度を取るに違いないからだ．いずれにしても，$U_1 - U_0$ が時間が経つにつれて増大することはありえない．つまり商 $(U_1 - U_0)/t$ は時間が経つにつれて極限ゼロに近づかなければならない．したがって，

1) $$P = \frac{1}{t} \sum \int_0^t q\, dt$$

が導かれる．

つまり圧力は，個々の衝突する分子が異なる時刻にピスト

ンに対しておよぼす小さな圧力の総和の平均値である．いま $\int qdt$ を，時間 t のあいだに，ある分子がピストンと行う任意の一回の衝突について計算しよう．分子の質量を m，その横軸の正の向きの速度成分を u とする．衝突は時刻 t_1 に始まり，時刻 $t_1+\tau$ に終わるものとする．するとこの分子は時刻 t_1 より前と時刻 $t_1+\tau$ より後にはピストンに対して何も力をおよぼさない．つまり，

$$\int_0^t qdt = \int_{t_1}^{t_1+\tau} qdt$$

である．ところで衝突中には，分子がピストンにおよぼす力は，逆にピストンが分子におよぼす力と同じ大きさで向きが反対である．それゆえ，

$$m\frac{du}{dt} = -q$$

となる．

それゆえ以下では，ξ で，衝突する分子が衝突前に持つ，横軸の正の向きの速度成分を表すことにしよう．すると，これは衝突後には $-\xi$ となり，

$$\int_{t_1}^{t_1+\tau} qdt = 2m\xi$$

を得る．

同じことは他の衝突するすべての分子についても成り立つので，式1からは

2) $$P = \frac{2}{t} \sum m\xi$$

が導かれる．ここで和は，時点 0 と t のあいだにピストンに当たるすべての分子について取るものとする．ちょうど時点 0 と t においてピストンと衝突する分子はここでは無視する．これは，全時間間隔 t が，一回の衝突にかかる時間に対して非常に大きければゆるされることである．

すぐに見るように(§3)，容器中にただひとつの気体のみが存在するときでも，そのすべての分子が同じ速度を持つことは決してありえない．最大限の一般性を確保するため，容器中に異なる種類の分子が存在するとしよう．ただしそれらの分子はすべて弾性球のように器壁で跳ね返されるものとする．$n_1 \Omega$ 個の分子がそれぞれ質量 m_1 と速度 c_1 を持ち，その座標軸に関する成分が ξ_1, η_1, ζ_1 であるとする．これらの分子は容器の内部空間 Ω の中に平均的には一様に分布し，単位体積あたり n_1 個の分子があるものとする．さらに，$n_2 \Omega$ 個の分子も同様に分布するとしよう．これらの分子は別の速度 c_2 と成分 ξ_2, η_2, ζ_2 を持ち，また質量 m_2 も場合によっては異なることがあるだろう．同様の意味が量 $n_3, c_3, \xi_3, \eta_3, \zeta_3, m_3$ 等々から $n_i, c_i, \xi_i, \eta_i, \zeta_i, m_i$ までに与えられる．容器中の気体の状態は，時間 t のあいだは定常であるとする．そうすると，任意の時間 τ のあいだには $n_1 \Omega$ 個の分子のうちのいくつかが他の分子あるいは器壁との衝突によって速度成分 ξ_1, η_1, ζ_1 を失うかもしれないが，平均的

には,同じ時間のあいだに,同数かつ同質[*14]の分子が衝突によって同じ速度成分を得ることになる.

さて,まず計算しなければならないのは,$n_1\Omega$ 個の分子のうち平均的にはどれだけが,時間間隔 t のあいだにピストンに衝突するかである.$n_1\Omega$ 個の分子はすべて,非常に短い時間 dt のあいだに,ある向きに行程 $c_1 dt$ を進み,その座標軸に対する射影は $\xi_1 dt, \eta_1 dt, \zeta_1 dt$ となる.ξ_1 が負であれば,当該の分子はピストンに衝突することはない.これに対して ξ_1 が正であれば,容器中にある傾いた円筒を作り,その底面はピストン AB だが,その側面は行程 $c_1 dt$ と平行かつ同じ向きを向いているとする.次に,$n_1\Omega$ 個の分子のうち,時間 dt の始めにこの円筒内に存在するものを $d\nu$ で表すことにするが,これらの,そしてこれらの分子のみが時間 dt のあいだにピストンと衝突することになるだろう.$n_1\Omega$ 個の分子は平均的には容器全体に一様に分布しており,この一様な分布は器壁のすぐ近くにまで伸びている.なぜなら,この器壁によって跳ね返された分子は,まるでその器壁が存在せず,その向こう側に同質の気体があるかのように戻ってくるからである.したがって,$n_1\Omega$ の $d\nu$ に対する比は,Ω の傾いた円筒の体積に対する比に等しい[*15].他方で後者の比は $\phi\xi_1 dt$ に等しいので,

3) $$d\nu = n_1 \phi \xi_1 dt$$

が導かれる.いま,容器中の状態は定常に保たれているか

ら，任意の時間 t のあいだに，$n_1\Omega$ 個の分子のうちピストンに衝突するのは $n_1\phi\xi_1 t$ 個である．それらはすべて質量 m_1 と，衝突前には横軸方向に速度成分 ξ_1 を持つ．それゆえ式 2 の和 $\sum m\xi$ に，項

$$\phi t n_1 m_1 \xi_1^2$$

だけ寄与する．同じことは残りのすべての分子についても成り立つので，

$$\frac{P}{\phi} = 2\sum n_h m_h (+\xi_h)^2$$

を得る．ここで和は，横軸方向の速度成分が正であるような，容器中に含まれるすべての分子について取るものとする．$P/\phi = p$ は単位面積に関する圧力である．この式はまた，ϕ が無限小，すなわち器壁が有限の広さの平面状の部分を持たない場合にも成り立つ．ここで，静止した気体においては分子の運動方向について，空間中のいかなる方向も他の方向より好まれることはないという前提を置こう．その正しさについては後で(§19)証明する．すると，任意の種類の分子について，横軸の正の向きに運動する分子と負の向きに運動する分子は同数であり，そのため $\sum m_h n_h \xi_h^2$ を負の ξ_h を持つすべての分子について計算すると，それは正の ξ_h を持つすべての分子について計算したものと同じ大きさでなければならない．それゆえ

4) $$p = \sum_{h=1}^{h=i} n_h m_h \xi_h^2$$

が得られる.ここで和はいま,容器中に含まれるすべての分子,すなわち $h=1$ から $h=i$ までの h のすべての値について取るものとする.

さて,任意の量 g が n_1 個の分子について値 g_1 を持ち,n_2 個の分子について値 g_2 を持ち等々として,最後になお残る n_i 個の分子について値 g_i を持つとする.このとき,表式

$$\frac{\sum_{h=1}^{h=i} n_h g}{n}$$

を $\overline{g}$ で表し,g の平均値と呼ぼう.ここで

$$n = \sum_{h=1}^{h=i} n_h$$

は分子の総数である.すると,

5) $$p = n\overline{m\xi^2}$$

と書ける.すべての分子が同じ質量を持つならば,

$$p = nm\overline{\xi^2}$$

である.

気体はすべての方向について同じ性質を持つので,か

ならず $\overline{\xi^2} = \overline{\eta^2} = \overline{\zeta^2}$ である.さらに,どの分子についても $c^2 = \xi^2 + \eta^2 + \zeta^2$ だから,$\overline{c^2} = \overline{\xi^2} + \overline{\eta^2} + \overline{\zeta^2}$ と $\overline{\xi^2} = (1/3)\overline{c^2}$ も成り立つ.それゆえ,

6) $$p = \frac{1}{3} nm\overline{c^2}$$

を得る.nm は気体の単位体積中に含まれる質量,すなわち気体の密度 ρ である.そこで

7) $$p = \frac{1}{3} \rho \overline{c^2}$$

を得る.p と ρ は実験的に決定できるので,ここから $\overline{c^2}$ を計算することができる.0℃ での $\sqrt{\overline{c^2}}$ は,酸素については 461 m・sec^{-1},窒素については 492 m・sec^{-1},水素については 1844 m・sec^{-1} である.これは,その2乗が分子速度の二乗平均に等しいような速度である.それはまた,気体中を支配する圧力を発生させるために,仮にすべての分子が等しい〔大きさの〕速度を持つとして,さらにすべての分子が空間中のすべての方向に一様に飛んでいるか,あるいはそのうちの3分の1が圧力をおよぼされる面に対して垂直に,残りの3分の2がその面に対して平行に飛んでいるとした場合に,すべての分子が運動しなければならないであろう速度でもある.これに対して $\sqrt{\overline{c^2}}$ は,たしかに分子の平均速度と同じオーダーの大きさの量であるが,ある数値係数の分だけ異なっている(§7 を見よ).

容器中に多種の気体が存在する場合は,異なる種類の気体

について，n', n'' 等々を単位体積あたりの分子数，m', m'' 等々をそれぞれの分子の質量，$\overline{c'^2}$, $\overline{c''^2}$ 等々を分子の平均二乗速度としよう．また，ρ', ρ'' 等々をその成分密度，すなわちそれぞれの気体が，もしそれのみで容器中に存在していたとする場合に持つ密度であるとしよう．すると式 4 と式 5 から，すぐに

$$\begin{aligned} 8)\quad p &= \frac{1}{3}\left(n'm'\overline{c'^2} + n''m''\overline{c''^2} + \cdots\right) \\ &= \frac{1}{3}\left(\rho'\overline{c'^2} + \rho''\overline{c''^2} + \cdots\right) \end{aligned}$$

がこの混合気体の全圧であることが分かる．つまりこれは，分圧，すなわちそれぞれの気体が容器中にそれのみで存在していた場合におよぼすであろう圧力の和に等しい．

二つの分子が衝突のあいだに互いにおよぼす力は，ここでは，それらの作用圏が平均自由行程に対して小さい場合には完全に任意のものであってよい．これに対して，分子は器壁で弾性球のように跳ね返されることが仮定されていた．われわれは後者の制約的な仮定から，§20 で独立になるだろう．この節の方程式をヴィリアル定理から導出するもうひとつの一般的な方法は，われわれは第 II 部で学ぶことになる．

注
*1 ［訳注］クラウジウス『力学的熱理論論文集』
(R. Clausius, *Abhandlungen über die mechanische*

Wärmetheorie, 2 Bde., F. Vieweg, Braunschweig, 1864-67. 邦訳『エントロピーの起源としての力学的熱理論：クラウジウス熱理論論文集』八木江里ほか訳, 東海大学出版会, 2013)を指す. 第1部は熱力学とその蒸気機関への応用, 第2部は電気現象への応用の他に気体運動論を扱う. なおこの本は, 第2版出版の際に『力学的熱理論』と改題の上, 3巻本に編集し直された(*Die mechanische Wärmetheorie*, 3 Bde., F. Vieweg, Braunschweig, 1876-91).

*2 [訳注]エネルゲーティクとも. 力学的エネルギー, 熱エネルギー, 電気エネルギー, 放射エネルギーなどのエネルギー種の区別を導入した上で, 観測可能量としてのエネルギーにもとづいて現象論的な記述を目指した研究プログラムである. 詳しくは下巻解説を見よ.

*3 [訳注] Robert Mayer, 1814-1878. ドイツの医師・物理学者. エネルギー保存則の発見者の一人.

*4 [訳注] Wilhelm Weber, 1804-1891. ドイツの物理学者. 地磁気の研究の他, 運動する荷電粒子とそれらのあいだにはたらく遠隔力にもとづく電気力学を構想した. 磁束のSI単位ヴェーバー(Wb)で記念される.

*5 [訳注]マクスウェルの場の概念と電磁気学は1864年までに一応の完成を見るが, ドイツではヴェーバーの電気力学が好まれており, マクスウェル理論に関心を示したのはヘルムホルツやボルツマンなど少数に過ぎなかった. それが最終的に受け入れられたのは1888年, ヘルムホルツのもとで教育を受けたヘルツが電磁波の検出に成功したことによる.

* 6 ［原注］Kundt und Warburg, Pogg. Ann. 155. S. 341. 1875 も見よ．
* 7 ［訳注］J. C. Maxwell, Phil. Trans. **170**, 231 (1879). Scient. Pap. **2**, 681 に再録．
* 8 ［訳注］クルックス(William Crookes, 1832-1919)によるものが有名．羽根車の片面を黒く，もう片面を白く塗り，低真空のガラス管内に置いて光を当てる．すると，より熱せられやすい黒い面の付近にある気体分子の方が活発な運動をするため，羽根車が回転する．
* 9 ［訳注］訳注*2 を見よ．
* 10 ［訳注］序文訳注*12 を見よ．
* 11 ［訳注］マクスウェル自身は「物理的アナロジー」と言う．ここでボルツマンが想定しているのは，マクスウェルが電磁現象と非圧縮性流体の運動のあいだの類比，あるいは電磁現象と媒質中の渦柱およびそれらのあいだを満たす粒子の運動との類比を手掛かりに，電磁気学の数学的表現を求めた方法のことであろう．
* 12 ［訳注］エネルギー論については訳注*2 を見よ．また，われわれの感覚が何か外界の事物と対応すると考えるのではなく，むしろ感覚に現れる感性的諸要素の相互関係の記述のみが物理学の対象であるとするマッハの思想は，いわゆる世紀末ヴィーンにおいて「モダンな」(modern)理論とされ，ヴィーン・モデルネの芸術家に影響力をおよぼしたという(木田元『マッハとニーチェ：世紀転換期思想史』講談社学術文庫，2014)．
* 13 ［訳注］19世紀半ばまで有力だった熱素説では，熱とは重さのない物質(不可秤量物質)であり，熱量は保存さ

れると考えられていた．熱が仕事へと，あるいは仕事が熱へと変わらない限りはこのことは正しい．上巻解説も見よ．
* 14 ［訳注］"gleichbeschaffen" は「同種の」を意味するものとみて差し支えないが，字義通りには「同じ性質の」を意味するため，本書では「同質の」という訳語をあてた．
* 15 ［原注］同様の比の妥当性に関する条件については §3 を見よ．

第1章 分子が弾性球である場合．ただし外力と可視的な運動はないものとする

§3 速度分布則のマクスウェルによる証明．衝突の頻度

 さて，しばらくの間，容器中に，まったく同質の分子からなる気体がひとつだけ存在すると仮定しよう．いまから分子は，われわれが違うことを宣言するまで，たがいに衝突するときには完全弾性球とちょうど同じように振る舞うとしよう．仮にすべての分子が初期時刻において同じ〔大きさの〕速度を持つと前提しても，いま生じている分子の衝突の中に，衝突する分子の速度はほぼ中心線〔二つの分子の重心を結ぶ線分〕の向きを向いているが，衝突される分子の速度はそれに対してほぼ垂直であるような衝突がすぐに生じるだろう．これにより，衝突する分子はほぼゼロに等しい〔大きさの〕速度を持ち，衝突される分子はほぼ $\sqrt{2}$ 倍の大きさの速度を持つことになるだろう．衝突がさらに続くと，分子数が非常に大きければ，ゼロから，すべての分子がもともと持っていた等しい速度よりもかなり大きなある速度までの，すべての可能な速度がまもなく実現されるであろう．そこで問題となるの

は，最終的に実現される終状態において，どのような法則に従ってさまざまな速度が分子のあいだに分布するのだろうかを計算すること，あるいは手短に言えば，速度分布則を知ることである．ではあるが，速度分布則を見出すため，この事例をただちに重ねて一般化しよう．容器中に2種類の分子があると仮定する．一方の種類の分子はそれぞれ質量 m を持ち，他方の種類の分子はそれぞれ質量 m_1 を持つとする．これらを手短に，それぞれ分子 m および m_1 と呼ぼう．任意の時刻 t において分子 m のあいだで支配的な速度分布を，座標原点から，単位体積中に存在する分子 m と同じだけの数の直線を引くことで図示しよう．これらの直線はどれも当該の分子の速度と同じ長さで，かつ同じ向きを向いているとする．その終点を手短に，当該の分子の速度点と呼ぼう．いま時刻 t において，

9) $$f(\xi, \eta, \zeta, t)d\xi d\eta d\zeta = fd\omega$$

が，3本の座標軸の向きに関するその速度成分がそれぞれ範囲

10) $\quad \xi$ と $\xi+d\xi, \quad \eta$ と $\eta+d\eta, \quad \zeta$ と $\zeta+d\zeta$

にあるような分子 m の数であるとする．つまりこれは，そのひとつの頂点が座標 ξ, η, ζ を持ち，またその座標軸に平行な辺の長さが $d\xi, d\eta, d\zeta$ であるような平行六面体の中にその速度点があるような分子 m の数である．この平行六面

体をつねに平行六面体 $d\omega$ と呼ぶことにしよう.また簡単のため,積 $d\xi d\eta d\zeta$ のかわりに $d\omega$ と,$f(\xi, \eta, \zeta, t)$ のかわりに f と書く.$d\omega$ が何か他の形をした(もちろん無限小の)体積要素で,座標 ξ, η, ζ の点をその内に含むとしても,その速度点が $d\omega$ の内部にあるような分子 m の数が,上と同様に

11) $$f(\xi, \eta, \zeta, t)d\omega$$

に等しくなることは自明だろう.このことは,体積要素 $d\omega$ をさらに小さな平行六面体に分解すればすぐに分かる.関数 f がある t の値について知られれば,これによって時刻 t における分子 m のあいだでの速度分布が決定される.まったく同様に,分子 m_1 それぞれの速度もまたある速度点により表現され,

12) $$F(\xi_1, \eta_1, \zeta_1, t)d\xi_1 d\eta_1 d\zeta_1 = F_1 d\omega_1$$

によって,その速度成分が別の範囲

13) ξ_1 と $\xi_1+d\xi_1$, $\quad \eta_1$ と $\eta_1+d\eta_1$,
ζ_1 と $\zeta_1+d\zeta_1$

にあるような分子 m_1 の数を表す.つまりこれは,速度点が〔$d\omega$ と〕類似の平行六面体 $d\omega_1$ の内部にあるような分子 m_1 の数である.同様に,$d\xi_1 d\eta_1 d\zeta_1$ を $d\omega_1$ と,$F(\xi_1, \eta_1, \zeta_1, t)$ を F_1 とおく.まず,この気体に外部から

はたらく力を完全に無視し，器壁は完全になめらかで弾性的であると前提しよう．すると，器壁により跳ね返された分子は，まるでこの気体と鏡写しの，つまりそれと完全に同質のある〔別の〕気体からやってきたかのように運動するであろう（器壁は鏡面であると考えている）．（器壁のごく近傍にある分子のみを考慮に入れているので，この鏡は完全に平らであると考えてよい．）するとこの前提のもとで，この気体は容器中のすべての場所で同じ条件のもとにある．また初期時刻において，その速度成分が範囲 10 にあるような単位体積あたりの分子数が，気体の中で平均的には同じであり，かつ同様のことが二つ目の種類の気体にも成り立つのであれば，このことは以降のすべての時刻についても成り立つであろう．これを仮定すると，条件 10 を満たす任意の体積 Φ 内部の分子 m の数は体積 Φ に比例すること，つまり

14) $$\Phi f d\omega$$

に等しいことが導かれる．同様にして，条件 13 を満たす体積 Φ 内部の分子 m_1 の数は

14a) $$\Phi F_1 d\omega_1$$

である．これらの前提のもとでは，並進運動の結果何らかの領域から飛び出す分子のかわりに，近傍から，あるいは器壁での跳ね返りによって，平均的には同数同質の分子がつねに飛び込んでくる．その結果，速度分布が変化するのは衝突の

§3 速度分布則のマクスウェルによる証明. ……

みによってであり,分子の並進運動によってではない,ということになる.ちなみに後述の§15から§18では重力や他の外力の影響も考慮するが,そこでこれらの制約的な前提を取り除くことにしよう.これらの前提は,いまのところ,ただ計算を簡単にするために置いているに過ぎない.

さて,まずは,ひとつの分子mとひとつの分子m_1の衝突のみを考察することにしよう.つまり,時間dtのあいだに単位体積中に生じるすべての衝突のうち,以下の三つの条件を満たすようなもののみを取り上げよう.

1. 分子mの速度成分が,衝突前に範囲10にある.つまりその速度点が平行六面体$d\omega$の中にある.

2. 分子m_1の速度成分が,衝突前に範囲13にある.つまりその速度点が平行六面体$d\omega_1$の中にある.最初の条件を満たすすべての分子mを「注目する種類の分子m」と呼び,同様に「注目する種類の分子m_1」についても扱う.

3. 中心を座標原点とする半径1の球を作り,その上に球面要素$d\lambda$を考える.mからm_1に引いた衝突する分子の中心線は,衝突の瞬間には,座標原点から球面要素$d\lambda$上の何らかの点に引くことのできるある直線と平行であるとする.こうした直線を集めた全体を,円錐$d\lambda$と呼ぶ.

15) $$\text{円錐}\,d\lambda\,\text{における 方向}\,mm_1$$

〔と言うことができる.〕

これら三つの条件を満たすように生じるすべての衝突を,

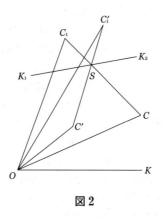

図2

手短に「注目する種類の衝突」と名付けよう．するとわれわれの課題は，微小時間 dt のあいだに単位体積中に生じる，注目する種類の衝突の数 $d\nu$ を決定することである．これらの衝突を図2によって図示しよう．O は座標原点，C と C_1 は二つの分子 m と m_1 の衝突前の速度点であり，直線 OC と OC_1 の長さと向きは衝突前のそれらの速度を表すとする．点 C は平行六面体 $d\omega$ の内部に，点 C_1 は平行六面体 $d\omega_1$ の内部になければならない．これら二つの平行六面体は図の中には描かれていない．OK は長さ1の直線〔線分〕で，その向きは，衝突の瞬間に m から m_1 に引かれた二つの分子の中心線の向きと同じであるとする．つまり点 K は，これもまた図の中には描かれていないが，面積要素 $d\lambda$ の内部にな

けраばならない.直線 $C_1C = g$ の長さと向きは,衝突前の分子 m の,分子 m_1 に対する相対速度を表す.というのは,その座標軸への射影がそれぞれ $\xi - \xi_1, \eta - \eta_1, \zeta - \zeta_1$ に等しいからである.他方で衝突の頻度は明らかに相対速度のみに依存する.それゆえ,注目する種類の衝突の数を求めたければ,注目する種類の分子 m_1 が静止し,対して注目する種類の分子 m が速度 g で運動すると考えることができる.さらに,後者の分子のそれぞれに半径 σ の球(球 σ)が,その中心がつねに分子の中心と一致するように固定されていると考えよう.σ は二つの分子 m と m_1 の半径の和に等しいとする.そのような球の表面が分子 m_1 の中心に触れるたびに,分子 m と m_1 の衝突が生じる.いま,球 σ それぞれの中心から,円錐 $d\lambda$ と似た,かつそれと同様に配置された円錐を描こう.これにより,これらの球それぞれの表面から,面積 $\sigma^2 d\lambda$ の面積要素が切り出される.球 σ はすべて関連する分子に固定されているので,これら面積要素 $\sigma^2 d\lambda$ はすべて,時間 dt のあいだに,注目する種類の分子 m_1 に相対的に行程 gdt だけ進む.注目する種類の衝突は,これら面積要素 $\sigma^2 d\lambda$ のうちのひとつが注目する種類の分子 m_1 の中心に到達したときに生じる.このことはもちろん,直線 C_1C と OK の方向のなす角 θ が鋭角であるときにのみ可能である.これらの面積要素はそれぞれ,注目する種類の分子 m_1 に対する相対運動において,底面積 $\sigma^2 d\lambda$ と高さ $g\cos\theta dt$ の傾いた円筒内をくまなく動きまわる.単位体積中には注目

する種類の分子 m が $fd\omega$ 個存在するのだから,このような仕方で面積要素 $\sigma^2 d\lambda$ すべてによって通過される傾いた円筒をすべて合わせた全体積は

$$16) \qquad \Phi = fd\omega \sigma^2 g \cos\theta d\lambda dt$$

である.この体積 Φ に含まれる注目する種類の分子 m_1 のすべての中心には,時間 dt のあいだにある面積要素 $\sigma^2 d\lambda$ が到達する.それゆえ,時間 dt のあいだに単位体積中に生じる注目する種類の衝突の数 $d\nu$ は,時間 dt の始めに体積 Φ の中にあった,注目する種類の分子 m_1 の中心の数 Z_Φ に等しい.ところで式 14a によれば,

$$17) \qquad Z_\Phi = \Phi F_1 d\omega_1$$

である.

とくにバーバリー[*1, *2]が強調した通り,この式にはある特別な仮定が含まれている.力学の観点からは,もちろん,容器中においては分子のどのような配置も可能である.つまり,気体によって満たされている空間のある有限の部分において,分子の運動を定めるある変数が,他の部分とは異なる平均値を持つような配置も可能である.たとえば,容器中の一方での分子の密度あるいは平均速度が,他方でのそれよりも大きいような場合,あるいはより一般には,気体のどこか有限の部分が,どこか他の部分とは異なるふうに振る舞うような場合である.そのような分布は,全体的整序な分布であ

§3 速度分布則のマクスウェルによる証明. ……　　51

ると言おう．つまり式 14 と 14a は，分布が全体的無秩序であることの表現である．〔ところで〕分子の配置が，有限の空間ごとに異なるような規則性を何も示さないとき，つまりそれが全体的無秩序であっても，隣接する分子二つずつからなる特定のグループ(あるいは，有限体積を持たず，より多くの分子を含むグループ)が特定の規則性を示すことがありうる．この種の規則性を示す分布を，分子的整な分布と名付けよう．分子的整な分布は，(無限にありうる場合から二つだけ例を取り上げるとすれば)任意の分子がそれぞれ最短距離にある分子へ向かって中心力により飛行するとき，あるいは速度がある限度よりも小さい任意の分子のごく近傍に，なお 10 個の顕著に遅い分子があるようなときに得られるであろう．これらの特殊なグループ分けが容器の特定の場所に限られているのではなく，容器全体にわたって平均的には等しい頻度で生じるのだとしても，それでもなお分布は全体的無秩序となろう．このとき，式 14 と 14a は個々の分子についてはなお成立するであろうが，式 17 は成立しないだろう．なぜなら，分子 m が近傍にあるということが，分子 m_1 が空間 $\varPhi$ にある確率に影響を与えるであろうからだ．このとき分子 m_1 が空間 $\varPhi$ にあるということは，確率計算においては，分子 m が付近にあるということから独立な事象としては扱えないのである．それゆえ式 17 と，分子 m どうしの衝突および分子 m_1 どうしの衝突に関する二つの同様の式の妥当性は，状態分布が分子的無秩序であるという表現の定義と

みなすことができる.

　気体中では，平均自由行程が隣接する二つの分子間の平均距離に比べて長くなると，短時間のうちに以前とはまったく別の分子がたがいに接近するようになるだろう．それゆえ，分子の整序だが全体的無秩序であるような分布が，短時間のうちに分子的無秩序な分布へと変化することはきわめて確からしい．どの分子も，ある衝突から次の衝突までのあいだは，それが再度衝突する場所に特定の運動状態を持つ別の分子が現れるということが，最初の分子が出発した場所からは(そしてそれゆえ，最初の分子の運動状態からは)確率計算に関して完全に独立な事象として把握できるように飛行する．しかし，個々の分子それぞれの軌道を事前に計算したあとで，最初のグループ分けを適切に行えば，つまり確率的法則を意図的に破るのであれば，長時間継続する規則性を生み出すこと，あるいはほとんど分子的無秩序な分布を作り出し，それがある程度時間が経ったあとに分子的整序になるようにすることはもちろん可能である．キルヒホッフ[3]もまた，状態が分子的無秩序であるという仮定をすでに確率概念の定義の中に含めている．

　この仮定を前もって明示的に述べておくことが証明の厳密性のために必要であることは，私のいわゆる H 定理，すなわち最小定理の証明の議論の際にはじめて気付いた．しかし，その仮定がこの定理の証明にだけ必要であると考えることは大きな誤りとなろう．天文学者がすべての惑星の位置を

§3 速度分布則のマクスウェルによる証明. ……   53

計算するのと同様にして,任意の時刻におけるすべての分子の位置を計算することは不可能である.そのため,この仮定がなければ,そもそも気体論の定理など何も証明できないのである.摩擦〔粘性〕や熱伝導などの計算において,この仮定がおかれる.マクスウェルの速度分布則が可能な分布であること,すなわちそれがいったん分子のあいだで成り立てばいつまでも維持されるということの証明も,この仮定がなければ不可能である.なぜなら,その分布がつねに分子的無秩序の状態を保ち続けるであろうとは証明できないからだ.実際,マクスウェル状態が何らかの別の状態から生じたとすると,前者の状態を正確に逆転させれば,十分に長い時間の後にはふたたびその別の状態が現れるであろう(§6の後半を見よ).つまり,最初にマクスウェル状態に任意に近い状態が存在し,それが最終的にまったく別の状態へと変化することもありえよう.まさに最小定理そのものが分子的無秩序という性質と結びついているということは,決して欠陥と捉えるべきではない.むしろ,まさにこの〔最小〕定理こそがさまざまなアイディアを明晰にし,この〔分子的無秩序の〕前提の必要性が認識されるに到った,という長所と捉えるべきである.

さて,運動が全体的無秩序かつ分子的無秩序であり,また以降のすべての時点においてそのままであり続けると仮定しよう.すると式 17 が成り立ち,

18) $$dv = Z_\Phi = \Phi F_1 d\omega_1$$
$$= f d\omega F_1 d\omega_1 \sigma^2 g \cos\theta d\lambda dt$$

を得る．これがこれまで求めてきた，時間 dt のあいだに単位体積中に生じる，注目する種類の衝突の数である．ごく近傍をかすめるように生じる衝突〔かすり衝突〕は無視しよう．その数はどのような場合でも高次のオーダーの無限小である．すると衝突が生じるごとに，衝突する分子の一方の速度成分も，他方の速度成分も，少なくともそのうちのひとつは有限量だけ変化するであろう．したがって，注目する種類の衝突が生じるごとに，われわれがこれまでつねに注目する種類の分子 m と呼んできた，その速度成分が範囲 10 にあるような単位体積中の分子 m の数 $fd\omega$ も，また注目する種類の分子 m_1 の単位体積中の数 $F_1 d\omega_1$ も，ある単位量だけ減少するだろう．時間 dt のあいだに分子 m と分子 m_1 のすべての衝突(ただし，後者の分子の速度の大きさや向き，また中心線の向きは制約しないものとする)によって数 $fd\omega$ がこうむる減少全体 $\int dv$ を求めるためには，式 18 において $\xi, \eta, \zeta, d\omega$ と dt を定数とみなし，対して $d\omega_1$ と $d\lambda$ に関してはすべての可能な値にわたって積分する必要がある．すなわち，$d\omega_1$ に関してはこの空間中のすべての体積要素にわたって，$d\lambda$ に関しては角 θ が鋭角であるようなすべての面積要素にわたって積分する．この積分の結果を $\int dv$ と表そう．

数 $fd\omega$ が分子 m どうしの対応する衝突によってこうむる減少 dn が，まったく同様の式によって表現されることは明らかである．ただ ξ_1, η_1, ζ_1 が衝突前の他方の分子 m の速度成分を表すだけである．他のすべての量は同じ意味を持つが，やはり同様に m_1 のかわりに m を，また関数 F のかわりに関数 f を，σ のかわりに分子 m の直径 s を代入する必要がある．これにより，$d\nu$ のかわりに，表式

19) $$dn = ff_1 d\omega d\omega_1 s^2 g \cos\theta d\lambda dt$$

が得られる．ここで f_1 は $f(\xi_1, \eta_1, \zeta_1, t)$ の略記である．$\int dn$, すなわち数 $fd\omega$ が dt のあいだに分子 m どうしの衝突によってこうむる減少全体を構成する際には，ふたたび $\xi, \eta, \zeta, d\omega$ と dt を定数とみなし，$d\omega_1$ と $d\lambda$ に関してすべての可能な値にわたって積分すべきことは自明である．そこで，時間 dt のあいだの数 $fd\omega$ の減少全体は，$\int d\nu + \int dn$ に等しい．状態が定常であるとすると，これは単位体積中の，微小時間 dt の始めにはその速度が条件 10 を満たさないが，この微小時間のあいだに衝突によって条件 10 を満たすようになる分子 m の数に等しい．それはつまり時間 dt のあいだに衝突によって範囲 10 に入る速度を得る分子 m の数であり，数 $fd\omega$ が衝突によって受け取る全増分に等しい．

§4 承前；衝突後の変数の値．逆衝突

この増分を求めるため，まずは注目する衝突一回について，二つの分子の衝突後の速度を求めることにしよう．衝突前には，衝突する分子の一方は質量が m で速度成分 ξ, η, ζ を持ち，他方の分子は質量が m_1 で速度成分 ξ_1, η_1, ζ_1 を持つ．m から m_1 に引かれた中心線は，衝突の瞬間，分子 m の m_1 に対する相対速度に対して角 θ をなす．さらにこれら二つの直線がなす平面と，何らかの与えられた平面，たとえば衝突前の二つの速度がなす平面とのあいだの角 ϵ が与えられれば，この衝突は完全に決定される．つまり衝突後の二つの分子の速度成分 ξ', η', ζ' と $\xi'_1, \eta'_1, \zeta'_1$ は，8個の変数 $\xi, \eta, \zeta, \xi_1, \eta_1, \zeta_1, \theta, \epsilon$ の一意な関数として，

20) $\begin{cases} \xi' = \psi_1(\xi, \eta, \zeta, \xi_1, \eta_1, \zeta_1, \theta, \epsilon), \\ \eta' = \psi_2(\xi, \eta, \zeta, \xi_1, \eta_1, \zeta_1, \theta, \epsilon), \\ \quad \dots \end{cases}$

と表現できる．しかし，関数 20 の代数的な議論よりも幾何学的構成の方を優先させ，それゆえ 48 頁の図 2 に戻ることにしよう．点 S によって線分 C_1C を二つの部分に分け，

$$C_1S : CS = m : m_1$$

となるようにする．すると，直線 OS は二つの分子の共通重心の速度を表す．というのは，ただちに分かるように，その

座標軸への三つの射影が値

21) $$\frac{m\xi+m_1\xi_1}{m+m_1}, \quad \frac{m\eta+m_1\eta_1}{m+m_1},$$

$$\frac{m\zeta+m_1\zeta_1}{m+m_1}$$

を取るからだ.したがってこれらは,実際には共通重心の速度成分である. C_1C が分子 m の分子 m_1 に対する相対速度であることを証明したのとちょうど同じように,衝突前の SC と SC_1 が共通重心に対する二つの分子の相対速度であることが導かれる.これらの相対速度の,中心線 OK に垂直な成分は衝突によって変化しない. OK 方向の成分は,衝突前には p と p_1,衝突後には p' と p'_1 であるとする.すると重心運動保存の原理〔運動量保存則〕により

$$mp+m_1p_1 = mp'+m_1p'_1 = 0$$

であり,また運動エネルギー保存の原理により

$$mp^2+m_1p_1^2 = mp'^2+m_1p_1'^2$$

である.ここからそれぞれ,

$$p'=p, \quad p'_1=p_1$$

か,または

$$p'=-p, \quad p'_1=-p_1$$

が導かれる．ただちに分かるように，衝突後の分子はふたたび離ればなれに運動しなければならないのだから，後者の解のみが正しい．すなわち，$K_1K_2 /\!/ OK$ 方向に一致する，〔共通〕重心に対する相対速度の二つの成分は，衝突によって単純に逆転させられるのである．

ここから，衝突後の二つの分子の速度の大きさと向きを表す直線 OC' と OC'_1 を次のようにして作図することができる．S を通って OK に平行に直線 K_1K_2 を引き，さらに直線 K_1K_2 と C_1C がなす平面上に，それぞれ直線 SC および SC_1 と同じ長さだが，K_1K_2 に関して反対側に同じだけ傾いた2本の直線 SC' と SC'_1 を引く．これら2本の直線の二つの終点 C' と C'_1 は同時に，求める直線 OC' と OC'_1 の終点でもある．これらを，二つの分子の衝突後の速度点と名付けることができる．つまり OC' と OC'_1 の3本の座標軸への射影は，衝突後の二つの分子の速度成分 ξ', η', ζ', ξ'_1, η'_1, ζ'_1 である．こうした幾何学的な作図が，式 20 の代数的議論の代わりになる．点 C'_1, S, C' はもちろんある直線の上に並ぶ．この直線 C'_1C' は衝突後の分子 m の分子 m_1 に対する相対速度を表し，図から，その長さが C_1C に等しいこと，これに対してそれが直線 OK となす角は $180° - \theta$ に等しいことが分かる．

これまでわれわれはひとつの注目する衝突のみを扱い，それについて衝突後の速度を作図してきた．いま，すべての注目する衝突を考察し，こうした衝突すべてについて，すなわ

ち衝突前に条件 10, 13, 15 が満たされるような衝突すべて
について，衝突後に変数の値がどのような範囲に存在するか
を問題としよう．衝突にかかる時間の長さは無限小であると
前提しているので，衝突が終了した瞬間の中心線の向きは
衝突の開始の瞬間のそれと同じであり，残る問題は，衝突後
の速度成分 $\xi', \eta', \zeta', \xi_1', \eta_1', \zeta_1'$ がどの範囲に含まれている
かだけである．関数 20 を計算するとなると，そこでは単純
に θ と ϵ を定数とみなす一方で，$\xi, \eta, \zeta, \xi_1, \eta_1, \zeta_1$ は独立
変数とみなし，よく知られたヤコビの関数行列式によって，
$d\xi' d\eta' d\zeta' d\xi_1' d\eta_1' d\zeta_1'$ を $d\xi d\eta d\zeta d\xi_1 d\eta_1 d\zeta_1$ と表現しなけ
ればならないだろう．しかし，ふたたび幾何学的作図を優先
させることにし，それゆえ次の問題に答えることにしよう．
それは，直線 OK の向きが変わらないとき，点 C と C_1 が
体積要素 $d\omega$ と $d\omega_1$ を描くのならば，点 C' と C_1' はどのよ
うな体積要素を描くだろうか，という問題である．まず，直
線 OK の向きの他に，点 C の位置も変わらないとし，ただ
点 C_1 だけが平行六面体 $d\omega_1$ の全体を塗りつぶすとしよう．
すると図の完全な対称性から，C_1' が $d\omega_1$ の鏡像となる合同
な平行六面体 $d\omega_1'$ を描くということがただちに導かれる．
同様に，点 C_1 が固定され，点 C が平行六面体 $d\omega$ を描くの
であるとすると，点 C' は $d\omega$ と合同な平行六面体 $d\omega'$ を描
く．それゆえ，われわれが以前に注目する種類の衝突と呼ん
だすべての衝突について，衝突後の分子 m の速度点は平行
六面体 $d\omega'$ の中に，対して分子 m_1 のそれは平行六面体 $d\omega_1'$

の中にあり，またつねに $d\omega' d\omega'_1 = d\omega d\omega_1$ である．同じ結果は関数 20 の明示的な計算と関数行列式

$$\sum \pm \frac{\partial \xi'}{\partial \xi} \frac{\partial \eta'}{\partial \eta} \cdots \frac{\partial \zeta'_1}{\partial \zeta_1} \text{*4}$$

の構成によっても再証明されている*5．

さて，これまで注目してきた衝突の他に，分子 m と分子 m_1 の，もう一種類の衝突を考察しよう．われわれはこれを「逆衝突」と名付けよう．それは次の条件により特徴づけられるものとする．

1. 分子 m の速度点が，衝突前には体積要素 $d\omega'$ の中にあるものとする．この条件が満たされる単位体積中の分子 m の数は，式 9 と同様に，$f' d\omega'$ に等しい．ここで f' は，関数 f に，ξ, η, ζ のかわりに ξ', η', ζ' を代入した値，つまり量 $f(\xi', \eta', \zeta', t)$ を意味する．

2. 分子 m_1 の速度点が，衝突前には体積要素 $d\omega'_1$ の中にあるものとする．この条件が満たされる単位体積中の分子 m_1 の数は，$F'_1 d\omega'_1$ に等しい．ここで F'_1 は，$F(\xi'_1, \eta'_1, \zeta'_1, t)$ の略記である．

3. 衝突の瞬間における二つの分子のあいだの中心線は，いまは分子 m_1 から m に向かって引かれるものとするが，これは円錐 $d\lambda$ の内部で座標原点から引かれる何らかの直線と平行であるものとする(同質の分子の衝突に関する積分においては，もちろん，質量 m_1 の分子のかわりに，ξ_1, η_1, ζ_1 でその速度成分が表されるような分子〔m〕が入る)．

§4 承前；衝突後の変数の値．逆衝突

図3は，すべての直線の位置関係を可能な限り保ったうえで，48頁の図式的な図2も関係する衝突を表している．図4はこれに対する逆衝突を表している．分子の中心の方を向いている矢印は衝突**前**の，中心から離れた方を向いている矢印は衝突**後**の速度を表す．すべての逆衝突において，衝突前の分子 m の分子 m_1 に対する相対速度の大きさと向きは図2の直線 $C_1'C'$ によって表されている．つまりその大きさはここでも g に等しく，またその直線は m から m_1 に向かって引かれた中心線とやはり角 θ をなす．なぜならわれわれは，中心線の向きも逆転させたからだ．角 θ は，当該の衝突が可能であるとするならば，もちろんここでも鋭角でなければならない．それゆえ，時間 dt のあいだに単位体積中に生じる逆衝突の数は，式18とまったく同様に

22) $$d\nu' = f'F_1'd\omega'd\omega_1'\sigma^2 g\cos\theta d\lambda dt$$

により与えられる．われわれはこの衝突を，逆衝突と呼んでいた．それは，もともと注目していた衝突とちょうど逆向きの経過をたどり，その結果，逆衝突について，衝突後にその二つの分子の速度は範囲 10 と 13 に含まれるようになるが，これらの範囲は，もともと注目していた衝突について，衝突前にそれら二つの分子の速度が含まれていたものだったからである．

したがって，任意の逆衝突によって，数 $fd\omega$ も数 $F_1 d\omega_1$ もある単位量だけ増大する．数 $fd\omega$ が時間 dt のあいだに，

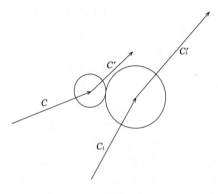

図 3

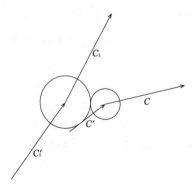

図 4

§4 承前；衝突後の変数の値．逆衝突

分子 m と分子 m_1 の衝突によって受け取る全増分を求めるためには，微分表現 22 において，まず ξ', η', ζ', ξ_1', η_1', ζ_1' を，式 20 により変数 ξ, η, ζ, ξ_1, η_1, ζ_1, θ, ϵ で表す必要がある．それは，$d\omega' d\omega_1' = d\omega d\omega_1$ であるから，

23) $$d\nu' = f'F_1' d\omega d\omega_1 \sigma^2 g \cos\theta d\lambda dt$$

を与える．この式では文字 f', F', $d\lambda$ は残してあるが，その中に含まれる変数 ξ', η', ζ', ξ_1', η_1', ζ_1' は，ξ, η, ζ, ξ_1, η_1, ζ_1, θ, ϵ の関数として，また $d\lambda$ は最後の角の微分として表現されると考えなければならないことを思い出そう．$d\lambda = \sin\theta \cdot d\theta d\epsilon$ と求められるであろうことは知られている通りである（§9 の最初を見よ）．いま，微分表現 23 においては，ξ, η, ζ, $d\omega$, dt が定数とみなされ，対して $d\omega_1$ と $d\lambda$ のすべての可能な値にわたって積分が行われるものとする．これによって，分子 m と分子 m_1 のあいだに生じ，前者について衝突後には速度成分が範囲 10 に含まれるが，その他には何の制約条件もないようなすべての衝突が包括される．つまりこの積分 $\int d\nu'$ の結果は，時間 dt のあいだに生じる，分子 m と分子 m_1 のすべての衝突による $f d\omega$ の増分を示す．まったく同様にして，分子 m どうしの衝突によって得る増分について，値 $\int dn'$ が求められる．ここで

24) $$dn' = f'f_1' d\omega d\omega_1 s^2 g \cos\theta d\lambda dt$$

である．ただし f_1' は，やはり $f(\xi_1', \eta_1', \zeta_1', t)$ の略記であ

る. $\xi', \eta', \zeta', \xi_1', \eta_1', \zeta_1'$ はここでは, $\xi, \eta, \zeta, \xi_1, \eta_1, \zeta_1$, θ, ϵ の関数であるが, 初期条件 10, 13, 15 によって定められ, 二つの分子がどちらも質量 m を持っているような衝突の後の速度成分を表しているという点において〔式 20 の関数とは〕別の関数である.

数 $fd\omega$ の全増分から, その全減少分を引こう. すると, 時間 dt のあいだに数 $fd\omega$ が総じてこうむる変化

$$\frac{\partial f}{\partial t} d\omega dt$$

が求められる. つまり,

$$\frac{\partial f}{\partial t} dt d\omega = \int d\nu' - \int d\nu + \int d\mathfrak{n}' - \int d\mathfrak{n}$$

である. 積分 $\int d\nu$ と $\int d\nu'$ においては, 積分変数も積分範囲も同じであり, 積分 $\int d\mathfrak{n}$ と $\int d\mathfrak{n}'$ においても同様である.

それゆえ, これらの積分をひとつにまとめ, 方程式全体を $d\omega \cdot dt$ で割れば, 式 18, 19, 23, 24 を考えることにより

25)
$$\begin{cases} \dfrac{\partial f}{\partial t} = \int (f'F_1' - fF_1)\sigma^2 g\cos\theta d\omega_1 d\lambda \\ \qquad\quad + \int (f'f_1' - ff_1)s^2 g\cos\theta d\omega_1 d\lambda \end{cases}$$

が導かれる. この積分は, $d\omega_1$ と $d\lambda$ のすべての可能な範囲にわたって行われるものとする. 同様にして, 関数 F につ

いて，方程式

26)
$$\begin{cases} \dfrac{\partial F_1}{\partial t} = \int (f'F_1' - fF_1)\sigma^2 g\cos\theta d\omega d\lambda \\ \qquad\quad + \int (F'F_1' - FF_1)s_1^2 g\cos\theta d\omega d\lambda \end{cases}$$

が得られる．ここで s_1 は分子 m_1 の直径である．式 26 では，ξ_1, η_1, ζ_1 は任意の，積分においては定数とみなされる値であるが，ξ, η, ζ に関してはすべての可能な値にわたって積分されるものとする．$\xi', \eta', \zeta', \xi_1', \eta_1', \zeta_1'$ は，一つ目の積分では，衝突する分子の一方が質量 m を，他方が質量 m_1 を持つ場合における，注目する種類の衝突の後の速度成分である．これに対して二つ目の積分では，双方の分子が質量 m_1 を持つ場合における，衝突後の速度成分である．$\partial F_1/\partial t, F, F'$ は，$\partial F(\xi_1, \eta_1, \zeta_1, t)/\partial t, F(\xi, \eta, \zeta, t), F(\xi', \eta', \zeta', t)$ の略記である．

状態が定常であるとすると，量 $\partial f/\partial t$ と $\partial F_1/\partial t$ は変数のすべての値についてゼロにならなければならない．このことはたしかに，すべての積分において，積分記号のもとに現れる量が，積分変数のすべての値についてゼロになるならばそうなる．それはつまり，分子 m どうしの可能な衝突すべて，分子 m_1 どうしの可能な衝突すべて，そして分子 m と分子 m_1 の可能な衝突すべてについて，3 本の方程式

27) $$ff_1 = f'f'_1, \quad FF_1 = F'F'_1,$$
$$fF_1 = f'F'_1$$

が成り立つ場合である．もともと注目していた衝突の確率は方程式 18 によって，逆衝突のそれは方程式 23 によって与えられるので，方程式 27 の 3 番目の関係の一般的妥当性は，$d\omega, d\omega_1, d\lambda$ がどのように選ばれようとも，もともと注目していた衝突(手短に言えば順衝突)が逆衝突と等しく確からしいという主張と同じ意味である．あるいはそれは，二つの分子がある仕方でお互いから離れて行くことが，それらがちょうど逆の仕方で衝突するということと等しく確からしいという主張と同じ意味である．同じことは，分子 m どうしのあいだの衝突と分子 m_1 どうしのあいだの衝突に関する，方程式系 27 の他の二つの関係からも従う．他方で，すぐに分かることであるが，ある状態分布について，二つの分子がある仕方で衝突後にお互いから離れて行くことと，それらが正確に逆の仕方で衝突することとが一般に等しく確からしいとき，その状態分布は定常に保たれなければならない[*6]．

§5 マクスウェルの速度分布が唯一可能なものであることの証明

とくに難しいことではないが，方程式 27 を解くことには後で〔§7 で〕取り組むことにしよう．それにより，周知のマクスウェルの速度分布則が必然的に導かれることになる．つま

§5 マクスウェルの速度分布が唯一可能なもの……

りこの分布則については,二つの量 $\partial f/\partial t$ と $\partial F/\partial t$ がゼロになる.積分全体について,積分記号のもとにある量が等しくゼロになるからだ.これにより,マクスウェルの速度分布〔速さ分布〕は,いったん分子のあいだで成立すれば,衝突によりそれ以上変化しないことが証明される.これに対して,二つの表式 25 と 26 のすべての積分において,積分記号のもとにある量が積分変数のすべての値についてゼロでない場合に,他の関数によってもそれら二つの式をゼロにすることはできないという証明はまだなされていない.このような懸念はとくに問題視しなくてもよいであろうが,私はそれを特別な証明によって払拭しようと考えた.その証明はいま,エントロピー原理との,私にとっては興味深くないわけではないと思われる関係を有しているので,ここでは H. A. ローレンツ[7]によって与えられた形式によって,それを再現することにしよう.

以前と同じ混合気体を考察し,また以前に使用した記法はすべてそのままにする.さらに,lf と lF によって,関数 f と F の自然対数を表す.lf において,ある特定の時刻 t で質量 m の特定の気体分子に与えられる速度成分を ξ, η, ζ に代入したときに得られる結果を,当該時刻における当該分子に対応する対数関数の値と呼ぼう.まったく同様にして,何らかの時刻における何らかの分子 m_1 に対応する対数関数の値は,lF_1 において,当該時刻における当該分子 m_1 の速度成分 ξ_1, η_1, ζ_1 を代入することによって得られる.いま,あ

る特定の時刻に，単位体積中に含まれる分子 m と m_1 すべてに対応するその対数関数のすべての値の和 H を計算しよう．ふたたび時刻 t において，単位体積中に $fd\omega$ 個の注目する種類の分子，すなわちその速度成分が範囲 10 に含まれるような分子 m が存在するとする．これらの分子は，明らかに，和 H に項 $f \cdot lf \cdot d\omega$ だけ寄与する．同様の表式を分子 m_1 についても作り，変数のすべての可能な値にわたって積分すると，

$$28) \qquad H = \int f \cdot lf \cdot d\omega + \int F_1 \cdot lF_1 \cdot d\omega_1$$

が導かれる．いま，H がある非常に短い時間 dt のあいだに受ける変化を求めることにしよう．この変化は二つの原因によって引き起こされる[*8].

第一の原因．注目する種類の分子 m はそれぞれ，時刻 t では表式 28 において項 lf だけ寄与していた．時間 dt が経過すると，関数 f は増分

$$\frac{\partial f}{\partial t} dt$$

を受け取る．したがって，lf は増分

$$\frac{1}{f} \frac{\partial f}{\partial t} dt$$

を受け取り，注目する種類の分子 m はそれぞれ表式 28 において項

§5 マクスウェルの速度分布が唯一可能なもの…… 69

$$lf + \frac{1}{f}\frac{\partial f}{\partial t}dt$$

だけ寄与する．それゆえ，注目する種類の分子 m をすべて集めると，時間 t が経過した後では，表式 28 に

$$\left(lf + \frac{1}{f}\frac{\partial f}{\partial t}dt\right)fd\omega$$

だけの寄与をなす．同じ考察を残りのすべての分子 m と m_1 に行うと，H が式 28 の積分記号のもとにある量 lf と lF の変化の結果受け取る全増分について，値

$$\int \frac{\partial f}{\partial t}dtd\omega + \int \frac{\partial F_1}{\partial t}dtd\omega_1$$

が求められる．これはしかし，単位体積中の分子 m と m_1 の総数の変化にほかならず，それはゼロでなければならない．容器の大きさも，この容器における分子の一様な分布も，変化しないと仮定しているからだ．

第二の原因．衝突の結果，表式 28 の量 lf と lF のみならず，因子 $fd\omega$ と $F_1d\omega_1$ も時間 dt のあいだにその値を変化させる．すなわち，注目する種類の分子の数がわずかながら変化する．この第二の原因によって引き起こされる量 H の変化 dH は，上述したことによれば，量 H が時間 dt のあいだに受ける変化全体に等しいであろう．これを求めるため，ふたたび $d\nu$ で，時間 dt のあいだに単位体積中で生じる，注目する種類の衝突の数を表そう．この衝突が生じるたびに，注目する種類の分子 m の数 $fd\omega$ と，注目する種類の

分子 m_1 の数 $F_1 d\omega_1$ はある単位量だけ減少する.

前者の種類の分子はどれも式28に被加数 lf だけ, 後者の種類の分子はどれも被加数 lF_1 だけ寄与するから, 注目する衝突によって量 H は全体として

$$(lf + lF_1)d\nu$$

だけ減少する. しかしこれらの衝突が生じるたびに, その速度点が平行六面体 $d\omega'$ の中にあるような分子 m の数 $f'd\omega'$ はある単位量だけ増大し, また表式 28 において後者の種類の分子はそれぞれ被加数 lf' を与えるのだから, H は値 $lf'd\nu$ だけ増大する. 最後に, 注目する衝突が生じるたびに, その速度点が平行六面体 $d\omega_1'$ の中にあるような分子 m_1 の数 $F_1'd\omega_1'$ はある単位量だけ増大し, それゆえ時間 dt のあいだにすべての注目する衝突によって, 量 H は $lF_1' \cdot d\nu$ だけ増大する. それゆえ, 量 H が時間 dt のあいだに注目する衝突によって受け取る全増分は

$$(lf' + lF_1' - lf - lF_1)d\nu$$
$$= (lf' + lF_1' - lf - lF_1)fF_1 d\omega d\omega_1 \sigma^2 g \cos\theta d\lambda dt$$

である(方程式 18 も見よ).

この表式で, dt を一定とし, 他のすべての微分に関してすべての可能な値にわたって積分しよう. ただし, もちろん ξ', η', ζ', ξ_1', η_1', ζ_1' は積分変数 ξ, η, ζ, ξ_1, η_1, ζ_1 の関数として表されていると考える. すると, 分子 m と分子 m_1

§5 マクスウェルの速度分布が唯一可能なもの…… 71

のすべての衝突によって H が総じて受け取る全増分 d_1H を得る．これを記号的に，

31a)
$$d_1H = dt \int (lf' + lF_1' - lf - lF_1) f \cdot F_1 \\ \cdot d\omega \cdot d\omega_1 \sigma^2 g \cos\theta d\lambda$$

という形に書いておこう〔式 29-31 は原注*8 を見よ〕．

他方でこの量は，われわれが逆衝突と呼んだ衝突を考察することでも計算できる．時間 dt のあいだの単位体積中のその数は $d\nu'$ に等しいのだった．この後者の種類の衝突が生じるたびに，その速度点がそれぞれ平行六面体 $d\omega'$ または $d\omega_1'$ の中にあるような分子 m および m_1 の数 $f'd\omega'$ と $F_1'd\omega_1'$ はある単位量だけ減少するが，これに対してその速度点がそれぞれ平行六面体 $d\omega$ または $d\omega_1$ の中にあるような分子 m および m_1 の数 $fd\omega$ と $F_1d\omega_1$ はある単位量だけ増大する．そして，最初の種類の分子はいずれも表式 28 に被加数 lf' だけ，$F_1'd\omega_1'$ 個の分子はいずれも被加数 lF_1' だけ，$fd\omega$ 個の分子はいずれも被加数 lf だけ，そして $F_1d\omega_1$ 個の分子はいずれも被加数 lF_1 だけ寄与するのだから，H は時間 dt のあいだのすべての逆衝突によって

$$(lf + lF_1 - lf' - lF_1')d\nu' \\ = (lf + lF_1 - lf' - lF_1')f'F_1'd\omega d\omega_1 \sigma^2 g \cos\theta d\lambda dt$$

だけ増大する（方程式 23 も見よ）．

ここでふたたび dt を一定とし，他のすべての変数に関して積分することにしよう．するとわれわれは，先に d_1H と表された量について，値

d_1H
$= dt \int (lf + lF_1 - lf' - lF_1')f'F_1'd\omega d\omega_1 \sigma^2 g\cos\theta d\lambda$

を得る．それゆえ d_1H はこの最後に求められた値と値 31a の算術平均にも等しく，つまりは

32)

$$\begin{cases} d_1H = \dfrac{dt}{2}\int \bigl[l(f'F_1') - l(fF_1)\bigr] \\ \qquad\qquad \cdot \bigl[fF_1 - f'F_1'\bigr]d\omega d\omega_1\sigma^2 g\cos\theta d\lambda \end{cases}$$

である．これが，量 H が時間 dt のあいだに，分子 m と分子 m_1 のすべての衝突によって受け取る全増分である．同じ量が同じ時間のあいだに，分子 m どうしの衝突によって受け取る増分 d_2H は，明らかに同様にして求められるであろう．その場合には，表式 32 において，ただ質量 m_1 と関数 F のかわりに同じく質量 m と関数 f を，そして σ のかわりに分子 m の直径 s を代入しさえすればよい．ただしここで，次のことに注意するべきである．それは，二つの衝突する分子が同質のものであるとなると，すべての積分を実行するときに，どの衝突も二重に数えられてしまうということ，それゆえ最終的な結果はもう一度 2 で割らなければならないとい

うことである(このことは,自己ポテンシャルと自己誘導係数の計算と似ている). それゆえ, f_1 と f'_1 が前節と同じ量であることを意味するとき,

$$d_2 H = \frac{dt}{4} \int \left[l(f'f'_1) - l(ff_1) \right] \cdot \left[ff_1 - f'f'_1 \right] d\omega d\omega_1 s^2 g \cos\theta d\lambda$$

である. 同じ仕方で, 量 H が分子 m_1 どうしの衝突によって受け取る増分も計算すると, 時間 dt のあいだの量 H の全増分 dH を dt で割れば,

33)
$$\begin{cases} \dfrac{dH}{dt} = -\dfrac{1}{2} \int \left[l(f'F'_1) - l(fF_1) \right] \\ \qquad \cdot \left[f'F'_1 - fF_1 \right] \sigma^2 g \cos\theta d\omega d\omega_1 d\lambda \\ \qquad - \dfrac{1}{4} \int \left[l(f'f'_1) - l(ff_1) \right] \\ \qquad \cdot \left[f'f'_1 - ff_1 \right] s^2 g \cos\theta d\omega d\omega_1 d\lambda \\ \qquad - \dfrac{1}{4} \int \left[l(F'F'_1) - l(FF_1) \right] \\ \qquad \cdot \left[F'F'_1 - FF_1 \right] s_1^2 g \cos\theta d\omega d\omega_1 d\lambda \end{cases}$$

を得る.

対数は, 対数記号のもとにある量が増加するならばつねに増加するから, これら三つの積分のいずれにおいても, その最初の角括弧で括られた因子は, その隣に並んだ二つの因子と同じ符号を持つ. さらに g は基本的に正であり, 角 θ は

つねに鋭角であるから，積分記号のもとにある残りのすべての量もまた本来的に正であり，完全なかすり衝突か，相対速度ゼロの衝突の場合のみゼロになる．つまり，上の三つの積分は，基本的に正である項どうしの単純な和を表しており，われわれが H と表した量はただ減少しうるのみである．たかだかそれは一定でありうるが，この場合は，三つの積分の項がすべてゼロになる場合に限られる．すなわち，われわれが方程式 27 とラベルをつけた方程式がすべての衝突について満たされる場合である．いま，定常状態については量 H は時間とともに変化することはありえないのだから，これにより，定常状態については式 27 がすべての衝突について満たされなければならないことが証明されたことになる．ここでおかれた唯一の前提は，速度分布が最初は分子的無秩序であり，またそれを保ち続けるという前提である．つまりこの前提のもとで，われわれが H と表した量がただ減少しうるのみであるという証明，ならびに速度分布は必ずマクスウェルの速度分布へとどんどん接近しなければならないという証明が与えられたのである．

§6 量 H の数学的意味

方程式 27 を解くことはもう少し後回しにして，まず H と表される量の意味に関していくつかの注意を挟んでおこう．その意味は二重である．ひとつは数学的な，もうひとつは物理学的な意味である．前者は，気体がひとつだけ体積 1 の容

§6 量 H の数学的意味

器の中に入っているという簡単な場合に限り説明することにしよう.もちろんこの仮定によってこれまでの推論を顕著に単純化することもできようが,そうするとアヴォガドロの法則を同時に証明することはなしで済ませなければならないであろう.

最初に前置きとして,確率計算の原理についていくつかの注意をしておかなければならない.非常に多くの黒い球と,それと同数の白い,しかし他の点では同質の球が入っている壺から,20回,まったく偶然にまかせて〔球を〕取り出すとしよう.黒球のみが取り出される場合が,1回目に黒球,2回目に白球,3回目にふたたび黒球,という具合に交互に取り出される場合よりも確からしくないということは少しもない.20回取り出して,黒球を10個と白球を10個得ることは,黒球のみを得ることよりも確からしい.このことは,後者よりも前者の事象に対して,はるかに多くの等しく確からしい場合が好都合である[*9]ということだけに由来する.つまり後者の事象に対する前者の事象の相対確率は,数 20!/10!10! である.これは,10個の白球と10個の黒球がなす列の構成要素がどれだけ並べ替えられるかを表す.ただし,異なる白球はおたがいに同質とみなされ,異なる黒球も同様であるとする.というのは,これらの順列のいずれも,黒球のみを取り出すのと等しく確からしい場合を表しているからだ.壺の中に同質の非常に多くの球があり,そのうちの一定数は白く,それと同数が黒く,同数が青く,同数が赤

く，などと染められているとしよう．すると，a 個の白球，b 個の黒球，c 個の青球などという具合に取り出す確率は，ある特定の色の球のみを取り出す確率の

34) $$\frac{(a+b+c+\cdots)!}{a!b!c!\cdots}$$

倍となろう．

　この簡単な例とちょうど同じように，気体においても，すべての分子が正確に同じ大きさかつ同じ向きの速度を持つ場合の方が，それぞれの分子が，まさに実際にある特定の瞬間に気体中で持つような速度〔の大きさ〕と向きを持つ場合よりも確からしくない，ということは少しもない．しかし前者の事象を，気体中でマクスウェルの速度分布が支配的な場合と比べると，後者の事象に対してはるかに多くの等しく確からしい場合が好都合であることがふたたび見出される．

　これら二つの事象の相対確率を順列の数で表現するため，次のような方法を取ろう．以前に見た通り，衝突する分子の一方の速度点が衝突前にはある無限小の体積要素の中にあったようなすべての衝突について，衝突を特徴づける他の変数をすべて一定に保ったとき，その速度点は衝突後にもふたたび，ちょうど同じ大きさのある体積要素に存在する．それゆえ空間全体を非常に多くの(ζ 個の)同じ大きさの体積要素 ω (セル)に分割すると，ある分子の速度点がそのような体積要素のどれかに存在していることは，他の体積要素のどれかに存在していることと，等しく確からしい場合であるとみな

すべきである．これは前述したように，白球を引くか，黒球を引くか，青球を引くかということとちょうど同様である．〔式 34 の〕a，すなわち白球を引く数のかわりに，いまはその速度点が 1 番目の体積要素の中にあるような分子の数 $n_1\omega$ が，式 34 の数 b のかわりに，その速度点が 2 番目の体積要素 ω の中にあるような分子の数 $n_2\omega$ の数が現れるのであり，以下同様である．それゆえ式 34 のかわりに，$n_1\omega$ 個の分子の速度点が 1 番目の体積要素 ω の中にあり，$n_2\omega$ 個の分子の速度点が 2 番目の体積要素 ω の中にあり，等々となる相対確率として，

35) $$Z = \frac{n!}{(n_1\omega)!(n_2\omega)!(n_3\omega)!\cdots}$$

を得る．$n = (n_1 + n_2 + n_3 + \cdots)\omega$ は，気体中のすべての分子の総数である．このようにすると，たとえば，すべての分子が同じ大きさかつ同じ向きの速度を持つ場合は，すべての速度点が同じセルに存在する場合に対応することになろう．このとき，$Z = n!/n! = 1$ であり，他には何の順列も可能ではなくなるだろう．はるかに確からしいのは，分子のうち半数がある特定の大きさかつ特定の向きの速度を持ち，もう半数が他の，やはりすべて同じ大きさかつ同じ向きの速度を持つという場合であろう．このとき，速度点のうち半数があるセルに，もう半数が 2 番目のセルにあることになる．つまり，

78   第1章 分子が弾性球である場合. ……

$$Z = \frac{n!}{\left(\frac{n}{2}\right)!\left(\frac{n}{2}\right)!}$$

となるだろう．以下同様である．

さて，分子数はきわめて大きいので，$n_1\omega$, $n_2\omega$ 等々も同様に非常に大きい数とみなすことができる．

近似公式

$$p! = \sqrt{2p\pi}\left(\frac{p}{e}\right)^p$$

を用いよう．ここで e は自然対数の底，p は任意の大きな数である[*10]．

それゆえ，ふたたび l で自然対数を表すことにすると，

$$l[(n_1\omega)!] = \left(n_1\omega + \frac{1}{2}\right)ln_1$$
$$+ n_1\omega(l\omega - 1) + \frac{1}{2}(l\omega + l2\pi)$$

が従う．

ここで，非常に大きな数 $n_1\omega$ に対して $1/2$ を無視し，同様の表式を $(n_2\omega)!$, $(n_3\omega)!$ 等々についても作ると，

$$lZ = -\omega(n_1 ln_1 + n_2 ln_2 + \cdots) + C$$

であることが分かる．ここで

$$C = l(n!) - n(l\omega - 1) - \frac{\zeta}{2}(l\omega + l2\pi)$$

は，すべての速度分布について同じ値を取る，つまり定数とみなすことができる．というのは，われわれが問題としているのは分子のさまざまな速度点のセル ω への配分の相対確率のみであり，ここではもちろんセルの分割，それゆえセルの大きさ ω，セルの数 ζ，分子の総数 n とそれらの全運動エネルギーも不変な所与とみなさなければならないからである．それゆえ分子の速度点のセルへの配分のうちもっとも確からしいものは，lZ が最大，したがって表式

$$\omega[n_1 ln_1 + n_2 ln_2 + \cdots]$$

が最小であるようなものであろう．再度，ω を $d\xi d\eta d\zeta$ と，n_1, n_2 等々を $f(\xi, \eta, \zeta)$ と書くと，和は積分に変わり，

$$\omega(n_1 ln_1 + n_2 ln_2 + \cdots)$$
$$= \int f(\xi, \eta, \zeta) lf(\xi, \eta, \zeta) d\xi d\eta d\zeta$$

となる．

ところでこの表式は，個々の気体について式 28 によって与えられる量 H が移行する表式と同一である．H が衝突によって減少するという前節の定理が述べているのは，衝突によって気体分子の速度分布は，状態が分子的無秩序であるならば，すなわち確率計算が適用されるのであれば，つねにもっとも確からしい分布へとどんどん近づいていくということにほかならない．私はここでは，このようなまったくついでがてらの示唆で満足しなくてはならない．Sitzungsberichte der Wiener Akademie〔『ヴィーン帝立科学アカデミー紀要』〕, Bd. 76, 11. October 1877 を参照されたい.

　これと関連するのは，次のような，ロシュミット*11によりはるか以前になされた注意である．気体が完全に滑らかで弾性的な壁に囲まれているとしよう．最初は何らかの，確からしくないけれども分子的無秩序な状態分布が支配しているとする．たとえば，すべての分子が同じ大きさの速度 c を持っているというようなものである．ある時間 t が経過すると，マクスウェルの速度分布がおおよそ確立するだろう．いま，時刻 t においてそれぞれの分子の速度の大きさは変わらないまま，その向きが正確に逆転されたとしよう．気体はいまやすべての状態を再度逆向きに通過するだろう．つまりここで，より確からしい速度分布が，衝突によってつねにより確からしくない分布へと移行していくという場合，すなわち量 H が衝突によって増大するという場合が得られるのである．〔しかし〕このことは，§5 で証明されたこととは決して矛盾しない．なぜならばここでは，速度をすべて正確に逆転させると，それぞれの分子は他の分子と確率的法則によって衝突するのではなく，あらかじめ計算された仕方で衝突しなければならないように配置されることになるため，〔§5 でおかれた，〕状態分布が分子的無秩序なものであるという前提が満たされていないからだ．ここで挙げた例では，すべての分子の質量を等しいと前提したいのだが，最初すべての分子は同じ〔大きさの〕速度 c を持っていた．平均してどの分子も一度

衝突した後では，多くの分子は他の速度 γ を持つ．しかし，多数回衝突した少数の分子を除き，これらの分子はすべて，衝突する分子のうち他方が速度〔の大きさ〕$\sqrt{2c^2-\gamma^2}$ を得るようなある衝突に由来する．それゆえいま，すべての速度を正確に逆転させると，その速度〔の大きさ〕が γ であるようなほとんどすべての分子はちょうど速度〔の大きさ〕$\sqrt{2c^2-\gamma^2}$ を持つ分子とのみ衝突する．つまり，分子的整序な分布に特徴的な事態が生じるのである．

さて，H が増大するという事実もまた確率的法則に矛盾するものではない．なぜなら確率的法則からは，H の増大が不可能であるということではなく，ただそれがありそうにないということだけが出てくるのであり，むしろ反対に，それほど確からしくない状態分布であっても，そのどれもが小さくともゼロとは異なる確率を有することが明確に導かれるからである．マクスウェルの速度分布が支配しているときでさえ，1番目の分子が目下実際に持っているような速度を持ち，2番目の分子も同様であり，等々という場合は，すべての分子が同じ速度を持つ場合よりも少しも確からしくなどない．

ただし，H が減少するどんな運動も，すべての速度を逆転させれば H が増大するような運動へと移行することから，どちらの運動も等しく確からしいと推論するのであれば，それは明らかに誤謬推理となろう．何らかの運動について H が時刻 t_0 から時刻 t_1 にかけて減少したとしよう．時刻 t_0

において支配的な速度をすべて逆転させても，H が増大しなければならないような運動は決して得られないであろう．その逆に，H はおそらくふたたび減少するであろう．ただ，時刻 t_1 において支配的な速度を逆転させたときにのみ，H が時間 $t_1 - t_0$ のあいだに増大するような運動が得られるだろう．しかしこのとき，それはふたたび減少し，H がその最小値に継続的に非常に近接しているような運動が圧倒的にきわめて確からしいものになるだろう．H が非常に大きな値へと増大するような運動も，そのような値から最小値へと減少するような運動も，どちらも同程度に確からしくない．しかし，H がある特定の時刻に非常に大きな値を持っていることが分かれば，それが減少するであろうことはきわめて確からしいのである*12．

この逆転原理にもとづいて，プランク氏*13はマクスウェルの速度分布が唯一可能な定常分布であることを証明しようとした．私の知る限り，たしかに氏は，ハミルトンの原理から出発して，逆転によって任意の定常な状態分布がふたたび〔別の〕定常な分布に移行しなければならないことの証明を，まだ与えてはいない．けれども，次のことは主張できる．それは，（任意の近似でもって）定常な状態分布 A が任意に長い時間続いた後で，突然すべての速度を逆転させると，ふたたび同じだけ長い時間（同程度の近似で）定常なまま持続する運動 B を得るだろう，ということである．われわれはすでに，分子的無秩序な分布は，すべての速度を逆転させると分

子的整序な分布へと移行しうることを見た。それゆえこの運動 B は分子的整序になるだろうと考えることができる。いま，少なくともある容器の形状について，任意に長い時間定常性を保つ分子的整序な運動はたしかに可能である。けれども，この運動は容器の形状を任意に小さく変化させればいつでも乱されうるように見える。それゆえ，状態分布 B がその期間全体にわたって分子的整序を保つのではないこと，さらに状態分布 A についても，任意の速度はそれと同じ大きさかつ逆向きの速度と等しく確からしいと仮定しよう。すると，状態分布 B は A と同一でなければならない。なぜなら二つ目の仮定により，B における任意の速度の大きさと向きは A におけるのと同じ確率を持ち，一つ目の仮定により衝突は確率的法則に従って生じるからだ。しかし状態分布 B においては，逆衝突はどれも，状態分布 A における当該の順衝突と同じ頻度で生じなければならない。どちらの状態分布も正確に逆向きの経過をたどるからだ。したがって，B におけるどの逆衝突も，A における当該の順衝突と正確に等しく確からしくなければならない。ところでどちらの状態分布も同一なのだから，そこからさらに，いずれの状態分布においても任意の順衝突は当該の逆衝突と等しく確からしいことが導かれる。ここから方程式 27 が従うが，その必然的な帰結がマクスウェルの状態分布なのである。

任意の速度が正確に逆向きの速度と等しく確からしいことがアプリオリには主張できない場合，たとえば重力がはた

らいているような場合には，プランクの証明は適用できないように思われる．これに対して最小定理は有効なままである[*14]．

ここでひとつ注意をしておくべきである．以前は $d\omega = d\xi d\eta d\zeta$ と，いまは ω と表される空間の体積は体積要素，すなわちもとは単なる微分である．単位体積中の分子数 n は，たしかに非常に大きいが，それでも有限の数である（1立方センチメートルを単位体積に取れば，それは通常の条件下にある大気については数百京個である）．それゆえ表式 $n_1\omega$, $n_2\omega$, $f(\xi, \eta, \zeta, t)d\xi d\eta d\zeta$ を整数，それも非常に大きな数とみなすことは奇異な印象を与えるかもしれない．これらが分数であるという前提のもとで同じ計算をすることもできよう．するとそれらは，単純に確率を表すということになろう．しかし，物体の実際の数というものはつねに，単純な確率よりもはるかに直観的な概念である．とくに，いま述べたばかりの考察は，長大な補足を必要とするだろう．分数の順列など考えられないからである[*15]．こうした懸念に対しては，単位体積は望むだけ大きく選ぶことができるということを想起しよう．実際には ω が非常に小さく取られているときでさえも，なお非常に多くの分子の速度点がつねにその中に存在するほどきわめて大量の同質の気体が単位体積中に存在すると仮定することもできる．単位体積に選ばれる体積の大きさのオーダーは，体積要素 ω および $d\xi d\eta d\zeta$ の大きさのオーダーとは完全に独立である．

§6 量 H の数学的意味

　それに迫るほど憂慮すべきなのは，その速度点がある体積微分の中にあるような単位体積中の分子の数だけでなく，その中心がある体積要素の中に存在するような分子の数も無限に大きいという，われわれが後ほどおこうと思っている仮定である．この仮定は，平均自由行程に対してもはや長くはないような距離で気体の性質の有限な違いが現れるような現象を問題とするときにも，もはや正当化されない(1/100 mm 長の音波，ラジオメーターのかかわる現象，シュプレンゲル[*16]の真空中の気体の摩擦等々)．その他のすべての現象は非常に大きな領域で生じるため，可視的な運動については微分とみなすことができるけれども，なお非常に多くの分子を含むような体積要素を作ることができる．このように最終的な結果に現れる項の大きさのオーダーとは独立なオーダーを持つ小さな項を無視することは，最終的な結果が導出されるもととなる項と同じ大きさのオーダーを持つ項を無視することとは，区別しなければならないだろう(§14 の最初を見よ)．後者の無視が結果に誤差をもたらす一方で，前者の無視は単に原子論的直観の必然的な帰結である．その原子論的直観によって得られた結果の意味が特徴づけられ，しかもそれは，想定される分子の大きさが可視的な物体の大きさに対して小さければ小さいほど，いっそう許容されるようになるのである．実際，原子論の観点からは，弾性論と流体動力学の微分方程式は厳密に妥当するのではなく，それらは単なる近似公式であり，考察される可視的な運動が生じる空間の大

きさが，分子の大きさに対して大きければ大きいほど，いっそう正確に成り立つようになるものである．同様に，分子のあいだでの速度の分布則は，分子数が数学的に無限に大きいと考えられるのでない限り，数学的に厳密に妥当するのではない．しかし，流体動力学の微分方程式が厳密に妥当することの要求を放棄する不利は，〔原子論の〕より大きな直観性という利点によって埋め合わされるのである．

§7 ボイル-シャルル-アヴォガドロの法則．
　　加えられた熱の表式

さて，方程式 27 を解くことへと進もう．これは，§18 で考察する方程式 147 の特別な場合に過ぎない．そこで詳しく証明する通り，これらの方程式からは，関数 f と F は速度の向きからは独立でなければならず，その大きさにのみ依存することが導かれる．その証明はここでも，すでに特別な場合においては同じ方法で行うことができよう．ただ繰り返しを避けるだけのために，ここでは証明抜きに，容器の形状により，あるいは何か特殊な事情により，状態分布が影響を受けることはないと前提する．すると空間中のすべての向きは同等であるため，関数 f と F は向きから独立でなければならず，当該の速度の大きさ c と c_1 の関数でしかありえない．$f = e^{\phi(mc^2)}$ および $F = e^{\Phi(m_1 c_1^2)}$ とおくと，方程式 27 の最後の式は

$$\phi(mc^2)+\Phi(m_1c_1^2)$$
$$=\phi(mc'^2)+\Phi(mc^2+m_1c_1^2-mc'^2)$$

となる.

ここでは明らかに,二つの量 mc^2 と $m_1c_1^2$ はどちらもおたがいから完全に独立であり,三つ目の量 mc'^2 もこれら二つの量とは独立に,ゼロから $mc^2+m_1c_1^2$ までのすべての値を取ることができる.それゆえこれら三つの量を x, y, z で表すと,最後の方程式をはじめに x で,次に y で,それから z で偏微分することで,ただちに

$$\phi'(x) = \Phi'(x+y-z),$$
$$\Phi'(y) = \Phi'(x+y-z),$$
$$0 = \phi'(z) - \Phi'(x+y-z)$$

が得られる.これより,

$$\phi'(x) = \Phi'(y) = \phi'(z)$$

が従う.

これらの表式のうち,最初のものは y と z を含まず,また2番目と3番目の式はそれに等しいので,2番目の式が y を含み,3番目の式が z を含むことも,それぞれ許されることはない.ところでそれらは,他の変数を含むこともない.したがってそれらは定数でなければならない.さらにそれらはおたがいに等しいので,二つの関数 ϕ と Φ の導関数はそ

の同じ定数 $-h$ に等しく，ここからただちに

36) $$f = ae^{-hmc^2}, \quad F = Ae^{-hm_1c_1^2}$$

が導かれる．

速度の向きは任意であるが，その大きさが c と $c + dc$ のあいだにあるような，単位体積中の分子 m の数 dn_c は，明らかにその速度点が，座標原点を中心として描かれた半径 c および $c + dc$ の球面のあいだ，つまり体積 $d\omega = 4\pi c^2 dc$ の空間にあるような分子の数に等しい．それゆえ式11により，

37) $$dn_c = 4\pi a e^{-hmc^2} c^2 dc$$

を得る．

速度の大きさが c と $c + dc$ のあいだにあり，かつその向きがある固定された直線(たとえば横軸)となす角が θ と $\theta + d\theta$ のあいだにあるような分子とは，その速度点が，上述した半径 c および $c + dc$ の球面と，その頂点が座標原点にあり，軸が横軸の向きを向いており，そしてその母線がその軸と角 θ および $\theta + d\theta$ をなす錐面により囲まれる環状の領域にある分子と同一である．この環状の領域は体積 $2\pi c^2 \sin\theta \cdot dc d\theta$ を持っているので，ここで述べた分子の数 $dn_{c,\theta}$ は次の表式

§7 ボイル-シャルル-アヴォガドロの法則. ……

38) $$dn_{c,\theta} = 2\pi a e^{-hmc^2} c^2 \sin\theta \cdot dc d\theta$$
$$= \frac{dn_c \sin\theta \cdot d\theta}{2}$$

により与えられる.

表式 37 をすべての可能な速度〔の大きさ〕,つまり c に関して 0 から ∞ まで積分すると,単位体積中の分子の総数 n が得られる.この積分および以下の積分は,二つのよく知られた積分公式

39) $$\begin{cases} \int_0^\infty c^{2k} e^{-\lambda c^2} dc = \frac{1 \cdot 3 \cdot \cdots \cdot (2k-1)\sqrt{\pi}}{2^{k+1}\sqrt{\lambda^{2k+1}}}, \\ \int_0^\infty c^{2k+1} e^{-\lambda c^2} dc = \frac{k!}{2\lambda^{k+1}} \end{cases}$$

により容易に求められる.

すると,

40) $$n = a\sqrt{\frac{\pi^3}{h^3 m^3}}$$

となり,それゆえ式 36 と 37 のかわりに,

41) $$f = n\sqrt{\frac{h^3 m^3}{\pi^3}} e^{-hmc^2},$$

42) $$F = n_1 \sqrt{\frac{h^3 m_1^3}{\pi^3}} e^{-hm_1 c_1^2},$$

43) $$dn_c = 4n\sqrt{\frac{h^3m^3}{\pi}}e^{-hmc^2}c^2dc$$

と書くことができる.

数 dn_c を,分子——その数は dn_c に等しい——の二乗速度 c^2 とかけ,すべての可能な速度〔の大きさ〕にわたって積分し,最後に単位体積中のすべての分子の総数 n によって割ると,われわれが平均二乗速度と名付け,$\overline{c^2}$ と表した量が得られる.それはすなわち,

44) $$\overline{c^2} = \frac{\int_0^\infty c^2 dn_c}{\int_0^\infty dn_c} = \frac{3}{2hm}$$

である.

同様にして,平均速度〔の大きさ〕について値

45) $$\bar{c} = \frac{\int_0^\infty c\, dn_c}{\int_0^\infty dn_c} = \frac{2}{\sqrt{\pi hm}}$$

が求められる.

つまり,

46) $$\frac{\overline{c^2}}{(\bar{c})^2} = \frac{3\pi}{8} = 1.178\cdots$$

である.

さて,横軸の上に c のさまざまな値と縦軸を乗せ,その縦軸の長さが量 $c^2 e^{-hmc^2}$,つまり速度〔の大きさ〕が c と $c+dc$

のあいだにある確率に比例するとしよう．ここで dc は，すべての c について同じ値を取るものとする．このようにすると，その最長の縦軸が横座標

47) $$c_w = \frac{1}{\sqrt{hm}}$$

に対応するようなある曲線を得る．ふつうこの横座標 c_w は最大確率速度〔最大確率速さ〕と呼ばれる[*17]．

二乗速度 $x = c^2$ を横軸の上に乗せ，縦軸〔の長さ〕を，c^2 が x と $x + dx$ のあいだにある確率に比例させよう．ただし，すべての x について微分 dx には同じ値を与える．すると，縦軸〔の長さ〕は $\sqrt{x}e^{-hmx}$ に比例する．このとき最長の縦軸は $x = (1/2)hm$ に対応するが，これは速度〔の大きさ〕$c = c_w^2$ ではなく，$c = c_w/\sqrt{2}$ に対応する．つまり $c_w^2/2$ は，ある意味では，最大確率二乗速度と呼ぶことができよう．

気体中にある面積 1 の平面を考え，単位時間内にそれと衝突するすべての分子の速度に関して平均やもっとも確からしい値を求めよう．すると今度は，われわれが平均速度や最大確率速度として定義したものとは異なる量が得られる．

つまりこれらすべての表式は，いかにして平均が理解されるべきかという正確な定義を欠いており，一意に決定されてもいない．同様の多義性には，平均自由行程の定義に際しても出合うことになるだろう．

48) $$c^2 = \xi^2 + \eta^2 + \zeta^2 \quad \text{なので}$$
$$\overline{\xi^2} = \overline{\eta^2} = \overline{\zeta^2} = \frac{1}{3}\overline{c^2} = \frac{1}{2hm}$$

である.

同じ仕方で,他にさまざまな平均値を計算することもできよう. たとえば,

49) $$\begin{cases} \overline{\xi^4} = \dfrac{\iiint_{-\infty}^{+\infty} \xi^4 e^{-hm(\xi^2+\eta^2+\zeta^2)} d\xi d\eta d\zeta}{\iiint_{-\infty}^{+\infty} e^{-hm(\xi^2+\eta^2+\zeta^2)} d\xi d\eta d\zeta} \\ = \dfrac{\int_0^\infty \xi^4 e^{-hm\xi^2} d\xi}{\int_0^\infty e^{-hm\xi^2} d\xi} = \dfrac{3}{4h^2 m^2} = 3(\overline{\xi^2})^2 \end{cases}$$

となろう.

同様のことはもちろん2番目の気体についても成り立つ. h は混合気体に含まれるどちらの気体についても同じ値を持たなければならないので,式44により,混合された2種類の気体について,それぞれの密度がどれほど大きくとも,

50) $$m\overline{c^2} = m_1 \overline{c_1^2}$$

となる.

2種類の気体分子がある空間中で混合されたとき,一般には,一方の種類の分子が他方の気体分子に対して運動エネルギーを伝達するか,または逆にそれから伝達されるかであろう.上の方程式が言っているのは,そのどちらも生じないと

§7 ボイル-シャルル-アヴォガドロの法則. …… 93

いうこと、つまりどちらの種類の気体もマクスウェル状態を持ち、かつ分子の平均運動エネルギーが2種類の気体のどちらについても同じ値を持つのであれば、その密度や他の性質がどのようなものであろうとも、その2種類の気体はどちらも熱平衡にあるということである.

　二つの気体が同じ温度を持つかどうか、あるいはより大きな密度を持つ気体が、より小さな密度を持つ同質の気体と同じ温度を持つかどうかを判断するためには、当該の〔二つの〕気体を透熱性の壁によって分けたと考え、この場合の熱平衡を問わなければならない. このような透熱性の固体の壁における分子的過程は、それほど明瞭な原理によって計算できるわけではない. しかし、そこでもいま求めた熱平衡の条件が引き続き成立するということはアプリオリに確からしく、また(ある前提のもとでのみとはいえ)計算によって裏付けられる(§19の、ブライアン[*18]によって考案された力学的な仕掛けを見よ). 実験的には、気体の真空中への膨張と、2種の気体の拡散が、顕著な熱的変化をともなわずに生じるという事実により、この条件が引き続き成立することが証明される. つまりそれを仮定すると、二つの気体が同じ温度を持つならば、それらが同じ性質ではあるが異なる密度のものであるとか、熱平衡にある異なる性質のものであるとかにかかわらず、一般に一方の気体についての分子の平均運動エネルギーは、他方の気体についてのそれと同じでなければならない. すなわち、温度は、分子の平均運動エネルギーの、すべ

ての気体について同じ関数であるほかない.すると式6から
ただちに,同じ温度を持つ二つの気体については,他にも単
位面積にかかる圧力が同じであれば,$n = n_1$ である,すな
わち単位体積あたりの分子数が同じであるという,いわゆる
アヴォガドロの法則が導かれる.さらに,同じ気体について
は m は定数なので,同じ温度を持つが圧力が変化するよう
なある気体について $\overline{c^2}$ は定数であり,それゆえ式7より圧
力 p が密度 ρ に比例するというボイル[19]ないしはマリオッ
ト[20]の法則が導かれる.

さて,ある特定の可能な限り完全な気体,たとえば水素
気体を標準気体として選ぼう.標準気体については,圧力,
密度,そしてある分子の質量と速度〔の大きさ〕をそれぞれ
P, ρ', M, C で表すとする.任意の他の気体に対しては,小
文字をあてることとする.一定の体積つまり一定の密度のも
とにある標準気体を,温度計物質として選ぼう.すなわち温
度の尺度を,温度 T が,一定の密度のもとで単位面積にか
かる標準気体の圧力に比例するように選ぶのである.する
と,ρ' が一定のときの式 $P = \rho'\overline{C^2}/3$ においては,温度 T
は P に,つまり $\overline{C^2}$ にも比例しなければならない.したがっ
て,比例定数を $3R$ と表すと,この密度について,

51) $$\overline{C^2} = 3RT$$

となる.

標準気体が別の密度を持つとき,$\overline{C^2}$ が同じ値を持つのな

らば，温度 T は同じである．それゆえ R は密度からも独立であり，式 $P = \rho \overline{C^2}/3$ は $P = R\rho T$ となる．定数 R は任意に，たとえば，気体が融解する氷と接触しているときに取る温度と，沸騰する水と接触しているときに取る温度の差が 100 に等しくなるように選ぶことができる．他方でこれにより，融解する氷の温度の絶対値が決定される．というのはその絶対値の，沸騰する水と融解する氷のあいだの温度差（100）に対する比は，後者の温度における水素の圧力の，双方の温度における水素の圧力差に対する比（ただしすべての圧力は同じ密度のもとで考える）と同じだからである．この比例関係により，融解する氷の温度がおおよそ 273 に等しいことが分かる．

小文字をあてていた他の気体については，同じ仕方で，$p = \rho \overline{c^2}/3$ であることが分かる．また同じ温度のもとでは $m\overline{c^2} = M\overline{C^2}$ であることから，式 51 より

51a) $$\overline{c^2} = \frac{M\overline{C^2}}{m} = 3\frac{M}{m}RT = \frac{3R}{\mu}T = 3rT$$

が導かれる．ここで $\mu = m/M$ はいわゆる分子量，すなわち当該の気体の分子（自由に飛行する小物体）の質量ないし重さの，標準気体の分子の質量に対する比である．この $\overline{c^2}$ の値を方程式 $p = \rho \overline{c^2}/3$ に代入すると，任意の他の気体について

52) $$p = \frac{R}{\mu}\rho T = r\rho T$$

を得る. ここでrは当該の気体の気体定数であるが, Rはすべての気体について等しい定数である. 方程式52は, よく知られている通り, 統一的なボイル-シャルル-アヴォガドロの法則の表式である.

§8 比熱. 量 H の物理的意味

さて, 任意の体積 Ω を持つ単純気体〔1成分の気体〕をひとつ考えよう. これに(仕事単位で測った)熱量 dQ を加え, その温度を dT だけ, 体積を $d\Omega$ だけ増大させたとする. $dQ = dQ_1 + dQ_4$ とおく. ここで dQ_1 は分子のエネルギーを増大させるために費やされた熱, 対して dQ_4 は外部へ仕事をなすために費やされた熱を表す. 気体分子が完全に滑らかな球であれば, 衝突に際してはそれを回転させるようにはたらく力は何も生じない. このような力はまったく存在しないと仮定しよう. すると, 分子がいくらか回転運動をしていれば, この回転運動は熱量 dQ を加えてもどのみち変化することはありえないだろう. すなわち熱量 dQ_1 全体は, 分子が飛びまわるための運動エネルギーの増大に費やされなければならないということになる. この運動エネルギーを, その分子の並進運動の運動エネルギーと呼ぶ. われわれはこれまで, そのような場合のみを考察してきた. しかし, 後で同じ計算を繰り返す必要がないように, これより以下の計算はより一般的な場合について実行しよう. それは, 分子が他の形状を有している, あるいは分子が複数のおたがいに運動する

§8 比熱.量 H の物理的意味

部分,すなわち原子からなる場合である.このとき,分子の並進運動に加えて,分子内運動と,原子を結合させる力に対してはたらく仕事,すなわち分子内仕事を考えることができる.この場合には,$dQ_1 = dQ_2 + dQ_3$ とおき,dQ_2 で並進運動の運動エネルギーを増大させるために費やされる熱を,これに対して dQ_3 で分子内運動の運動エネルギーを増大させ,また分子内仕事をなすために費やされる熱を表そう.ある分子の並進運動の運動エネルギーという言葉は,つねに,その分子の重心に集中していると想定されている全質量の運動エネルギーと解することにしよう.

われわれはすでに,温度を一定に保ったまま気体の体積を大きくさせても,並進運動の運動エネルギーと,分子のあいだでのさまざまな並進速度の分布則は変化しないということを証明している.分子はただいっそうおたがいから離れていき,あるいは2回の衝突のあいだにより長い距離を進むようになるのである.これにより衝突だけはより稀になるが,その性格全体はまったく変化しない.それゆえわれわれが内部運動をまだ探究してこなかったとしても,一定の温度での単純な膨張では,衝突の最中でも,またある衝突から次の衝突までの運動のあいだでも,単に衝突が稀になったということによっては内部運動は平均的には変化しないままであるということが確からしいと仮定できる.1回の衝突にかかる時間は,ここではつねに,続いて起こる2回の衝突のあいだの時間に対して無視できるとみなされる.すると,並進運動

の運動エネルギーのように，分子内運動の運動エネルギーと分子内ポテンシャルエネルギーも，温度の関数であるほかない．それゆえこれらのエネルギーのどちらの増分も，温度の増分 dT に，それぞれの温度の関数をかけたものに等しく，$dQ_3 = \beta dQ_2$ とおけば，β もまた温度の関数であるほかない．$\beta = 0$ とおけば，いつでも，完全に滑らかで球状の分子というこれまで考察してきた場合に戻ることができる．われわれの気体の体積 Ω に含まれる分子の数は $n\Omega$ であり，分子の並進運動の平均運動エネルギーは $m\overline{c^2}/2$ であるから，すべての分子の並進運動の全運動エネルギーは

$$\frac{n\Omega m}{2}\overline{c^2}$$

である．あるいはこれは，気体の全質量を k で表せば，

$$\frac{k}{2}\overline{c^2}$$

に等しい．明らかに $k = \rho\Omega = nm\Omega$ だからである．

さらに，熱を加えても気体の全質量 k は変わらないから，分子の並進運動の運動エネルギーの増分は

$$\frac{k}{2}d\overline{c^2}$$

である．

つまりこれは，熱を仕事単位で測れば，dQ_2 に等しい．さて他方で，方程式 51a によれば

$$d\overline{c^2} = \frac{3R}{\mu}dT$$

であり,それゆえ

$$dQ_2 = \frac{3kR}{2\mu}dT,$$

$$dQ_1 = dQ_2 + dQ_3 = \frac{3(1+\beta)kR}{2\mu}dT$$

となる.

周知の通り,ある気体が外部になす仕事は $p \cdot d\Omega$ に等しい.つまりこれは,そのために費やされた熱 dQ_4 を仕事単位で測ったものでもある.いま,加熱に際して気体の全質量 $k = \rho\Omega$ は不変なままであるから,

$$d\Omega = kd\left(\frac{1}{\rho}\right)$$

であり,さらに方程式 52 より

$$\frac{1}{\rho} = \frac{R}{\mu}\frac{T}{p}$$

であるから,

$$dQ_4 = \frac{Rkp}{\mu}d\left(\frac{T}{p}\right) = \frac{Rk}{\mu}\rho Td\left(\frac{1}{\rho}\right)$$

である.これらの値をすべて代入すると,すべての加えられる熱について,値

53)
$$\begin{cases} dQ = dQ_1 + dQ_4 = \dfrac{Rk}{\mu}\left[\dfrac{3(1+\beta)}{2}dT + pd\left(\dfrac{T}{p}\right)\right] \\ \qquad\qquad\qquad = \dfrac{Rk}{\mu}\left[\dfrac{3(1+\beta)}{2}dT + \rho T d\left(\dfrac{1}{\rho}\right)\right] \end{cases}$$

を得る.

体積が一定であれば, $d\Omega/k = d(1/\rho) = 0$ であり, すると加えられた熱は

$$dQ_v = \dfrac{3Rk}{2\mu}(1+\beta)dT$$

となる.

これに対して圧力が一定であれば, $d(T/p) = (dT)/p$ であり, 加えられた熱は

$$dQ_p = \dfrac{Rk}{2\mu}[3(1+\beta)+2]dT$$

となる.

dQ を全質量 k で割ると, 単位質量に加えられる熱量が得られる. さらに dT で割ると, 一度の温度上昇のために必要な熱量, すなわちいわゆる比熱が得られる. つまり, 体積が一定のときの単位質量の気体の比熱は

54) $$\gamma_v = \dfrac{dQ_v}{k\cdot dT} = \dfrac{3R}{2\mu}(1+\beta)$$

である.

これに対して, 圧力が一定のときの単位質量の〔気体の〕比

§8 比熱. 量 H の物理的意味

熱は

55) $$\gamma_p = \frac{R}{2\mu}\left[3(1+\beta)+2\right]$$

である.

二つの〔比熱の〕表式においては,すべての量は β を除いて定数である. β は温度の関数でありうる. さらに R は標準気体にのみ関係しており,それゆえすべての気体について同じ値を持つ. だから,積 $\gamma_p \cdot \mu$ も積 $\gamma_v \cdot \mu$ も,つまり比熱と分子量との積は, β が同じ値を持つようなすべての気体(たとえば,とくに β がゼロであるようなすべての気体)について同じ値を持つ. 力学単位で測った比熱の差 $\gamma_p - \gamma_v$ は,任意の気体についてその気体定数に等しく,

55a) $$\gamma_p - \gamma_v = r = \frac{R}{\mu}$$

である. この差と分子量 μ の積はすべての気体について一定であり, R に等しい. 比熱比は

56) $$\kappa = \frac{\gamma_p}{\gamma_v} = 1 + \frac{2}{3(1+\beta)}$$

である. 逆に,

57) $$\beta = \frac{2}{3(\kappa-1)} - 1$$

である.

分子が完全な球であるという, これまでわれわれがそれのみを考察してきた場合においては $\beta = 0$ であり, それゆえ

$\kappa = 1\frac{2}{3}$ である.この値は,実際に,水銀気体についてはクント[*21]とヴァールブルク[*22]により,また最近では,アルゴンとヘリウムについてラムゼー[*23]により得られているが,これまで研究されてきた他のすべての気体については κ はより小さく,それゆえ分子内運動が存在するに違いない.われわれがこの問題に戻るのは第II部になってからである.

dQ の一般表式53は,そこに含まれる変数 T と ρ の完全微分ではない.しかしそれは,β が T のみの関数であることから,T で割れば完全微分になる.β が一定であれば,

$$\int \frac{dQ}{T} = \frac{Rk}{\mu} l\left[T^{\frac{3}{2}(1+\beta)}\rho^{-1}\right] + \text{const.}$$

が得られる.すなわちこれが,いわゆる気体のエントロピーである.

別々の容器の中に複数の気体が存在するときは,もちろん,すべての加えられた熱は,個々の気体に加えられた熱量の和に等しい.それゆえまた,それらの気体が等しい温度を持つか異なる温度を持つかにかかわらず,それら気体の全エントロピーはそれぞれの気体のエントロピーの和に等しい.複数の気体の質量を $k_1, k_2, \ldots$,分圧を $p_1, p_2, \ldots$,成分密度を $\rho_1, \rho_2, \ldots$ としよう.これらの気体が体積 Ω の容器の中で混合されるとき,分子の全エネルギーは,つねにその成分気体の分子のエネルギーの和に等しい.全仕事は $(p_1 + p_2 + \cdots)d\Omega$ であり,ここで

$$\Omega = k_1/\rho_1 = k_2/\rho_2, \ldots, \quad p_1 = \frac{R}{\mu_1}\rho_1 T, \quad p_2 = \frac{R}{\mu_2}\rho_2 T, \ldots$$

である．したがって，混合気体に加えられる熱の微分について，値

$$dQ = R \sum \frac{k}{\mu}\left[\frac{3(1+\beta)}{2}T + \rho T d\left(\frac{1}{\rho}\right)\right]$$

がただちに従う．

ここからさらに，複数の気体が持つ全エントロピーは，β が個々の気体について一定であるならば，

58) $$R \sum \frac{k}{\mu} l\left[T^{\frac{3}{2}(1+\beta)}\rho^{-1}\right] + \mathrm{const.}$$

に等しいことが導かれる．ここでは，いくつかの気体が異なる容器にあり，他の気体は任意に混合していてもよい．ただ，後者の場合においては，ρ は成分密度であり，混合気体はもちろんすべて同じ温度を持たなければならない．経験が教えるところによれば，この定数は，T も p も ρ も変化しないのであれば，混合によって変化させられることはない．

われわれはいまや，その他のすべての量の物理的意味を知ったので，最後に，§5 で H と表された量の物理的意味に取り組むことにしよう．ここでわれわれは，もちろん，分子が完全な球であって，それゆえ比熱比が $\kappa = 1\frac{2}{3}$ であるという §5 でのみ考察された場合にさしあたり制限しなければならない．

式 28 により，単位体積の気体ひとつについては $H = \int f l f d\omega$ を得る．定常状態については

$$f = a e^{-hmc^2}$$

であり，それゆえ

$$H = la \int f d\omega - hm \int c^2 f d\omega$$

である．

さて他方で，$\int f d\omega$ は分子の総数 n に等しく，さらに

$$\int c^2 f d\omega = n\overline{c^2} = \frac{3n}{2hm}$$

であるから，

$$H = n\left(la - \frac{3}{2}\right)$$

となる．さらに，方程式 44 と 51a により

$$\frac{3}{2hm} = \overline{c^2} = \frac{3RM}{m}T$$

であるから，

$$h = \frac{1}{2RMT}$$

であり，方程式 40 により

$$a = n\sqrt{\frac{h^3 m^3}{\pi^3}} = \rho T^{-3/2}\sqrt{\frac{m}{8\pi^3 R^3 M^3}}$$

§8 比熱. 量 H の物理的意味

である．したがって，定数を無視すると，

$$H = nl(\rho T^{-3/2})$$

となる．

われわれはすでに〔§6〕，$-H$ が，定数を無視すると，気体の当該の状態の確率〔式35〕の対数を表すことを見た．

複数の事象が同時に起こる確率は，当該の事象の個別の確率の積である．つまり，複数の事象が同時に起こる確率の対数は，個々の〔事象の〕確率の対数の和である．したがって，ある気体についての状態確率の対数は，2倍の体積を持つならば $-2H$ であり，3倍の体積を持つならば $-3H$ であり，体積 Ω を持つならば $-\Omega H$ である．すると，複数の気体における分子の配置および分子間の状態分布の確率 $\mathfrak{W}$*24の対数は，

$$l\mathfrak{W} = -\sum \Omega H = -\sum \Omega nl(\rho T^{-3/2})$$

である．ここで和は，存在するすべての気体について取るものとする．確率の対数のこのような加法性は，混合気体についてはすでに式28で表されている．

すべての気体について等しい定数 RM（M は水素分子の質量を表す）をかけると，

$$RMl\mathfrak{W} = -\sum RM\Omega nl(\rho T^{-3/2})$$

$$= R\sum \frac{k}{\mu} l(\rho^{-1}T^{3/2})$$

を得る．

　自然界においては，つねに，より確からしくない状態からより確からしい状態へ移行する傾向が存在するだろう．それゆえ，ある状態についての $\mathfrak{W}$ が次の状態についてのものよりも小さいならば，1番目の状態から2番目の状態への移行を引き起こすためには，たしかにもしかすると外部の物体の作用が必要かもしれないが，この移行は，その外部の物体に永続的な変化を生じさせることなく可能であろう．これに対して，2番目の状態についての $\mathfrak{W}$ が1番目の状態についてのものよりも小さいのであれば，この移行は，そのために他の外部の物体がより確からしい状態を取る場合にのみ生じうる．他方で量 $RMl\mathfrak{W}$ は，それ自身としては $-H$ とはある定数因子と被加数分だけ異なるが，$\mathfrak{W}$ とともに増大または減少するので，それについては $\mathfrak{W}$ と同じことを主張できる．すると量 $RMl\mathfrak{W}$ は，比熱比が $1\frac{2}{3}$ に等しいというわれわれの場合においては，実際，すべての気体の全エントロピーに等しい．

　このことは，経験と一致する表式58において，$\beta = 0$ とおけばすぐに分かる．自然界においてはエントロピーがある最大値に向かうという事実は，現実の気体の任意の相互作用（拡散や熱伝導など）において個々の分子が確率的法則に従って相互作用をすること，あるいは少なくとも，現実の気体が

つねに，われわれが勝手に仮定した分子的無秩序な気体と同じように振る舞うことを証明している．

それゆえ〔熱力学〕第二主則は確率的命題であることが判明する．ただしわれわれはこのことを，一般性を大きくしすぎて理解困難にすることを避けるために，これまではある特殊な場合に限って証明したのだった．またわれわれは，任意の体積 Ω を持つある気体については量 ΩH が，そして複数の気体については量 $\sum \Omega H$ が，それぞれ衝突によってはただ減少しうるのみであること，つまりそれらを状態確率の尺度とみなしうることの証明も，ただ示唆しただけであった．しかし，この証明をより詳細にすることは容易に可能であり，§19 の最後ではいっそう完全な形で与えられるであろう．また，われわれの結論は，いっそういちじるしく一般化および深化させることができる．

気体論をただ力学的な像としてのみ通用させたいのだとしても，それが生み出したエントロピー原理のまさにこのような理解だけが，事柄の核心を適切な仕方で突くものであると私は信じている．ある意味ではわれわれは，ここで，定常状態にない気体のエントロピーが定義できるようになったことで，エントロピー原理を一般化さえしたのである．

§9　衝突数

さてふたたび，§3 と同じ二つの気体の混合物を考察し，そこで用いた記号もすべてそのままにしよう．さしあたり，

式18により与えられる衝突数からもう一度出発する．それは分子 m（すなわち質量 m を持つ1番目の種類の気体分子）と分子 m_1（質量 m_1 を持つ2番目の種類の気体分子）のあいだで，単位体積中に時間 dt のあいだに三つの条件 10, 13, 15 が満たされるように生じる衝突数である．

いまはもっぱら熱平衡状態のみを考察する．それについてわれわれは，§7 で方程式 41 と 42 を見出したのであった．

さてまず問題にしたいのは，何の制約もない場合に，分子 m と分子 m_1 のあいだで，単位体積中に時間 dt のあいだに全体としてどれだけの数の衝突が生じるのかということである．この数は，これまで衝突が従ってきた三つの制約条件を次々と落としていけば，すなわち当該の微分に関して積分すれば得られる．積分範囲を求めるため，図5では，直線 OC と OC_1 により衝突前の二つの分子の速度 c と c_1 の大きさと向きを表そう．直線 OG は衝突前の分子 m の分子 m_1 に対する相対速度 C_1C と平行であり，中心 O かつ半径1の球（球 E）とは点 G で交わるとする．直線 OK は m から m_1 に引かれた中心線と同じ向きであり，球 E とは点 K で交わるとする．それゆえ KOG は θ で表される角である．直線 OK の位置を変化させ，角 θ が $d\theta$ だけ，また二つの平面 KOG と COC_1 のあいだの角 ϵ も $d\epsilon$ だけ増えるようにする．図5で描かれている円は，後者の平面による球 E の断面であるとしよう．この平面は，座標軸——いまわれわれはこれからまったく独立である——をいくらか傾けたと考えることで，描

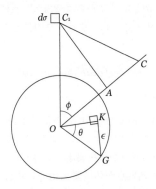

図 5

画面として選べるものである．θ と ϵ はそれぞれ θ と $\theta+d\theta$ および ϵ と $\epsilon+d\epsilon$ のあいだのすべての値を取るので，点 K は球 E の上に，面積 $\sin\theta \cdot d\theta \cdot d\epsilon$ の面積要素を描く．63 頁で示唆したように，われわれはこれを面積要素 $d\lambda$ に選び，式 18 によって

$$d\nu = f d\omega F_1 d\omega_1 g \sigma^2 \cos\theta \sin\theta d\theta d\epsilon dt$$

を得られるようにすることができる．

さて，その内部に点 C と C_1 があるような二つの体積要素 $d\omega$ と $d\omega_1$ をしばらくのあいだ変化させないことにする一方で，表式 $d\nu$ を θ と ϵ に関してすべての可能な値にわたって，つまり 49 頁で触れた角 θ が満たさなければならない条

件により，θ に関しては 0 から $\pi/2$ まで，ϵ に関しては 0 から 2π まで積分することにしよう．この積分の結果を $d\nu_1$ で表すと，

59) $$d\nu_1 = f d\omega F_1 d\omega_1 g \sigma^2 \pi dt$$

を得る[*25]．

つまりこれは，ある分子 m とある分子 m_1 のあいだで，単位体積中に時間 dt のあいだに，衝突前には

1. 分子 m の速度点が体積要素 $d\omega$ の中に，
2. 分子 m_1 の速度点が体積要素 $d\omega_1$ の中にあるように，

生じるすべての衝突数である．

これに対して，条件 15 は落とされている，つまり中心線の向きはもはや何の制約条件にも従ってはいない．いま，図 5 の角 COC_1 を ϕ で表し，点 C は固定するが，点 C_1 は変位させて，直線 OC_1 が c_1 と $c_1 + dc_1$ のあいだのすべての値を，また角 ϕ が ϕ と $\phi + d\phi$ のあいだのすべての値を取るようにしよう．これにより，図 5 では $d\sigma$ で表されており，直線 OC から距離 $C_1A = c_1 \sin\phi$ にある，面積 $c_1 dc_1 d\phi$ の面積要素を得る．この面積要素を，直線 OC に対する位置を変えないまま，この直線を軸として回転させると，それは体積 $2\pi c_1^2 \sin\phi dc_1 d\phi$ の環形 R を通過することになる．ϕ と c_1 による積分は二つとも，分子 m_1 の速度点 C_1 が環形 R の内部のどこにあったとしても，つねに同じ仕方で実行できる．単位体積中で時間 dt のあいだに，ある分子 m と分子 m_1 の

あいだで，分子 m の速度点は以前と同様に体積要素 $d\omega$ の中にあるが，分子 m_1 の速度点は環形 R の内部のどこかにあるように生じる衝突の総数 $d\nu_2$ は，表式 $d\nu_1$ を $d\omega_1$ に関して，環形 R のすべての体積要素にわたって積分すれば求められる．すなわち，$d\nu_1$ に単純に

$$d\omega_1 = 2\pi c_1^2 \sin\phi dc_1 d\phi$$

を代入することにより，

61) $\quad d\nu_2 = 2\pi^2 f d\omega F_1 c_1^2 g\sigma^2 \sin\phi dc_1 d\phi dt$

であることが分かる〔式 60 は原注*25 を見よ〕．

さて，速度 c_1 の大きさと向きに関する制約条件をすべて落とすためには，c を一定とした上で，ϕ と c_1 に関してすべての可能な値にわたって，すなわち ϕ に関しては 0 から π まで，c_1 に関しては 0 から ∞ まで積分しさえすればよい．これにより，

62) $\quad d\nu_3 = 2\pi^2 \sigma^2 dt f d\omega \int_0^\infty \int_0^\pi F_1 c_1^2 g \sin\phi dc_1 d\phi$

を得る．

$$g^2 = c^2 + c_1^2 - 2cc_1\cos\phi$$

および

$$\sin\phi d\phi = gdg/cc_1$$

なので,
$$\int_0^\infty g \sin\phi d\phi = \frac{g_\pi^3 - g_0^3}{3cc_1}$$
である.

$\phi = \pi$ についての相対速度〔の大きさ〕g_π は $c + c_1$ である. $\phi = 0$ についての相対速度〔の大きさ〕g_0 は $c - c_1$ であるが, これは $c_1 < c$ のときであり, 対して $c_1 > c$ ならば $c_1 - c$ である. それゆえ

$c_1 < c$ について $\int_0^\pi g \sin\phi d\phi = \dfrac{2(c_1^2 + 3c^2)}{3c}$

であり, 対して

$c_1 > c$ について $\int_0^\pi g \sin\phi d\phi = \dfrac{2(c^2 + 3c_1^2)}{3c_1}$

である.

それゆえ式 62 では c_1 に関する積分を二つの部分に分けなければならず,

63)
$$\begin{cases} d\nu_3 = \dfrac{4}{3}\pi^2\sigma^2 f d\omega dt \left[\int_0^c F_1 c_1^2 \dfrac{c_1^2 + 3c^2}{c} dc_1 \right. \\ \left. \qquad + \int_c^\infty F_1 c_1^2 \dfrac{c^2 + 3c_1^2}{c_1} dc_1 \right] \end{cases}$$

を得る[*26].

つまり上の量 $d\nu_3$ は,その速度点が体積要素 $d\omega$ の中にある単位体積中の $fd\omega$ 個の分子 m が,時間 dt のあいだに他の分子 m_1 とそれ以上の制約なしに行う衝突の総数を表す.それゆえこの数 $d\nu_3$ を数 $fd\omega$ で割り,その商を $\nu_c dt$ で表すと,速度〔の大きさ〕c のある分子 m が時間 dt のあいだにある分子 m_1 と衝突する確率を得る.すなわち,ここで定義した商

$$64) \qquad \nu_c dt = \frac{d\nu_3}{fd\omega}$$

は,すべて速度〔の大きさ〕c で混合気体中を運動している非常に多くの A 個の分子 m のうち,どれだけの割合が時間 dt のあいだに分子 m_1 と衝突するかを示している.

こう言うこともできる.ある分子 m がつねに同じ速度〔の大きさ〕c で混合気体中を運動していると考えよう.衝突が起こるたびに,その速度〔の大きさ〕は何らかの外的な原因によってただちに値 c に戻されるとし,混合気体中の速度分布はこのひとつの分子によっては乱されないとしよう.すると,$\nu_c dt$ は,この分子が時間 dt のあいだにある分子 m_1 と衝突する確率となろう.つまり ν_c は,分子 m が単位時間内に平均してどれだけの頻度で分子 m_1 と衝突するかを示しているのである.二つの方程式 63 と 64 は,F_1 に方程式 42 の値を代入すれば,

69)
$$\begin{cases} \nu_c = \dfrac{4}{3} n_1 \sigma^2 \sqrt{\pi h^3 m_1^3} \bigg[\int_0^c c_1^2 e^{-hm_1 c_1^2} \dfrac{c_1^2 + 3c^2}{c} dc_1 \\ \qquad + \int_c^\infty c_1^2 e^{-hm_1 c_1^2} \dfrac{c^2 + 3c_1^2}{c_1} dc_1 \bigg] \\ \quad = \dfrac{4}{3} n_1 \sigma^2 \sqrt{\pi h^3 m_1^3} \bigg[\left(2hm_1 c^2 + \dfrac{3}{2}\right) \dfrac{1}{h^2 m_1^2} e^{-hm_1 c^2} \\ \qquad + \int_0^c c_1^2 e^{-hm_1 c_1^2} \dfrac{c_1^2 + 3c^2}{c} dc_1 \bigg] \end{cases}$$

を与える〔式 65-68 は原注*26 を見よ〕. それゆえ,

$$\int c_1^{2n} e^{-\lambda c_1^2} dc_1 = -\dfrac{1}{2\lambda} c_1^{2n-1} e^{-\lambda c_1^2} + \dfrac{2n-1}{2\lambda} \int c_1^{2n-2} e^{-\lambda c_1^2} dc_1$$

であるから,

70) $\quad \nu_c = n_1 \sigma^2 \sqrt{\dfrac{\pi}{hm_1}} \bigg[e^{-hm_1 c^2} + \dfrac{2hm_1 c^2 + 1}{c\sqrt{hm_1}} \int_0^{c\sqrt{hm_1}} e^{-x^2} dx \bigg]$

である.

2 番目の種類の分子に関する量のかわりに, 1 番目の種類の分子に関する量を代入すれば, つまり n_1, m_1, σ のかわり

に量 n, m, s を代入すれば,上の量 ν_c は

71) $$\mathfrak{n}_c = ns^2\sqrt{\frac{\pi}{hm}}\left[e^{-hmc^2} + \frac{2mhc^2+1}{c\sqrt{hm}}\int_0^{c\sqrt{hm}} e^{-x^2}dx\right]$$

となる.

数 $\mathfrak{n}_c$ は,いま考察している,一定の速度〔の大きさ〕c で混合気体中を運動する分子 m が単位時間内に平均してどれだけの頻度で他の分子 m と衝突するかを示している.

方程式 43 により与えられる量 dn_c は,単位体積中に存在する n 個の分子 m のうち,平均的にどれだけが c と $c+dc$ のあいだの速度〔の大きさ〕を持つかを示している.つまり dn_c/n は,ある分子 m の速度〔の大きさ〕がこの範囲にある確率であり,ある分子 m を十分に長い時間 T だけ追跡すれば,その分子の速度〔の大きさ〕が c と $c+dc$ のあいだにある時間 T の割合は Tdn_c/n に等しい.この時間 Tdn_c/n のあいだに分子 m は,上で求めた通り,分子 m_1 と $\nu_c Tdn_c/n$ 回衝突し,また他の分子 m と $\mathfrak{n}_c Tdn_c/n$ 回衝突する.したがって,分子 m はそれぞれその平均的な運動において,時間 T が経過すると全体として分子 m_1 と $(T/n)\int \nu_c dn_c$ 回,他の分子 m と $(T/n)\int \mathfrak{n}_c dn_c$ 回衝突するだろう.それゆえ単位時間内には,分子 m はそれぞれ全体として平均的には分子 m_1 とは $\nu = (1/n)\int \nu_c dn_c$ 回,分子 m とは $\mathfrak{n} = (1/n)\int \mathfrak{n}_c dn_c$ 回,つまり合わせて $(\nu + \mathfrak{n})$ 回衝突す

ることになるだろう.

式 69 を積分すると,

$$\nu = \frac{16}{3} n_1 s^2 h^3 \sqrt{m^3 m_1^3}(J_1 + J_2)$$

を与える. ここで,

$$J_1 = \int_0^\infty e^{-hmc^2} c^2 dc \int_c^\infty c_1^2 e^{-hm_1 c_1^2} \frac{c^2 + 3c_1^2}{c_1} dc_1$$

$$= \frac{1}{h^2 m_1^2} \int_0^\infty e^{-h(m+m_1)c^2} c^2 dc \left(2hm_1 c^2 + \frac{3}{2}\right)$$

$$= \frac{3(m + 3m_1)}{8m_1^2} \sqrt{\frac{\pi}{h^7(m+m_1)^5}},$$

$$J_2 = \int_0^\infty e^{-hmc^2} c^2 dc \int_0^c c_1^2 e^{-hm_1 c_1^2} \frac{c_1^2 + 3c^2}{c} dc_1$$

である.

後者の積分では, c はゼロから無限大までのすべての値を取るが, c_1 は与えられた c よりも小さいすべての値を取るのでなければならない. それゆえ積分の順序を交換すると, c_1 はゼロから無限大までのすべての値を取るが, 与えられた c_1 のもとでは c は c_1 よりも大きいすべての値を取るのでなければならない. したがって,

$$J_2 = \int_0^\infty e^{-hm_1 c_1^2} c_1^2 dc_1 \int_{c_1}^\infty c^2 e^{-hmc^2} \frac{c_1^2 + 3c^2}{c} dc_1$$

である.

定積分では積分変数は好きなように表すことができるの

で，ここでも文字 c と c_1 を入れ替えてよい．こうすると，J_2 について，はじめに J_1 について与えられたものとは，ただ文字 m と m_1 が入れ替えられただけの違いを持つ式が得られる．つまり，J_1 において文字 m と m_1 を入れ替えることで J_2 が得られるのであり，これにより

$$J_2 = \frac{3(m_1+3m)}{8m^2} \sqrt{\frac{\pi}{h^7(m+m_1)^5}}$$

であることが分かり，それゆえ

72)
$$\begin{cases} \nu = 2\sigma^2 n_1 \sqrt{\dfrac{\pi(m+m_1)}{hmm_1}} = \pi\sigma^2 n_1 \sqrt{\dfrac{m+m_1}{m_1}} \cdot \overline{c} \\ = \pi s^2 n_1 \sqrt{(\overline{c})^2+(\overline{c_1})^2} = 2\sqrt{\dfrac{2\pi}{3}}\sigma^2 n_1 \sqrt{\overline{c^2}+\overline{c_1^2}} \end{cases}$$

である．

n_1, m_1, σ_1 を n, m, s と書くと，

73) $$\mathfrak{n} = 2ns^2\sqrt{\frac{2\pi}{mh}} = \pi ns^2 \overline{c}\sqrt{2}$$

が導かれる．

単位体積中に n 個の分子 m が含まれており，それぞれは単位時間内に ν 回ある分子 m_1 と衝突するので，全体としては，単位体積中で単位時間内に

74)
$$\nu n = 2\sigma^2 n n_1 \sqrt{\pi} \sqrt{\frac{m+m_1}{hmm_1}}$$

回の衝突がある分子 m とある分子 m_1 のあいだで生じる.これに対して,二つの分子 m の衝突1回につき,つねに二つの同種の分子が必要であるので,単位体積中で単位時間内に,二つの分子 m の衝突は

75)
$$\frac{\mathrm{n}n}{2} = s^2 n^2 \sqrt{\frac{2\pi}{hm}}$$

回生じる.まったく同様のことが,分子 m_1 どうしの衝突についても成り立つ.

§10 平均自由行程

ふたたび,単位体積中に n 個の分子 m があるとしよう.そのうち,1番目の分子は速度〔の大きさ〕c_1 を持ち,2番目の分子は速度〔の大きさ〕c_2 を持ち,等々とする.すると,$\overline{c_z} = (c_1 + c_2 + \cdots)/n$ は平均速度〔の大きさ〕である.これをいま,数平均と名付けよう.すべては定常なのだから,$\overline{c_z}$ は時間によって変化しない.それゆえこの方程式に dt をかけ,非常に長い時間 T にわたって積分すると,

$$nT\overline{c_z} = \int_0^T c_1 dt + \int_0^T c_2 dt + \cdots$$

が従う.ある非常に長い時間のあいだ,すべての分子は同様

に振る舞うので，右辺のすべての被加数は等しく，$\overline{c_z} = \overline{c_t}$ が従う．ここで

$$\overline{c_t} = \frac{1}{T} \int_0^T c\, dt$$

は任意の分子の速度〔の大きさ〕の時間平均である．

$$\int_0^T c\, dt = T\, \overline{c_t}$$

は，その分子が時間 T のあいだに進むすべての行程の和である．しかし分子は時間 T のあいだに $T(\nu + \mathfrak{n})$ 回他の分子と衝突するのだから，それが連続して生じる2回の衝突のあいだに進む平均自由行程(すなわち連続して生じる2回の衝突のあいだのすべての距離の算術平均)は

76) $\quad \lambda = \dfrac{\overline{c}}{\nu + \mathfrak{n}} = \dfrac{1}{\pi \left(\sigma^2 n_1 \sqrt{\dfrac{m + m_1}{m}} + s^2 n \sqrt{2} \right)}$

である．

時間平均と数平均は等しいので，両者の区別をしないことにしよう[*27]．単位体積中に存在するすべての分子 m が単位時間内に，2回の連続する衝突のあいだに進むすべての行程の平均を取れば，λ の値はもちろん同じである．単純気体については，

77) $\quad \lambda = \dfrac{\overline{c}}{\mathfrak{n}} = \dfrac{1}{\pi n s^2 \sqrt{2}} = \dfrac{\lambda_r}{\sqrt{2}}$

である．この値は，クラウジウスにより計算された値 $\lambda_{\text{Claus.}}$

(式60〔原注*25〕と67〔原注*26〕を見よ)よりも $2\sqrt{2}/3$ 倍大きい.

以前に勝手に仮定した,つねに一定の速度〔の大きさ〕c で混合気体中を運動する分子は,単位時間内に行程 c を進む.そしてそれは,この時間のあいだに $(\nu_c + \mathfrak{n}_c)$ 回ほかの分子と衝突するから,ある衝突から次の衝突までのあいだに,平均して

$$78) \qquad \lambda_c = \frac{c}{\nu_c + \mathfrak{n}_c}$$

だけの行程を進む[*28]. 任意の特定の瞬間において混合気体中で速度〔の大きさ〕c を持つ分子 m はそれぞれ同じ条件のもとにあるので,λ_c はまた,そのような分子が平均してその瞬間から次の衝突までに進む行程でもある.ある特定の瞬間に,混合気体中ですべて速度〔の大きさ〕c を持つ非常に多くの分子 m があり,それぞれがある瞬間から次の衝突までに進むすべての行程の平均を計算するとしよう.このときそれはふたたび λ_c に等しい.同じことはまた,時間を逆向きに進んでも,もちろん成り立つ.ある特定の瞬間 t において,非常に多くの分子 m が混合気体中で速度〔の大きさ〕c を持っているとしよう.ここで,それらが平均して,直近の衝突からいま問題とする瞬間 t までに進んだ距離がどれくらいかを求めれば,これについてふたたび値 λ_c を得る.

このことには,ある誤謬推理がつきものだった.それはクラウジウス[*29]が明らかにしたもので,ここで言及するに値

する.ふたたび,非常に長い時間のあいだつねに速度〔の大きさ〕c で混合気体中を運動している分子 m を考察しよう.任意の瞬間 t に,それは B にあるとする.点 B と,分子が瞬間 t 以前に最後に衝突した場所との距離を求め,点 B のすべての可能な位置について,このような距離すべての平均を計算しよう.それは,λ_c と等しくなるだろう.

同様にして,点 B と,分子が瞬間 t 以降にはじめて衝突する場所との距離を求めることもできる.この距離の平均はふたたび λ_c と等しくなるだろう.ところで点 B と,直前および直後の衝突場所の距離の和は,それら 2 回の衝突間の行程に等しいのだから,2 回の連続する衝突のあいだの平均自由行程は $2\lambda_c$ に等しい,と考えられるかもしれない.しかしこの推論は誤りである.というのは,点 B がより長い距離の上にある確率は,より短い距離の上にある確率よりも大きい.それゆえ 2 回の連続する衝突のあいだのすべての行程の平均を計算すると,点 B に分子 m の軌道全体の上のすべての可能な位置を与え,点 B と直後あるいは直前の衝突場所とのあいだのさまざまな距離から平均を計算するときよりも,より短い距離の行程をより頻繁に数え上げてしまうことになるのである.

このことは,長大な説明よりは,自明な例によってよりよく例示されるだろう.いかさまのないサイコロを,順に非常に多くの回数投げるとしよう.2 回 1 の目が出る(1 の目が上に出るということである)ことのあいだには,平均的には 5

回他の目が出るだろう．2回連続してサイコロを投げることのあいだの間隔 J を考えよう．間隔 J と，次に 1 の目が出ることのあいだには，平均すると $2\frac{1}{2}$ 回の他の目ではなく，もちろん 5 回の他の目が出るだろう．間隔 J と，直前に 1 の目が出たことのあいだについても同様である．

テイト氏[*30]は平均自由行程 λ を，やや異なった仕方で定義している．われわれはすぐ上で，ある特定の瞬間 t において単位体積中には，速度〔の大きさ〕が c と $c+dc$ のあいだにある分子が dn_c 個あること，そしてこれらの分子はすべて，平均すると，その瞬間から次の衝突までに行程 λ_c を進むことを見た．それゆえ任意の瞬間においてもっぱらその単位体積中に存在する n 個の分子 m をすべて考え，それぞれの分子がその瞬間から次の衝突までに進むすべての行程の平均を計算すると，これについて値

79) $\qquad \lambda_T = \frac{1}{n}\int \lambda_c dn_c = \frac{1}{n}\int \frac{c\,dn_c}{\nu_c + \mathfrak{n}_c}$

を求められる．

これは，値 70 と 71 を代入し，いくつかまったく簡単な変形を施していくと，

80) $\qquad \lambda_T = \frac{1}{\pi n s^2}\int_0^\infty \frac{4x^2 e^{-x^2}dx}{\psi(x) + \dfrac{n_1 \sigma^2}{ns^2}\psi\left(x\sqrt{\dfrac{m_1}{m}}\right)}$

を与える．ここで

81) $$\psi(x) = \frac{1}{x}e^{-x^2} + \Big(2 + \frac{1}{x^2}\Big)\int_0^x e^{-x^2}dx$$

である.

表式 80 は，分子 m からなる種類の気体のみが存在するときには，

$$\lambda_T = \frac{1}{\pi n s^2} \int_0^\infty \frac{4x^2 e^{-x^2} dx}{\psi(x)}$$

と簡単になる.

私はこの定積分の値が，0.677464 に等しいことを求めた[*31]. テイトは，小数点以下第 3 位まで一致する値を得ている[*32]. つまり，

82) $$\lambda_T = \frac{0.677464}{\pi n s^2}$$

である.

容易に分かるように，量 λ_T は，先に λ と表された平均値よりもいくらか小さい. というのは，λ は，単位体積中に存在するすべての分子 m が単位時間内に進むすべての行程の平均だからだ. そこでは，それぞれの分子について，それが単位時間中に衝突をなす分と同じだけの行程が算術平均に取り入れられているのである. これに対してテイトの方法では，それぞれの分子について，ただひとつの行程しか数えられていない. いま，より速い分子はより遅い分子よりも頻繁に衝突し，ある衝突から次の衝突までに平均的にはより長い行程を進むのだから，比較すると第一の方法においては，よ

り長い行程がより頻繁に数え上げられている．したがってその平均も，第二の方法より大きくならなければならないのである．

テイトは最後に，平均自由行程は，2回の衝突のあいだに平均して経過する時間と平均速度〔の大きさ〕の積としても定義できることを注意している．これは，

$$\overline{c} \cdot \frac{dn_c}{\nu_c + \mathfrak{n}_c}$$

を与えるだろう．ここから，単純気体[*33]について

$$0.734/\pi n s^2$$

が出てくる．

2回の衝突のあいだの平均時間にもまた，同様の仕方で，さまざまな定義の余地がある．しかしわれわれは，このさほど重要ではない概念にあまりにも長くこだわってしまったかもしれない．それは，基礎的概念を可能な限り明瞭に説明するための努力のみに許されることであろう．

われわれは平均自由行程について異なる値を得たが，そのことの責任はもちろん，決して計算が不正確であることに帰されるのではない．どの値も，当該の定義を根拠とする限りでは，厳密である．どのようなものであっても，厳密に実行された計算が平均自由行程を含む最終的な式に到るとき，どの定義がこの場合に念頭に置かれているのかは計算それ自体から明らかであろう．ただ，式に到った計算が厳密ではなか

った場合にのみ，それについての計算を疑うことができるのである．

§11 分子運動による任意の量の輸送に関する基本方程式

さて，ある単純気体の垂直な円筒状の柱を考え，その気体分子が質量 m を持つとしよう．上方に向かって垂直に z 軸を置き，平面 $z = z_0$ を気体柱の底面，$z = z_1$ を頂面と呼ぶことにする．われわれは通常，これら二つの平面の距離が，気体柱の断面に比べて短く，気体柱の側面を囲んでいる壁の影響は無視できると考える．Q を，ある気体分子に対してさまざまな分量だけ与えることができる任意の量であるとしよう．いま容器の頂面は，任意の分子がその頂面で跳ね返されたとき，その分子が衝突前にはどのような性質のものであったとしても，考察している量 Q を平均的には分量 G_1 だけ有するという性質を持つものとしよう．同様に，任意の分子は底面によって，平均的にはこの量を分量 G_0 だけ持って跳ね返されるとしよう．たとえば，分子が電気を伝える直径 s の球であり，頂面と底面がそれぞれ一定のポテンシャル 1 と 0 を持つ 2 枚の金属板であったとすれば，それぞれの分子は底面から荷電せずに跳ね返されるが，対して頂面からは電気量 $s/2$ だけ荷電して跳ね返されるであろう．つまりこのとき，量 Q は電気量となり，電気伝導の現象が得られることになろう．底面が静止しており，頂面がその平面上を横軸方向に

動いていたとすれば、内部摩擦の現象が得られ、Q は横軸方向に測った運動量となろう。頂面と底面が二つの異なる温度のまま一定に保たれたならば、気体中の熱伝導が得られよう。

考えを固めるために、G_1 が G_0 よりも大きいと前提しよう。任意の z、つまり頂面と底面のあいだの xy 平面に平行な任意の気体の層を、層 z と名付けよう。層 z について、任意の分子は平均的にはこの量 Q を分量 $G(z)$ だけ持つとする。

この層の中に、面積 1 の部分 AB を考える。上方から下方へ向かって AB を通過する分子が AB を通過する前に最後に衝突したのは、より上方の層であろう。

簡潔に言えば、それらの分子は、その上方の層から来たということである。したがってそれらは平均的には量 Q を、$G(z)$ よりも大きいある分量だけ持っているだろう。逆に AB を通って下方から上方へと通過する分子は、平均的にはこの量をより小さな分量だけ運ぶ。その結果全体としては、単位時間内に、量 Q のうちある決まった分量 $\varGamma$ が、下方から上方に向かうよりも余分に、上方から下方へと向かって輸送される。この分量 $\varGamma$ を決定することがわれわれの次の課題である。そこで、すべての気体分子のうち、速度〔の大きさ〕が c と $c+dc$ のあいだにある分子のみを考察しよう。dn_c 個の気体分子が単位体積中に含まれているとする。式 38 によれば、そのうち

§11 分子運動による任意の量の輸送に……

$$dn_{c,\theta} = \frac{dn_c \sin\theta d\theta}{2}$$

個の分子が，その速度の向きが z 軸の負の向きに対して θ と $\theta + d\theta$ のあいだの角をなすように運動する．これらの分子はそれぞれ，時間 dt のあいだに，z 軸の負の向きに対して角 θ をなす長さ cdt の行程を進む．

したがって，時間 dt のあいだに AB を通過する，いま考察している分子の数は，時間 dt の始めに，底面が AB で，かつその高さ，それゆえその体積が $c\cos\theta dt$ である傾いた円筒内に存在する分子の数とちょうど同じである．ところでこの後者の数は

$$\frac{dn_c}{2} c \sin\theta \cos\theta d\theta dt$$

である（§2 の式 3 の導出を見よ）．

つまり単位時間内には，状態が定常であれば，速度の大きさが c と $c + dc$ のあいだにあり，かつ速度の向きと z 軸の負の向きのなす角が θ と $\theta + d\theta$ のあいだにある

$$d\mathfrak{N} = \frac{1}{2} dn_c c \sin\theta \cos\theta d\theta$$

個の分子が，単位面積 AB を通って上方から下方へと通過していくだろう．瞬間 t において AB を通過する分子のうちどれかひとつを取り，それが直近の最後の衝突から瞬間 t までに進んだ行程を λ' で表そう．するとその分子は明らかに z 座標が $z + \lambda'\cos\theta$ の層から来たのであり，そこではどの

分子も平均的には量 G を分量 $G(z+\lambda'\cos\theta)$ だけ有している. つまりこれだけの分量が AB を通って輸送されたのであり, これを

$$= G(z) + \lambda' \cos\theta \frac{\partial G}{\partial z}$$

とおくことができる. λ' は小さいからである.

つまり, 上で考察した $d\mathfrak{N}$ 個のすべての分子は, AB を通って上方から下方へと, 分量

$$d\mathfrak{N} \cdot G(z) + \frac{\partial G}{\partial z} \cos\theta \sum \lambda'$$

を輸送する. ここで $\sum \lambda'$ は, $d\mathfrak{N}$ 個のすべての分子の行程の和である. われわれは $\sum \lambda'$ を, これらの分子の数 $d\mathfrak{N}$ と, そのうちのひとつの分子の平均自由行程の積に等しいとおくことができる. ところでこの平均自由行程は, 本文の式 78 の説明の直後の注意によれば, われわれがつねに λ_c と表してきた量と等しい. つまり $\sum \lambda' = \lambda_c d\mathfrak{N}$ であり, そして $d\mathfrak{N}$ 個の分子によって単位時間中に単位面積を通って上方から下方へと輸送される量 Q の分量について,

$$d\mathfrak{N} \cdot \left[G(z) + \lambda_c \cos\theta \frac{\partial G}{\partial z} \right]$$

が従う.

$d\mathfrak{N}$ にその値を代入し, $dn_c, \lambda_c, G, \partial G/\partial z$ が θ の関数ではないことに注意して θ に関して 0 から $\pi/2$ まで積分すると, 速度〔の大きさ〕が範囲 c と $c+dc$ にある分子によって単

位時間内に単位面積を通って上方から下方へと輸送される量 Q の全分量について,値

83) $$\frac{c}{4}dn_c G(z) + \frac{c\lambda_c dn_c}{6}\frac{\partial G}{\partial z}$$

を得る.

まったく同様にして,速度〔の大きさ〕が同じ範囲にある分子が,単位時間内に単位面積を通って下方から上方へと分量

84) $$\frac{c}{4}dn_c G(z) - \frac{c\lambda_c dn_c}{6}\frac{\partial G}{\partial z}$$

を輸送することが分かる.つまり,一般に速度〔の大きさ〕が c と $c+dc$ のあいだにあるすべての分子によって,単位時間内に単位面積を通って,逆方向に向かうよりも,上方から下方へ向かって量 Q のうち分量

85) $$d\Gamma = \frac{c\lambda_c dn_c}{3}\frac{\partial G}{\partial z}$$

だけ余分に輸送される.簡単化のため,すべての分子が同じ速度〔の大きさ〕c を持つという仮定をおくと,一般に現在のすべての分子の速度〔の大きさ〕は範囲 c と $c+dc$ にあることになる.つまり dn_c には単位体積中の分子数 n を,λ_c には単純にこれらの分子それぞれの平均自由行程を代入することができる.すると,$d\Gamma$ もまた,単位時間内に単位面積を通って,分子によって,逆方向に向かうよりも,上方から下方へと向かって余分に輸送される量 Q の全分量 Γ と同じになる.つまり,ここではクラウジウスの平均自由行程を適用す

べきであろうから,

86) $$\Gamma = \frac{n}{3}c\lambda\frac{\partial G}{\partial z} = \frac{c}{4\pi s^2}\frac{\partial G}{\partial z}$$

を得る.

すべての分子が同じ速度〔の大きさ〕を持つという簡単化のための仮定をおかないとすると,上で $d\Gamma$ について求めた値を,c に関してすべての可能な値にわたって積分することにより Γ を得る.方程式 78 は,いま 1 種類の気体しか存在しないので,

$$\lambda_c = \frac{c}{\mathrm{n}_c}$$

を与える.

n_c と $d\mathrm{n}_c$ に方程式 71 と 43 の値を代入すると,いくつかの簡単な変形を施すことで,

87) $$\Gamma = \frac{1}{3\pi s^2}\frac{1}{\sqrt{hm}}\frac{\partial G}{\partial z}\int_0^\infty \frac{4x^3 e^{-x^2}dx}{\psi(x)}$$

が導かれる.ここで $\psi(x)$ は,式 81 により定義される x の関数である.

この定積分について,私は,機械的二乗法〔ガウス求積法〕により,値 0.838264 を求めた[34].テイトは後に,小数点以下第 3 位まで,私の値と正確に一致する計算結果を与えた[35].

方程式 44,45,47 から,

§11 分子運動による任意の量の輸送に…… 131

$$\frac{1}{\sqrt{hm}} = c_w = \frac{\sqrt{\pi}}{2}\bar{c} = \sqrt{\frac{2}{3}}\sqrt{\overline{c^2}}$$

が従う.

同様に,方程式 67〔原注*26〕,77,82 からは,

$$\frac{1}{\pi s^2} = \lambda n\sqrt{2} = \frac{n\lambda_T}{0.677464} = \frac{4}{3}n\lambda_{\text{Claus.}}$$

が従う.

$1/\sqrt{hm}$ と $1/\pi s^2$ に,これらの値のうちどれかを代入すると,その都度

88) $$\Gamma = knc\lambda\frac{\partial G}{\partial z}$$

という形の方程式を得る.ここで c は最大確率速度か,平均速度か,あるいは平均二乗速度の平方根のいずれか〔の大きさ〕である.また λ はマクスウェルか,テイトか,あるいはクラウジウスの定義による平均自由行程であり,k はそれぞれに応じて異なる数値係数を意味する.c が平均速度〔の大きさ〕,λ がマクスウェルの平均自由行程を意味するとすると,

89) $$k = \frac{1}{3}\sqrt{\frac{\pi}{2}}\int_0^\infty \frac{4x^3}{\psi(x)}e^{-x^2}dx = 0.350271$$

が導かれる.

つまりこの係数は,式 86 の係数 1/3 とはわずかしか異ならない.

§12 気体の電気伝導性と内部摩擦〔粘性〕

まずあえて,量 Q が分子の純粋に力学的な性質ではない例を考察しよう.容器の底面と頂面が,電気をよく伝える2枚の板であるとし,ポテンシャルは 0 と 1 に一定に保たれているとする.底面と頂面の距離は 1 に等しいとする.側壁の影響は,いつものように無視できるものとする.この課題は単なる練習問題として扱いたいので,球状と想定される分子は電気のよい導体であり,またこのように荷電していることは分子運動に影響をおよぼさないと仮定してもよい.もちろん,この条件が自然界においても実現されていると主張するものではない.すると,G はある分子にたまっている電気である.これは底面から跳ね返された分子については値 $G_0 = 0$ を持ち,頂面から跳ね返された分子については値 $G_1 = s/2$ を持つ.というのは,後者の分子については,電位は内部と表面とで 1 に等しくなければならないが,他方でこの電位は,電気量 G_1 を半径 $s/2$ で割ったものに等しいからである.状態が定常であるとすれば,Γ は〔容器の〕任意の断面についても同じ値を持たなければならない.分子運動は帯電により影響を受けないことを仮定しているので,方程式 88 に現れる他の量も任意の断面について同じ値を持ち,この方程式からは $\partial G/\partial z$ が z から独立であることが出てくる.さらに,頂面と底面の距離は 1 に等しいので,

$$\frac{\partial G}{\partial z} = \frac{s}{2}$$

が従う.

つまり単位時間内に単位面積を通って,分子により上方から下方へと輸送される電気量は,式 88 によれば,その逆方向に輸送されるよりも

90) $$\Gamma = \frac{k}{2} nc\lambda s$$

だけ多い.もちろん証明されていない仮定のもとではあるが,これが気体の電気伝導率となろう.

―――――

さて,別の例を扱うことにしよう.底面は静止しているが,頂面は横軸方向に一定の速度で移動しているとする.これにより,気体分子は頂面付近では横軸方向に引きずられるが,底面付近では引き止められる.つまりある分子の平均速度の横軸方向の成分,すなわちこの向きへの気体の可視的な速度は,z 座標が増えるにしたがって増大する.それは,層 z について値 u を取るとする.いま G が,ある分子が横軸方向に持つ平均運動量 mu を意味するとすると,

$$\frac{\partial G}{\partial z} = m\frac{\partial u}{\partial z}, \quad \Gamma = knc\lambda m\frac{\partial u}{\partial z} = k\rho c\lambda \frac{\partial u}{\partial z}$$

を得る.

底面と層 z のあいだにある気体の全質量を M で,その重心の横軸方向への速度を $\mathfrak{r}$ で表すと,

第 1 章　分子が弾性球である場合. ……

$$\mathfrak{x} = \frac{\sum m\xi}{M}$$

である．ここで $\sum m\xi$ は，すべての粒子〔気体分子〕の横軸方向の運動量の和である．気体中の分子運動によって，単位時間内に単位面積を通って，上方へ輸送されるよりも Γ だけ多くの運動量が下方へと輸送される．したがって，時間 dt のあいだに，量 $\sum m\xi$ は，分子運動によって値

$$\Gamma \omega dt$$

だけ増大するが，この間 M は不変に保たれる．ここで ω は，われわれの気体が入った円筒の断面の単位面積である．したがって，$\mathfrak{x}$ は分子運動によって

$$d\mathfrak{x} = \frac{1}{M}\Gamma \omega dt$$

だけ増大する．この増大は，力 $Md\mathfrak{x}/dt$ が気体にはたらくときに生じるだろう．状態が定常であるとすると，同じ大きさではあるが逆向きの力が外部から気体の質量 M にはたらかなければならない．この力は底面のみに由来しうるのであり，作用と反作用は等しいから，逆に気体は底面に対して，横軸の正の向きに力

$$M\frac{d\mathfrak{x}}{dt} = \Gamma\omega = k\rho c\lambda\omega\frac{\partial u}{\partial z}$$

をおよぼすだろう．この力を気体の摩擦〔粘性〕と呼ぶ．それは法線 z による接線方向の速度 u の微分商〔導関数〕と，面積

§12 気体の電気伝導性と内部摩擦〔粘性〕

ω に比例する.

その比例定数を摩擦係数〔粘性係数〕と呼ぶ. これは値

91) $$\mathfrak{R} = k\rho c\lambda$$

を持つ[*36].

15℃ で標準大気圧下にある大気について, マクスウェル[*37], O. E. マイヤー[*38], クントとヴァールブルク[*39]の実験はほとんど一致した値

$$\mathfrak{R} = 0.00019 \frac{\text{g}}{\text{cm}\cdot\text{sec}}$$

を与えている. 酸素と窒素はかなり似た振舞いを示し, またこの式はもとより近似的にしか正しくないので, これを窒素の摩擦係数にも等しいとおくことができる. これについて, 0℃ で $\sqrt{\overline{c^2}} = 492$ m/sec であることが求められている. $\bar{c} = 2\sqrt{2\overline{c^2}/3\pi}$ であり, また $\bar{c}$ は絶対温度の平方根に比例するから, 15℃ の窒素について,

$$\bar{c} = 467 \text{ m/sec}$$

が従う.

式 91 において, c が平均速度〔の大きさ〕を意味するとすると, 最終的には $k = 0.350271$ とおくことができ,

$$\lambda = 0.00001 \text{ cm}$$

を得る.

対して，15℃ の窒素において，標準大気圧のもとで，ある分子が1秒間あたりに行う衝突の数については

$$\mathfrak{n} = \frac{\bar{c}}{\lambda} = 47億$$

が従う．

式 77 によると

$$\lambda = \frac{1}{\sqrt{2}\pi n s^2}$$

なので，ここから二つの量 n と s を個別に決定することはできない．しかし，これらの量のあいだにもうひとつ関係を挙げることができれば，ただちにそれは果たされる．

このことは，ロシュミット[*40]によれば，次のような考察によってなされる．それが許されることは，彼はさまざまな物質の分子の体積を考察することで正当化している．質量を持つ球と想定されるある分子の体積は $\pi s^3/6$ である．分子をそのような単純な像のもとで考えないとすると，これはその直径が，二つの分子の重心が衝突の際に接近する距離の平均に等しいような球の体積である．つまり $\pi n s^3/6$ は，分子それぞれが上の大きさを持つ球だと考えたときの，気体の体積全体（これは1に等しいとおかれる）のうち分子により満たされる部分であり，対して空間 $1 - \pi n s^3/6$ は分子間で空虚なまま残される．

気体が液化可能〔実在気体〕であり，液体状態ではその全体積が球状の分子により満たされる空間よりも ϵ 倍大きいと仮

定しよう.すると,$\epsilon\pi n s^3/6$ は気体から生じた液体の体積であり,気体の体積は1に等しかったから,

$$\frac{\epsilon\pi n s^3}{6} = \frac{v_f}{v_g}$$

である[*41].ここで v_g は同じ密度のもとでの,単位体積中に n 個の分子が存在する任意の量の気体の体積であり,対して v_f は同じ量の気体が液体状態にあるときの体積である.この方程式を方程式 77 とかけると,

$$s = \frac{6\sqrt{2}}{\epsilon}\frac{v_f}{v_g}\lambda$$

が従う.

さて,液体の体積は,圧力によっても温度によってもそれほど変化させられない.さらに二つの気体分子が衝突の際にたがいにおよぼしあう力は,実験室で液体に対して加えられる力よりも,おそらく大きいだろう[*42].したがってわれわれは,液体の体積は,二つの隣接する分子が気体中で衝突する際の平均的な最短距離にあるときにそうなるであろう体積よりも 10 倍以上には大きくなく,かつそもそもそれよりも小さくはない,つまり ϵ は 1 と 10 のあいだにあると仮定できるだろう.液体窒素の密度は,ヴルブレフスキにより,水の密度と大きくは異ならないことが見出されている[*43].原子の体積からも,両者の密度の差は,近似計算で考慮に入れられるほど大きくはありえないことが導かれる.それゆえ両者を等しいとおくと,15℃ の標準大気圧下にある窒素につ

いて $v_g/v_f = 813$ であると求められる．また，$\epsilon = 1$ とおくと，$s = 0.0000001\,\mathrm{cm} = 1\,\mathrm{mm}/100\,万$ を得る．それゆえ液体窒素中の二つの隣接する分子の重心の平均距離，ならびに気体状の窒素の二つの衝突する分子が到達する最短距離の平均は，この値とその 10 分の 1 のあいだにあることが確からしいと仮定できる．

標準大気圧下にある 25℃ の窒素 1 ccm〔cm^3〕中に含まれる分子の数 $n = 1/\sqrt{2}\pi s^2 \lambda$ については，少なくとも 250 京と 2 垓 5000 京のあいだの数が得られると言える．

この値を表式 90 に代入すると，$\Gamma = 23 \cdot 10^9\,\mathrm{cm/sec}$ を与える．これが，静電的に測定された絶対伝導率であろう．つまり，電磁気的に測定された比抵抗は $9 \cdot 10^{20}\,\mathrm{cm}^2/\Gamma\,\mathrm{sec}^2 = 4 \cdot 10^{10}\,\mathrm{cm/sec}$ となろう．一辺が 1 cm の立方体の窒素は，$4 \cdot 10^{10}\,\mathrm{cm/sec} = 40\,\mathrm{Ohm}$ だけの抵抗を持つことになるが，他方で同量の立方体の水銀は $1/10600\,\mathrm{Ohm}$ だけの抵抗を持つ．窒素は少なくとも水銀に比べると伝導性がはるかに悪いので，分子が伝導性を持つ球であるという仮説は不当であることが分かる．

分子の直径のオーダーは，ロタール・マイヤー[*44]，ストーニー[*45]，ケルヴィン卿[*46]，マクスウェル[*47]，ファン・デル・ワールス[*48]によって，またその後もまったく異なる方法で何度も求められ，ここでの値とさしあたり一致する数が得られている．

当該の気体の性質と状態に対する摩擦係数の依存性を求め

るため，ρ をふたたび nm で，λ を方程式 77 による値で置き換えよう．すると，

$$\mathfrak{R} = \frac{km\bar{c}}{\sqrt{2}\pi s^2}$$

が，また方程式 46 と 51a により，

$$\mathfrak{R} = \frac{2k}{s^2}\sqrt{\frac{RMTm}{\pi^3}}$$

が従う．

それゆえ摩擦係数は気体の密度から独立で，絶対温度の平方根に比例する．密度からの独立性は，もちろん，平均自由行程が頂面と底面のあいだの距離に比べて短いという，われわれの計算の前提が満たされる限りにおいて成り立つのであるが，とくにクントとヴァールブルクの実験[*49]によって確証されている．温度への依存性に関しては，マクスウェルの実験が，その 1 次の項に比例する摩擦係数を明らかにした(上掲論文)．これは，液化しやすい気体，とくに炭酸についてのみ確証されている．きわめて液化しにくい気体〔理想気体〕については，摩擦係数の温度係数に関して後に観察を行った者たちは，個々にはここで議論した式との近似的な一致を見出しているが，その値のほとんどは，ここで計算した値と，マクスウェルにより実験的に見出された値のあいだに位置する[*50]．

そこでまず注意するべきは，摩擦係数が温度の上昇ととも

に，絶対温度の平方根よりも急速に増大することを，われわれの計算が不正確であることから説明することはできないということである．というのは，次のことがただちに分かるからである．それは，密度を変えることなく温度のみを上昇させたとき，弾性的で無限小だけ変形可能な分子という前提のもとでは，分子運動は平均的には通常はまったく変化せず，ただその速度〔の大きさ〕が絶対温度の平方根に比例して増大するのみであるということである．ある意味では，ただ〔運動に必要な〕時間のみがこの割合で短くなるように見える．そしてこのことからただちに，単位時間内に輸送される運動量が同じ分だけ増大しなければならないということが導かれる．これに対して，シュテファンによれば[51]，s は温度が上昇するにつれて減少することがある．このことは，次のような意味を持つだろう．分子は絶対的な剛体なのではなく，衝突に際していくらか扁平になり，直径が小さくなったように見える．そしてそれは，気体の温度が高くなればなるほど，いっそう小さくなったように見えるのである．マクスウェルは，分子は力の中心であると仮定することさえした．それは，長距離ではそれほど大きくはないが，非常に短い距離では，接近するに従って急速に増大する斥力をおたがいにおよぼすのであり，ここでその力は適当に選ばれた距離の関数である，というのである．彼は，まさに自分で求めた内部摩擦の温度係数を説明するために，この関数が距離の5乗に逆比例するとおいている[52]．私はかつて，気体の本質的な性質を

すべて得たことになるのは，この斥力のかわりに，適当な仕方で距離に依存する引力のみをおき，これにより解離の計算と有名なジュール-トムソンの実験が説明できるようになったときであると注意したことがある[*53]．もちろん，分子の本性についてわれわれが無知であるという状況のもとでは，これらの直観はすべて単なる力学的アナロジーとみなすべきである．それらの直観は，実験が決定を下さない限り，同等であるとみなさなければならない．しかし少なくとも，分子の直径が，厳密に決まった大きさではないということは確からしい．それでも，液体状態において隣接する分子はおたがいに非常に強く作用をおよぼし，3個以上の分子が相互作用することがもはや例外ではなくなるほどの距離にあるに違いない．それはつまり，気体分子であれば，直線状の軌道からの顕著な逸脱が生じるのと同じオーダーの距離である．上で s と σ により表していた量が示しているのは，この見方では，このオーダーの距離にほかならない．〔ところで〕計算を一貫させるために，さしあたり，分子はほとんど変形しない弾性球であるという仮定に戻ることにしよう．このとき，最後の式から，摩擦係数について，それが同じ温度を持つ異なる気体に関して分子の質量の平方根に比例し，その直径の2乗に逆比例することが従う．

§13　熱伝導と気体の拡散[*54]

式88から熱伝導率を計算するためには，頂面および底面

と呼ばれていた平面が両方とも，二つのそれぞれ異なる一定の温度に保たれていると仮定する必要がある．このとき G は，ある分子に平均的に含まれる熱量である．分子の並進運動の平均運動エネルギーは

$$\frac{m}{2}\overline{c^2}$$

である．分子の内部運動の全エネルギーは，平均して

$$\beta\frac{m}{2}\overline{c^2}$$

であるとおく．つまり，分子が示す分子運動の全エネルギーは，平均的には

$$\frac{1+\beta}{2}m\overline{c^2}$$

である．すなわち，方程式 57 によれば

$$\frac{1}{3(\kappa-1)}m\overline{c^2}$$

である．

われわれの仮説によれば，熱とは分子運動の全エネルギーにほかならないのだから，これは，ある分子に与えられる熱量 G を力学単位で測ったものである．つまり，比熱比 κ が一定であるという前提は，少なくともきわめて液化しにくい気体〔理想気体〕についてはおそらく当てはまるのだが，この前提をおくと

$$\frac{\partial G}{\partial z} = \frac{1}{3(\kappa-1)} m \frac{\partial \overline{c^2}}{\partial z}$$

となる.

さてそれに加えて,方程式 51a によれば

$$\overline{c^2} = \frac{3RT}{\mu}$$

である.ここで,以前と同様,$\mu = m/M$ は気体の分子量である.それゆえ

$$\frac{\partial G}{\partial z} = \frac{Rm}{(\kappa-1)\mu} \frac{\partial T}{\partial z}$$

を得る.したがって式 88 によれば

$$\mathit{\Gamma} = \frac{kR\rho\overline{c}\lambda}{(\kappa-1)\mu} \frac{\partial T}{\partial z}$$

である.

$\partial T/\partial z$ の係数は,気体の熱伝導率 $\mathfrak{L}$[*55] と呼ばれるものである.つまり,

92) $$\mathfrak{L} = \frac{R\mathfrak{R}}{(\kappa-1)\mu} = \frac{2k}{(\kappa-1)s^2} \sqrt{\frac{R^3 M^3 T}{\pi^3 m}}$$

が導かれる.

すると熱伝導率の密度と温度への依存性は,κ が一定である限り,摩擦係数のそれと同じである.とくに κ は,液化しにくい気体については,温度が一定であれば密度には少なくともほとんど依存しないので,熱伝導率も密度からは独立で

ある．このことは，シュテファンの実験[*56]と，クント-ヴァールブルクの実験[*57]により確証された．熱伝導率の温度依存性に関する実験からは，確実な結果はいまだ明らかになっていない．

κ がほとんど同じ値を持つような異なる気体については，温度が一定であれば，熱伝導係数は，摩擦係数を分子量で割った商に比例する．あるいは，式92の最後の表現が示しているように，〔分子の〕直径の2乗と分子量の平方根に逆比例する．つまりこれは，大きな分子よりも，より小さく軽い分子について顕著に大きくなる．このことは経験により確証される．

γ_p と γ_v で，それぞれ一定の圧力と一定の体積のもとでの，単位質量に関する気体の比熱を表そう．ここで熱は，ふたたび，力学単位で測られるものとする．すると(式55a)

$$\frac{R}{\mu} = \gamma_p - \gamma_v = \gamma_v(\kappa-1) = \frac{\gamma_p}{\kappa}(\kappa-1)$$

であった．それゆえ

93) $$\mathfrak{L} = \gamma_v \mathfrak{R} = \frac{1}{\kappa}\gamma_p \mathfrak{R}$$

である．

この最後の式で，熱の単位は任意である．0℃ の標準大気圧下の空気について，

$$\kappa = 1.4, \quad \gamma_p = 0.2376 \frac{グラムカロリー}{グラム \times (1℃)}$$

とおき，$\mathfrak{R}$ について先ほど採用した値を入れると，

$$\mathfrak{L} = 0.000032 \frac{グラムカロリー}{\text{cm/sec} \cdot 1℃}$$

が従う．

空気の熱伝導率については，さまざまな観察者によって，上の単位系で表すと 0.000048 から 0.000058 のあいだの値が求められている[58]．われわれの計算が近似的なものでしかないという事情を考慮すれば，この一致は十分なものである．

二つの気体の拡散を計算するため，ふたたび§11で考察した気体柱に戻ることにしよう．しかし，気体は二つの単純気体の混合物であるとする．第一の種類の気体分子は質量 m，直径 s であり，第二の種類の気体分子は質量 m_1，直径 s_1 であるとする．層 z には，単位体積あたり，第一の種類の気体分子が n 個，第二の種類の気体分子が n_1 個含まれるとする．ここで，n と n_1 は z の関数であるとする．それゆえ速度の大きさが c と $c + dc$ のあいだにある，単位体積あたりの第一の種類の分子の数 dn_c も，z の関数であるとする．すると，§11 で行ったのと同様の考察により，単位時間内に単位面積を通って，上方から下方へと

$$d\mathfrak{N}_{c,\theta} = \frac{dn_c}{2} c \sin\theta \cos\theta d\theta$$

個の第一の種類の分子が通過する．ただしここで，それらの速度の大きさは c と $c + dc$ のあいだに，速度の向きと z 軸

の負の向きがなす角は θ と $\theta + d\theta$ のあいだにある．これらの分子は，平均的には，その z 座標が値 $z + \lambda_c \cos\theta$ を取る層から来る．つまりこれらの分子について，dn_c のかわりに，

$$dn_c + \lambda_c \cos\theta \frac{\partial dn_c}{\partial z}$$

と書くことができる．

θ に関して 0 から $\pi/2$ まで積分すると，単位時間内に単位面積を任意の角で，しかし c と $c + dc$ のあいだの速度〔の大きさ〕でもって上方から下方へ通過する第一の種類の気体分子の数について，値

$$\frac{c\,dn_c}{4} + \frac{c\lambda_c}{6} \frac{\partial dn_c}{\partial z}$$

が従う．同様に，下方から上方へと通過する分子の数について，値

$$\frac{c\,dn_c}{4} - \frac{c\lambda_c}{6} \frac{\partial dn_c}{\partial z}$$

が従う．

つまり，単位時間内に単位面積を通って下方から上方へと向かうよりも，

94) $$d\mathfrak{N}_c = \frac{c\lambda_c}{3} \frac{\partial dn_c}{\partial z}$$

個だけ多くの第一の種類の分子が，単位時間内に単位面積を通って上方から下方へと通過する．すべての分子の速度

§13 熱伝導と気体の拡散

〔の大きさ〕は同じであるという単純化のための仮定をおくと，$d\mathfrak{N}_c$ のかわりに，単純に，単位時間内に単位面積を通って逆方向に向かうよりも余分に上方から下方へと向かう第一の種類のすべての分子の総数 $\mathfrak{N}$ が，dn_c のかわりに，単純に，層 z 内の単位体積あたりに含まれる第一の種類のすべての分子の総数 n が，それぞれ現れなければならないだろう．つまり，

95) $$\mathfrak{N} = \frac{c\lambda}{3}\frac{\partial n}{\partial z}$$

となるだろう．

　同じ種類の分子のあいだでさまざまな速度が実現されることは，二つの種類の気体について分子の質量も直径も同じであるという，もっとも単純な場合に限って考慮することにしよう．マクスウェルが自己拡散と呼んだこの場合においては，任意の層において任意の種類の気体分子のあいだでの拡散が生じているあいだ，マクスウェルの速度分布〔速さ分布〕が成立していると前提する．つまり，式43

$$dn_c = 4n\sqrt{\frac{h^3 m^3}{\pi}} c^2 e^{-hmc^2} dc$$

が変わらず成り立っていると前提する．ただし n が z の関数であるという違いがある．これにより，

$$\frac{\partial dn_c}{\partial z} = \frac{4\partial n}{\partial z}\sqrt{\frac{h^3 m^3}{\pi}} c^2 e^{-hmc^2} dc$$

が分かる.

さらに λ_c は,あたかも単位体積中に $n+n_1$ 個の分子が含まれる単一の種類の気体しか存在しないかのように,同じ値を取る.つまり λ_c は方程式 78 で $\nu_c = 0$ とすると与えられる.対して $\mathfrak{n}_c$ は方程式 71 により与えられる.加えてこの方程式においては,n に $n+n_1$ を代入するものとし,s はどちらの種類の気体についても同じ分子の直径を意味する.これらの値をすべて式 94 に代入し,c に関して 0 から ∞ まで積分すると,単位時間内に単位面積を通って逆方向に移動するよりも余分に上方から下方へと移動する第一の種類の分子の総数について,値

96) $$\mathfrak{N} = \frac{1}{3\pi s^2 \sqrt{hm}(n+n_1)} \frac{\partial n}{\partial z} \int_0^\infty \frac{4x^3}{\psi(x)} e^{-x^2} dx$$

を与える.これは,方程式 87 から,$\varGamma$ および G を $\mathfrak{N}$ および $n/(n+n_1)$ と交換することによりただちに得ることもできるであろう式である.というのは,〔ある分子が〕第一の種類の気体に属する確率は,§11 で導入した,ある分子に与えられる量 Q とまったく同様に扱うことができるのであり,このとき $\varGamma$ は,単位時間内に単位体積中を通って逆方向に向かうよりも余分に上方から下方へと通過する第一の種類の分子の数を意味するからである.つまり,自己拡散はわれわ

§13 熱伝導と気体の拡散   149

れの近似式に従って，§12 で考えた電気伝導とちょうど同じ仕方で生じる．ただ，電気の電荷のかわりに，いまはあれこれの気体の種類に属する分子の性質が現れているという違いがあるのみである．ここではもちろん，衝突の際に，衝突する分子の双方の電荷が平準化されるという仮定を置くならば，ある本質的な違いが生じることになる．しかし，われわれの式は，衝突後には任意の分子について空間中の任意の向きが等しく確からしくなるように構成されているので，衝突後に生じる電気伝導の速さは，分子が分子どうしの衝突の際には完全不導体として振る舞い，かつ頂面あるいは底面との衝突の際に限って完全導体として振る舞うときと同じでなければならないだろう．するとこのとき，電気伝導は自己拡散とまったく類似することになろう．方程式 96 に，方程式 89 によって定義される量 k を導入すると，

$$\mathfrak{N} = k\lambda \bar{c} \frac{\partial n}{\partial z} = \frac{\mathfrak{N}}{\rho} \frac{\partial n}{\partial z}$$

が分かる．

両辺に定数 m をかけると，

$$\mathfrak{N}m = k\lambda \bar{c} \frac{\partial (nm)}{\partial z} = \frac{\mathfrak{N}}{\rho} \frac{\partial (nm)}{\partial z}$$

が従う．

$\mathfrak{N}m$ は，単位時間内に単位面積を通って逆方向に向かうよりも余分に上方から下方へと向かって通過する，第一の種類の気体の質量である．対して nm は，層 z において，単位体

積あたりの第一の種類の気体の質量であるから,$\partial(nm)/\partial z$ はその z 方向の勾配である.つまり直前の方程式の最後の表式のこの因子は,拡散係数と呼ばれるものである.それは標準大気圧下にある 15℃ の空気について,$\mathfrak{N}$ の上述の値を用いると,0.155 cm^2/sec に等しい.他方でロシュミット[59]は,同様の条件のもとで,近似的に空気のように振る舞うさまざまな気体の組合わせに対し,0.142 と 0.180 のあいだの値を見出した.量 ρ の温度と圧力への依存性を考慮すると,拡散係数は絶対温度の 3/2 乗に比例し,二つの気体の全圧に逆比例することが分かる.同じ温度かつ同じ全圧のもとでは,自己拡散の拡散係数は,式 96 から分かるように,熱伝導係数とちょうど同様に,量 $s^2\sqrt{m}$ に逆比例する.なぜならこのとき,h と $n+n_1$ は一定だからである.

このような,分子の質量と直径がどちらの気体についても等しいという,拡散のもっとも簡単な場合では,二つの気体は全体としてたしかにひとつの静止した気体のように振る舞う.それゆえ $dN_{c,\theta}$,$dn_{c,\theta}$,$dn^1_{c,\theta}$ でそれぞれ,二つの気体の分子の総数,速度〔の大きさ〕が範囲 c と $c+dc$ のあいだにあり,向きが z 軸の正の向きに対して θ と $\theta+d\theta$ のあいだの角をなす第一の種類の気体の分子の数,そして同様の第二の種類の気体の分子の数を表すと,式 38 によれば,たしかに

$$dN_{c,\theta} = 2\sqrt{\frac{h^3 m^3}{\pi}}(n+n_1)c^2 e^{-hmc^2} dc \sin\theta d\theta$$

である.

それゆえ,少なくともこの簡単な場合には,われわれの計算は厳密に正しいと考えられるかもしれない.しかし後で,分子が弾性球であるとき,より速い分子はより速く,より遅い分子はより遅く拡散することを見るだろう[*60].つまり n が小さい,すなわちいま他方の種類の気体中に拡散する分子が支配的であるとき,量 $dn_{c,\theta}$ は,c の値が大きければ

$$\frac{n}{n+n_1}dN_{c,\theta}$$

よりも大きくなるが,c の値が小さければこれよりも小さくなる.他方の種類の気体については,同じ場所で逆のことが成り立たなければならない.したがって,われわれが仮定した方程式

$$dn_{c,\theta} = \frac{n}{n+n_1}dN_{c,\theta}$$

の厳密性は疑わしくなる.同様に,ある層で衝突する(クラウジウスの表現にならえばそこから送り出される)分子のあいだで,空間中の速度のすべての向きが等しく確からしいかどうかも疑わしい.

§14　2種類の無視．二つの異なる気体の拡散

総じてこれまでの説明によれば，式87と，そこから係数89とともに導出された式88は，厳密に正しいと考えられるかもしれない．しかしそれは誤りであろう．つまり，それらを導出するにあたっては，速度分布が，分子に与えられる量Qによっては変化しないと仮定していたからである．もちろん，たとえば内部摩擦のように，可視的な速度が分子の平均速度に対して小さいような多くの場合では，速度分布はあまり変化しない．しかし，式83の量dn_cの値は，やはり式84のこの量の値dn'_cとは別物である．それゆえ式85には，

$$\frac{c}{4} G(z)(dn_c - dn'_c)$$

という形をした項が付け加わる．これは，表式85自身と同じオーダーである．また，分子の速度の向きについて，空間中の任意の向きが等しく確からしいというわれわれがおいた仮定も疑わしくなるだろう．

最後にわれわれは，任意の分子が平面ABを通って，量Qを，最後にその分子が衝突した層において平均して与えられる分量$G(z + \lambda' \cos\theta)$だけ輸送すると仮定していた．この仮定も恣意的である．この分量は，異なる向きに異なる速度〔の大きさ〕でその層から出ていく分子については異なることがある，つまりcとθの関数Φでもありうるのだ．それゆえ$\partial G/\partial z$を，その後のθとcに関する積分において，積

分記号の前に出すことはゆるされない。このとき、分子によって AB を通って運ばれる量 Q の分量にとっては、分子が最後に衝突した層だけでなく、その前の衝突や、あるいはさらにその前の衝突が生じた場所も決定的であろう。

これには、拡散と電気伝導を比較する際にすでに述べた事情もかかわっている。衝突においては、衝突する分子のどちらも、それが衝突前に持っていた量 Q の分量を保つことも、また衝突において〔量 Q の分量の違いの〕平準化が生じることもありうる。Q が電気量を意味するとすると、前者の場合が生じるのは、分子のどれもが伝導性を持つが、ある非伝導性の層で覆われており、さらにこの層が、頂面と底面との衝突においては貫通されるが、二つの分子の衝突においては貫通されないときであろう。後者の場合が生じるのは、分子がその表面に到るまで伝導性の物質からなるときであろう。

これら二つの場合においては、いま $\varPhi$ で表されている c と θ の関数は異なることがありうるだろうし、それゆえ、たとえ量 G の平均値が任意の層 z においてどちらの場合でも同じ、つまり

$$= G_0 + \frac{(G_1 - G_0)(z - z_0)}{z_1 - z_0}$$

となっても、量 Q の輸送は一様でないという結果になることがあるだろう。実際、分子が衝突後に反対の向きに進むよりはむしろ、ほとんど同じ向きに進み続けることの方がより確からしい。このことは、後で求められる式 201 と 203 から

分かる．したがって，量 Q の輸送は，その値が二つの衝突する分子のあいだで平準化するときには，そうでない場合よりも強く阻まれ，それゆえよりゆるやかに生じる．

これらすべての仮定で無視されている項を部分的に考慮に入れようという試みは数多く，とくにクラウジウス[*61]，O. E. マイヤー[*62]，テイト[*63]によってなされてきた．しかし，分子が弾性球であるという仮定を守ったまま，内部摩擦，拡散，熱伝導による速度分布の変化を厳密に計算することにはいまだ成功していない．それゆえ，関連するすべての式において，決定的な影響を与えるものと同じオーダーの項がいまだ無視されたままであり，そのため，それらの式はここでより簡略な仕方で得られたものよりも本質的に優れているわけではない．

そのような無視によって，得られる結果は数学的に不正確になり，おかれた仮定の論理的な帰結とはもはやならなくる．しかしそれは(すでに §6 の最後で論じたように)，物理的に近似的にしか正しくない仮定とは区別されるべきだろう．それはたとえば，衝突にかかる時間が 2 回の衝突間の時間に比べて短いなどの仮定である．この仮定に従うと，その結果は物理的にはたしかに正確ではなくなる．つまり，その結果が実験的に厳密に確証されることは期待できない．しかしそれは数学的には正しいままであり，仮定がいっそう正確に満たされるにつれて，法則がいっそうそれに向かって接近していくような極限的な事例を，論理的必然性をもって構成

§14 2種類の無視. 二つの異なる気体の拡散

するのである.

———

われわれはここで, 二つの気体の拡散を, 分子の質量と直径が二つの気体について異なる場合に計算することにしよう. ただし, 第一の種類の気体のすべての分子の速度〔の大きさ〕c はおたがいに等しく, また第二の種類の気体のすべての分子の速度〔の大きさ〕c_1 も同様であるという, 計算を簡単にするための仮定をおく.

このとき, 第一の種類の気体について, 式 95 が成立する. すると平均自由行程は, もちろん式 68〔原注*26〕からより一貫した仕方で計算できるだろう. しかし, いずれにしても計算全体は近似的なものに過ぎないので, ここでは異なる速度が存在することは考慮しない[*64]ことにしよう. 計算が簡単になるからである. それゆえ式 76 を使うことにしよう. すると, 単位時間内に単位面積を通って上方から下方へと移動する第一の種類の気体の分子数は, 逆方向へ移動するものよりも,

$$\mathfrak{N} = \mathfrak{D}_1 \frac{\partial n}{\partial z}$$

個だけ多い. ここで,

$$\mathfrak{D}_1 = \frac{c}{3\pi \left[s^2 n \sqrt{2} + \left(\frac{s+s_1}{2} \right)^2 n_1 \sqrt{\frac{m+m_1}{m}} \right]}$$

である[*65].

同様にして，単位時間内に単位面積を通って上方から下方へと移動する第二の種類の気体の分子数は，逆方向へ移動するものよりも，

$$\mathfrak{N}_1 = -\mathfrak{D}_2 \frac{\partial n_1}{\partial z} = +\mathfrak{D}_2 \frac{\partial n}{\partial z}$$

個だけ多いことが求められる．$n+n_1$ が気体全体で一定だからである．ここで，

$$\mathfrak{D}_2 = \frac{c_1}{3\pi \left[s_1^2 n_1 \sqrt{2} + \left(\frac{s+s_1}{2} \right)^2 n \sqrt{\frac{m+m_1}{m_1}} \right]}$$

である．

さて，拡散係数 $\mathfrak{D}$ が二つの気体について等しくなくなるという困難が生じる．すなわち上式によれば，全体としては，任意の断面を，ある向きよりも別の向きへとより多くの気体分子が通過していくという困難である．これは，非常に細い管あるいは多孔性の壁を通る拡散では実際に生じることである．しかし，混合気体をはじめから静止したものと前提し，側壁の影響を無視しているわれわれの場合では，圧力はただちに平準化しなければならない．つまり，アヴォガドロの法則に従い，どの向きにもつねに同じだけの数の分子が向かわなければならないのである．

われわれの式は誤った結果を与える．同様に，はじめにマクスウェル[*66]が熱伝導について立てた式は，熱を伝導する気体の可視的な運動を与えていた．クラウジウス[*67]とO. E.

§14 2種類の無視. 二つの異なる気体の拡散

マイヤー[*68]は熱伝導について,この可視的な運動が起こらないような別の式を立てたが,そのかわりに圧力が,熱伝導する気体中の異なる場所では異なるという結果をもたらした.このことは現在,ラジオメーターに関する計算と実験が一致して示しているように[*69],非常に稀薄な気体には実際にあてはまるが,その式から出てくるような非常に大きな圧力差は許容できない[*70].これが,ここでの計算がすべて不正確であることの明白な証明である.

いまわれわれが取り組んでいる拡散の場合には,O. E. マイヤーがこの矛盾を,次のようにして取り除いた.ここで計算した分子運動では,単位時間内に単位面積を通って上方から下方へと移動する2種類の気体分子は,逆方向へ移動するものよりも $\mathfrak{N} - \mathfrak{N}_1$ 個だけ多いが,彼はこの分子運動に対して,同じ規模ではあるが逆方向の混合気体の流れを重ね合わせたのである.この混合気体中では,$n + n_1$ 個の分子に対して,第一の種類の気体分子が n 個,第二の種類の気体分子が n_1 個割り当てられるので,その流れは,第一の種類の気体のうち $n(\mathfrak{N}_1 - \mathfrak{N})/(n + n_1)$ 個だけの分子が,そして第二の種類の気体のうち $n_1(\mathfrak{N}_1 - \mathfrak{N})/(n + n_1)$ 個だけの分子が,単位時間内に下方から上方へ向かうよりも上方から下方へ向かって多く移動するようなものであると考えられる.したがって,この重ね合わせにより,上方から下方へと移動する第一の種類の気体分子は,逆方向へ移動するものよりも

$$\mathfrak{N} + \frac{n(\mathfrak{N}_1 - \mathfrak{N})}{n+n_1} = \frac{n_1 \mathfrak{N} + n \mathfrak{N}_1}{n+n_1}$$
$$= \frac{n\mathfrak{D}_1 + n_1 \mathfrak{D}_2}{n+n_1} \frac{\partial n}{\partial z}$$

個だけ多く,また同じだけの数の第二の種類の気体分子が逆方向に移動する.つまりいま,拡散係数は

$$\frac{n\mathfrak{D}_1 + n_1 \mathfrak{D}_2}{n+n_1}$$

であり,ここで $\mathfrak{D}_1$ と $\mathfrak{D}_2$ はいま求めた値を取る.この式によれば,拡散係数は混合比に依存することになる.つまり,混合気体中の異なる層では同じ値を取らず,定常状態については n と n_1 は z の線形の関数ではなくなる.シュテファン[*71]は,別の原理に従って,拡散について同じく近似的に正しい理論を展開したが,それによれば拡散係数は混合比に依存しない.実験的にはこの問題はいまだ決着がついていない.しかし,上の式が与えているように,拡散係数が非常に大きく変動することは,不可能であるように思われる.

　内部摩擦,拡散,そして熱伝導に関するこれらの理論すべてに施されてきたさまざまな,また一部では非常にやっかいな改変や,さまざまな種類の気体に対してなされてきた実験との比較,さらにそこからさまざまな気体の分子の性質について引き出されてきた推論については,ここで詳しく立ち入ることはできない.それらは,O. E. マイヤーの『気体運動論』でかなり網羅的にまとめられている.その後に出版され

た研究の中では，さらにテイト*72によるものが挙げられる．

注

* 1 ［原注］[Burbury,] Nature, Bd. 51, S. 78. 22. November 1894. この他に, Boltzmann, Weitere Bemerkungen über Wärmetheorie. Wiener Sitzungsberichte Bd. 78. Juni 1878 の最後から 3 頁目と 2 頁目も見よ．
* 2 ［訳注］Samuel Hawksley Burbury, 1831-1911. イギリスの数学者．1890 年代に気体運動論と H 定理の基礎をめぐってボルツマンと論争した．序文訳注*10 も見よ．
* 3 ［原注］[Kirchhoff,] Vorlesungen über Wärmetheorie〔序文訳注*5〕, 14. Vorles. §2. S. 145. Z. 5.
* 4 ［訳注］現代の表記では

$$\frac{\partial(\xi', \eta', \zeta', \xi'_1, \eta'_1, \zeta'_1)}{\partial(\xi, \eta, \zeta, \xi_1, \eta_1, \zeta_1)} = \begin{vmatrix} \frac{\partial \xi'}{\partial \xi} & \frac{\partial \xi'}{\partial \eta} & \cdots & \frac{\partial \xi'}{\partial \zeta_1} \\ \vdots & \vdots & \ddots & \vdots \\ \frac{\partial \zeta'_1}{\partial \xi} & \frac{\partial \zeta'_1}{\partial \eta} & \cdots & \frac{\partial \zeta'_1}{\partial \zeta_1} \end{vmatrix}$$

である．
* 5 ［原注］[Boltzmann,] Wien. Sitzungsber. Bd. 94. S. 625. Oct. 1886, および Stankevitsch, Wied. Ann. Bd. 29. S. 153. 1886 を見よ．角 θ と ϵ が c と c_1 の位置にも依存することは，本文の導出の証明力に影響をおよぼすものではない．はじめに θ と ϵ のかわりに空間中の OK の絶対的な位置を決定する二つの角を導入し，それか

らξ, η, ..., ζ$_1$ をξ', η', ..., ζ$_1'$ に変換し，最後にふたたびθとεを導入することもできよう．

* 6 ［訳注］本節の議論については第II部§77も見よ．
* 7 ［訳注］Hendrik Antoon Lorentz, 1853-1928. オランダの物理学者．電子論を推進し，ローレンツ収縮を提唱して特殊相対性理論の先駆けとなった他，H定理の導出過程の改良など，気体論の研究も行った．本文で言及される研究についてはLorentz, Wiener Sitzungsberichte **95**, 115 (1887)を見よ．
* 8 ［原注］本文で与えた証明は，次のようにしてより解析的な形式で表現することもできる．その和がHに等しい二つの積分〔式28〕において，すべての変数に関して$-\infty$から$+\infty$まで積分すれば，たしかにすべての値を包括することになるだろう．このとき，気体中で実現しないと想定される速度は，fあるいはFがゼロになるので，いずれにしてもやはり積分から落とされる．すると積分範囲は変わらず，dH/dtは，積分記号のもとでtにより微分することで求められる．これは

$$\frac{dH}{dt} = \int \frac{\partial f}{\partial t} d\omega + \int \frac{\partial F_1}{\partial t} d\omega_1 \\ + \int lf \frac{\partial f}{\partial t} d\omega + \int lF_1 \frac{\partial F_1}{\partial t} d\omega_1$$

を与える．すぐに分かるのは，最初の二つの項は本文で第一の原因と呼ばれた原因により引き起こされるHの増分を表しているということ，そしてそれは本文で述べられた理由によりゼロになるということである．他の二つの項は第二の原因により引き起こされるHの増分を表しており，方

程式 25 と 26 から $\partial f/\partial t$ と $\partial F/\partial t$ の値を代入すると,

29) $$\begin{cases} \dfrac{dH}{dt} = \int lf(f'F_1' - fF_1)d\rho \\ \qquad + \int lf(f'f_1' - ff_1)dr \\ \qquad + \int lF_1(f'F_1' - fF_1)d\rho \\ \qquad + \int lF_1(F'F_1' - FF_1)dr_1 \end{cases}$$

を与える. ここで

$$\sigma^2 g \cos\theta d\omega d\omega_1 d\lambda, \quad s^2 g \cos\theta d\omega d\omega_1 d\lambda,$$
$$s_1^2 g \cos\theta d\omega d\omega_1 d\lambda$$

のかわりに,それぞれ $d\rho, dr, dr_1$ とおいた. 積分はすべて,微分 $[d\rho, dr, dr_1]$ のすべての可能な値にわたって行うものとする.

和 $\int f'lf'd\omega' + \int F_1'lF_1'd\omega_1'$ が同様に H に等しいことは,やはりすべての可能な値にわたって積分しさえすればすぐ分かる. その微分は

30) $$\dfrac{dH}{dt} = \int \dfrac{\partial f'}{\partial t}d\omega' + \int \dfrac{\partial F_1'}{\partial t}d\omega_1'$$
$$\qquad + \int lf'\dfrac{\partial f'}{\partial t}d\omega' + \int lF_1'\dfrac{\partial F_1'}{\partial t}d\omega_1'$$

を与える. 量 $\partial f'/\partial t$ と $\partial F'/\partial t$ は,衝突前の速度成分 $\xi, \eta, \zeta, \xi_1, \eta_1, \zeta_1$ が衝突後に $\xi', \eta', \zeta', \xi_1', \eta_1', \zeta_1'$ であるような衝突のかわりに,速度成分が衝突前には $\xi', \eta', \zeta', \xi_1', \eta_1', \zeta_1'$ であり,衝突後には $\xi, \eta, \zeta, \xi_1, \eta_1, \zeta_1$ になるような衝突を考察すれば,$\partial f/\partial t$ および $\partial F/\partial t$ と同様に得ること

ができよう．単純な対称性だけから，

$$\frac{\partial f'}{\partial t} = \int (fF_1 - f'F_1')\sigma^2 g \cos\theta d\omega_1' d\lambda$$
$$+ \int (ff_1 - f'f_1')s^2 g \cos\theta d\omega_1' d\lambda$$

が得られる．$\partial F'/\partial t$ も同様である．これらの値を方程式 30 に代入し，この方程式の右辺の最初の二つの積分がゼロになること，また $d\omega' d\omega_1' = d\omega d\omega_1$ であることを考慮すると，

31) $$\begin{cases} \dfrac{dH}{dt} = \int lf'(fF_1 - f'F_1')d\rho \\ \qquad + \int lf'(ff_1 - f'f_1')dr \\ \qquad + \int lF_1'(fF_1 - f'F_1')d\rho \\ \qquad + \int lF_1'(FF_1 - F'F_1')dr_1 \end{cases}$$

である．二つの分子 m の衝突，あるいは二つの分子 m_1 の衝突においては，二つの衝突する分子はどちらも同じ役割を果たすから，

$$\int lf(f'f_1' - ff_1)dr = \int lf_1(f'f_1' - ff_1)dr,$$

$$\int lf'(ff_1 - f'f_1')dr = \int lf_1'(ff_1 - f'f_1')dr$$

が従う．F についても同様の二つの方程式が導かれる．このことと，dH/dt の二つの値 30 と 31 から平均を取ると，本文で与えられた値

$$\frac{dH}{dt}$$
$$= -\frac{1}{2} \int \left[l(f'F'_1) - l(fF_1) \right] \cdot (f'F'_1 - fF_1) d\rho$$
$$- \frac{1}{4} \int \left[l(f'f'_1) - l(ff_1) \right] \cdot (f'f'_1 - ff_1) dr$$
$$- \frac{1}{4} \int \left[l(F'F'_1) - l(FF_1) \right] \cdot (F'F'_1 - FF_1) dr_1$$

が従う.

この証明はいくらか短いが,ある数学的条件(積分記号のもとで微分を行うこと〔微分と積分の交換可能性〕が許されるなど)に依存しているように思われる.〔しかし〕その条件は実際のところ,証明力のみに影響するのであって,命題の正しさに影響を与えるものではない.この命題においてはもともと,非常に大きいが有限の数のみが問題となっているのである.定積分を導入することをまったくせずにこの命題を証明することは[Boltzmann,] Wiener Sitzungsber. Bd. 66. October 1872. Abschn. II でなされている.

* 9 〔訳注〕すべての可能な事象を同等に可能な場合に分割した上で,ある事象の確率をその事象に対して「好都合な」(günstig)場合の数とすべての可能な場合の数の比として定義することは,ラプラス(Pierre-Simon de Laplace, 1749-1827)による確率の定義に見られる(『確率の哲学的試論』内井惣七訳,岩波文庫, 1997).

* 10 〔原注〕Schlömilch, Comp. der höh. Analysis. [*Compendium der höheren Analysis*, Vieweg, Braunschweig, 1868,] Bd. 1. S. 437. 3. Aufl. を見よ.

* 11 〔訳注〕Johann Josef Loschmidt, 1821-1895. オ

ーストリアの物理学者・化学者．空気分子の大きさの推定，H 定理に対する可逆性反論の提出などで知られる．本文で言及される注意については J. Loschmidt, Wiener Sitzungsberichte **73**, 128（1876）; **73**, 366（1877）（「重力を考慮した物体系の熱平衡状態について」長浜惲訳，物理学史研究刊行会編『気体分子運動論』東海大学出版会，1971, pp. 127-157）; **75**, 287; **76**, 209（1877）および上巻解説を見よ．

* 12　［原注］［Boltzmann,］Nature. 28. Februar 1895. Vol. 51. p. 413 と比較せよ．

* 13　［訳注］Max Planck, 1858-1947. ドイツの物理学者．黒体輻射に関するプランクの分布則ならびにエネルギー量子の導入（1900）で知られる．その研究過程では，電磁気学的考察から熱輻射の不可逆性を導出しようとしたが，ボルツマンは電磁過程が可逆的であることからこれを批判した．本文で言及される研究については Planck, Wied. Ann. **55**, 220（1895）を見よ．

* 14　［原注］何らかの証明により，次の場合は不可能であることを裏づけるべきであろう．1. マクスウェル分布の他に，もうひとつの分子的無秩序かつ定常な状態分布で，任意の速度が逆向きの速度と正確に等しく確からしいわけではないようなもの，さらにこの分布を逆転させることにより得られる第三の分布が存在する．2.（もっとも確からしい）マクスウェル分布（これが逆転によって分子的整序な分布に移行することは一般にはありえない．さもなければ分子的整序な状態は分子的無秩序な状態と等しく確からしいことになってしまうだろうから）の他に，逆転によって分子

的整序な分布へと移行するもうひとつの，分子的無秩序かつ定常という稀な状態分布が存在する．3．定常かつ分子的整序な状態分布が存在する．第二点と第三点は，外力がない場合にも関係する．第三の場合が不可能であることは，最小定理によっても証明することはできず，おそらくはある種の制約なしにはそもそも証明することはできないだろう．もちろん，「分子的無秩序」という概念は極限的な場合に過ぎない．はじめ分子的整序だった運動は，理論的には無限に長い時間が経過してはじめてそれに接近するのだが，実際には非常に急速に接近するのである．

* 15 ［訳注］ボルツマンは階乗の一般化であるガンマ関数を知っている（下巻式104など）が，ここでは素朴に，分数個のものの並べ替えの数など考えられないということを述べていると思われる．

* 16 ［訳注］Hermann Sprengel, 1834-1906. ドイツ・イギリスの化学者．水銀を用いて真空ポンプの性能を改善した．

* 17 ［訳注］添字 w は "wahrscheinlichst"（もっとも確からしい）の頭文字．

* 18 ［訳注］George Hartley Bryan, 1864-1928. イギリスの物理学者．気体運動論，熱力学，航空力学に業績があり，ボルツマンと共著で論文を執筆したこともある．イギリス科学振興協会では熱力学の力学的基礎づけについての報告書を著した．序文訳注*9も見よ．

* 19 ［訳注］Robert Boyle, 1627-1691. イギリスの自然哲学者・物理学者・化学者．気体の体積と圧力が逆比例するというボイルの法則（1660）で知られる．

* 20 [訳注] Edme Mariotte, 1620-1684. フランスの物理学者. ボイルの法則を確認する実験(1676)を行ったため, ボイルの法則はマリオットの法則とも呼ばれる.
* 21 [訳注] August Kundt, 1839-1894. ドイツの物理学者. 音波や光学に関する実験研究で知られる.
* 22 [訳注] Emil Warburg, 1846-1931. ドイツの物理学者. 気体運動論, 電気伝導率, 放電現象, 熱輻射, 強磁性体などに関する実験研究に従事. 本文で言及される実験については Kundt und Warburg, Ann. Physik **157**, 353 (1876) を見よ.
* 23 [訳注] William Ramsay, 1852-1916. イギリスの化学者. 希ガスの発見により 1904 年のノーベル化学賞を受賞. 本文で言及される実験については Ramsay, Proc. R. S. London **58**, 81 (1895); Rayleigh and Ramsay, Phil. Trans. **186**, 187 (1895)(「大気中の新成分, アルゴン」奥野久輝訳, 日本化学会編『化学の原典 9 希ガスの発見と研究』東京大学出版会, 1976, pp. 9-47) を見よ.
* 24 [訳注] $\mathfrak{W}$ は "Wahrscheinlichkeit"(確率)の頭文字.
* 25 [原注] この式において, $fd\omega$ に 1 を, $F_1 d\omega_1$ に n を, g に c を, dt に 1 を代入すると, それは

$$\nu_r = \pi n \sigma^2 c$$

を与える. これは, つねに同じ速度〔の大きさ〕c によって, 同質の静止した分子たち(そのうちの n 個が単位体積中にある)のあいだを運動するある分子が単位時間中に行うであろう衝突の数を表す. σ は運動する分子の半径と, 静止した

分子のうちのひとつの半径の和である.運動する分子がある衝突から次の衝突までのあいだに平均的に進む行程は

$$\lambda_r = \frac{c}{\nu_r} = \frac{1}{\pi n \sigma^2} \tag{60}$$

となろう.

* 26 [原注]式 61 で $2\pi^2 F_1 c_1^2 dc_1$ のかわりに n_1 と,dt と $fd\omega$ のかわりに 1 と書き,ϕ に関して 0 から π まで積分を本文中と同じように実行すると,ある分子 m がつねに同じ速度〔の大きさ〕c で運動しているとき,単位時間内に分子 m_1 と行う衝突の数 ν' を求められる.ここで,すべて同じ速度〔の大きさ〕c_1 を持っているが,空間中のすべての可能な向きに向かって一様に運動している分子 m_1 が n_1 個単位体積中に存在することが前提されている.積分を実行すると,

$$\begin{cases} c_1 < c \text{ について } \nu' = \dfrac{\pi \sigma^2 n_1}{3c} \left(c_1^2 + 3c^2\right) \\ c_1 > c \text{ について } \nu' = \dfrac{\pi \sigma^2 n_1}{3c_1} \left(c^2 + 3c_1^2\right) \end{cases} \tag{65}$$

を与える.

さらに,分子 m_1 が分子 m と同質であるとし,そのうち n 個を単位体積に割り当てよう.加えてまた $c = c_1$ であり,s をすべての分子について等しい直径であるとしよう.すると,ある分子が,同じ速度〔の大きさ〕を持っており,すべての向きに向かって運動している同質の分子とのみ単位時間内に行う衝突の数は,値

$$\nu'' = \frac{4}{3} \pi n s^2 c \tag{66}$$

を持ち，(ある衝突から次の衝突までの)平均自由行程は

67) $$\lambda_{\text{Claus.}} = \frac{c}{\nu''} = \frac{3}{4\pi n s^2} = \frac{3}{4}\lambda_r$$

となる．

これは，クラウジウス[Clausius, Ann. Physik **105**, 239 (1859)]により計算された平均自由行程の値である．これは本文中で引用した，マクスウェル[Maxwell, Phil. Mag. **19**, 19 (1860)]により計算されたものとは数値的にいくらか異なる．

単位体積中に直径 s の分子が n 個，直径 $s_1 = 2\sigma - s$ の分子が n_1 個あり，n 個の分子がすべて同じ速度〔の大きさ〕c で，n_1 個の分子がすべて別の，しかしこの種類の分子すべてについてはふたたび同じ速度〔の大きさ〕c_1 で運動しているとしよう．すると，n 個の分子のうちのひとつは，1 秒あたり $\nu' + \nu''$ 回の衝突を行い，その平均自由行程は

68)
$$\begin{cases} \lambda' = \dfrac{c}{\nu' + \nu''} \\ \quad = \dfrac{3c^2}{4\pi n s^2 c^2 + \pi \sigma^2 n_1 (c_1^2 + 3c^2)} \quad (c_1 < c \text{ のとき}) \\ \quad = \dfrac{3cc_1}{4\pi n s^2 c c_1 + \pi \sigma^2 n_1 (c^2 + 3c_1^2)} \quad (c_1 > c \text{ のとき}) \end{cases}$$

である．

*27 〔訳注〕この 2 種類の平均が等しいと断じることについてエルゴード仮説を想起する読者もいるかもしれないが，本書の中では，ボルツマンは気体論の基礎として力学系のエルゴード性に言及することはない．上巻解説および下巻

解説も見よ．

* 28 ［原注］ν_c と $\mathfrak{n}_c$ に値を代入すると，量 λ_c は c が増大するにつれて極限 λ_r（方程式 60〔原注*25〕）に近付くことが容易に分かる．実際，考察している分子が非常に大きな速度を持つと，ほかのすべての分子はほとんど静止しているかのように振る舞うにちがいない．すべての速度が同じだけ増大あるいは減少させられ，その他には何の変化もないならば，もちろん平均自由行程は変わらないだろう．つまり分子が無限に小さくしか変形しない弾性体とみなされている限りは，λ は単純気体については，密度が一定に保たれるのならば，温度が異なっても変化することはない．

* 29 ［訳注］R. Clausius, Ann. Physik **115**, 1 (1862). 英訳は Phil. Mag. **23**, 417 (1862)を見よ．

* 30 ［訳注］Peter Guthrie Tait, 1831-1901．イギリスの物理学者．熱力学に関する研究の他，トムソンと共著で著した教科書『自然哲学論』(W. Thomson and P. G. Tait, *Treatise on Natural Philosophy*, Oxford University Press, 1867)で知られる．

* 31 ［原注］[Boltzmann,] Wiener Sitzungsber. Bd. 96. S. 905. October 1887.

* 32 ［原注］[Tait,] Edinb. trans. Bd. 33. S. 74. 1886.

* 33 ［訳注］原文では「個々の気体」(ein einzelnes Gas)となっているが，「単純気体」(ein einfaches Gas)の誤りであろう．

* 34 ［原注］[Boltzmann,] Wiener Sitzungsber. Bd. 84. S. 45. 17. Juni 1881.

* 35 ［原注］[Tait,] Edinb. trans. Vol. 33. p. 260.

1887.

* 36 ［訳注］$\mathfrak{R}$ は "Reibungscoëfficient"（摩擦係数）の頭文字.
* 37 ［原注］[Maxwell,] Phil. Trans. 1866. Vol. 156. p. 249. Scient. Pap., Bd. II. p. 24.
* 38 ［原注］[O. E. Meyer,] Pogg. Ann. 1873. Bd. 148. S. 226.
* 39 ［原注］[Kundt und Warburg,] Pogg. Ann. 1875. Bd. 155. S. 539.
* 40 ［原注］[Loschmidt,] Wiener Sitzungsber. 1865. Bd. 52. S. 395.
* 41 ［訳注］添字 f は "flüssig"（液体の）の頭文字.
* 42 ［原注］[Boltzmann,] Wiener Sitzungsber. Bd. 66. S. 218. Juli 1872 を見よ.
* 43 ［訳注］M. S. Wróblewski, Comptes rendus **102**, 1010 (1886).
* 44 ［原注］[Lothar Meyer,] Ann. d. Chem. u. Pharm. 1867. 5. Suppl.-Bd. S. 129.
* 45 ［原注］[Stoney,] Phil. Mag. 4. ser. vol. 34. p. 132. 1868.
* 46 ［原注］[Lord Kelvin,] Nature. 31. März 1870. Sill. J. V, 50. p. 38 u. 258.
* 47 ［原注］[Maxwell,] Phil. Mag. 1873. 4. ser. vol. 46. p. 463. Scient. Pap. II. p. 372.
* 48 ［原注］[van der Waals,] Contin. des gasf. u. flüss. Zustandes. [*Die Continuität des gasförmigen und flüssigen Zustandes*, aus dem holländischen

übersetzt und mit Zusätzen versehen von F. Roth, J. A. Barth, Leipzig, 1881,] 10. Kapitel.
* 49 〔訳注〕 Kundt und Warburg, Ann. Physik **155**, 337, 525 (1875); **156**, 177 (1875).
* 50 〔原注〕 O. E. Meyer, Theorie der Gase. Breslau, Maruschke & Berendt. 1877. S. 157 以下を見よ.
* 51 〔原注〕 [Stefan,] Wiener Sitzungsber. Bd. 65. 2. Abth. S. 339. 1872.
* 52 〔訳注〕 Maxwell, Phil. Trans. **157**, 57 (1867). Scient. Pap. **2**, 36 に再録.
* 53 〔訳注〕 Boltzmann, Wiener Sitzungsberichte **89**, 714 (1884).
* 54 〔訳注〕 底本の目次では「熱伝導と自己拡散」という題になっている.
* 55 〔訳注〕 $\mathfrak{L}$ は "Leitungsfähigkeit" (伝導性) の頭文字.
* 56 〔訳注〕 Stefan, Wiener Sitzungsberichte **65**, 45 (1872); **72**, 69 (1876).
* 57 〔訳注〕 訳注*49 を見よ.
* 58 〔原注〕 O. E. Meyer, Theorie der Gase. S 194. ヴィンケルマン〔Adolf Winkelmann, 1848-1910〕の実験から, クッタ〔Wilhelm Kutta, 1867-1944〕氏は改良された近似式によって値 0.000058 を求めた (Münchn. Dissert. 1894. Wied. Ann. Bd. 54. S. 104. 1895).
* 59 〔原注〕 [Loschmidt,] Wiener Sitzungsber. Bd. 61. S. 367. 1870; Bd. 62. S. 468.
* 60 〔原注〕 このことは, g の $\int_0^\infty gdbdb\cos^2\theta$ への現れ方

から出てくる (§18 と §21 を見よ).

* 61 ［訳注］Clausius, Ann. Physik **115**, 1 (1862)；**10**, 92 (1880)；*Die mechanische Wärmetheorie*, 3: Abschn. II (「はじめに」訳注*1).
* 62 ［訳注］O. E. Meyer, *Die kinetische Theorie der Gase*, Maruschke & Berendt, Breslau, 1877.
* 63 ［訳注］Tait, Trans. R. S. Edinburgh **35**, 1029 (1890)；Phil. Mag. **25**, 172 (1888)；Proc. R. S. Edinburgh **15**, 225 (1889).
* 64 ［訳注］原本では「考慮する」となっているが，文脈からみて「ない」(nicht) を補った.
* 65 ［訳注］𝔇 は "Diffusionsconstante"（拡散係数）の頭文字.
* 66 ［訳注］Maxwell, Phil. Mag. **19**, 19 (1860)；**20**, 21 (1860). Scient. Pap. **1**, 377 に再録.
* 67 ［訳注］Clausius, Ann. Physik **115**, 1 (1862)；*Die mechanische Wärmetheorie*, 3: Abschn. IV (「はじめに」訳注*1).
* 68 ［訳注］O. E. Meyer, *Die kinetische Theorie der Gase* (訳注*62).
* 69 ［訳注］G. J. Stoney, Phil. Mag. **1**, 177, 305 (1876)；**6**, 401 (1878)；G. F. Fitzgerald, Sci. Trans. Dublin **1**, 57 (1878)；O. Reynolds, Proc. R. S. London **28**, 304 (1879)；Phil. Trans. **170**, 727 (1880)；Maxwell, Phil. Trans. **170**, 231 (1879) (Scient. Pap. **2**, 681 に再録)；W. Sutherland, Phil. Mag. **42**, 373, 476 (1896)；**44**, 52 (1897).

* 70 〔原注〕Kirchhoff, Vorles. üb. Theorie der Wärme, herausgegeben von Max Planck. Leipzig, B. G. Teubner, 1894.〔序文訳注*5〕S. 210.
* 71 〔原注〕[Stefan,] Wiener Sitzungsber. Bd. 65. S. 323. 1872.
* 72 〔原注〕[Tait,] Edinb. trans. XXXIII. p. 65, 251; XXXVI. p. 257. 1886-1891.

第2章 分子が力の中心である場合．外力と気体の可視的な運動の考察

§15　f と F の偏微分方程式の議論

　さて，外力もはたらいており，衝突のあいだの相互作用が任意なものであるような場合の考察へと移ろう．あとで式を一般化する必要をなくすため，ただちに，分子がそれぞれ質量 m と m_1 を持つ二つの気体の混合気体を再度考察することにしよう．これらの分子をふたたび手短に，分子 m および m_1 と名付ける．どの分子もその運動の大半のあいだ，やはり他の分子からの影響はほとんど受けないものとする．ただ同じ種類の，あるいは異なる種類の二つの分子がきわめて接近したときにだけ，それらの速度の大きさと向きが顕著に変化するとしよう．三つの分子が同時に顕著に相互作用するという場合は非常に稀にしか生じず，考慮しないでおくことができるとしよう．精密なイメージを得るため，分子を質点と考えよう．分子 m と分子 m_1 の距離 r がある非常に短い長さ σ よりも長い限りは何の作用も生じないとする．対して r が σ よりも短くなれば，どちらの分子も，その強さ $\psi(r)$ が距離 r の関数であり，それらを直線状の軌道から大きく曲

げるのに十分なある任意の力をおたがいにおよぼすものとしよう．分子 m と分子 m_1 の距離 r が σ に等しくなれば，双方のあいだで衝突が始まったと言う．分子が恒常的に密集したままでいられるような作用法則は，解離現象の説明の手掛かりを与えるのでとくに興味深いものではあるが，簡単のためいまのところは考慮しない．すると，少し時間が経てば r はふたたび σ に等しくなり，相互作用はふたたび終了する．この瞬間を衝突の終了と名付ける．分子 m どうしあるいは m_1 どうしの衝突については，σ と $\psi(r)$ のかわりに，それぞれ量 s と $\Psi(r)$ または s_1 と $\Psi_1(r)$ があらわれるとする．分子が弾性球である場合とは，いま，関数 ψ, Ψ, Ψ_1 が斥力を表しており，その強度が，r が σ (あるいは s または s_1) より少しでも短くなるとただちに途方もなく増大すると仮定すれば得られるような，特殊な場合に過ぎない．つまり，これまで述べてきたことはすべて，いまから論じていく方程式の中に特殊例として含まれている．これらの分子的な力の他に，気体の外部に存在する原因に由来する何らかの力が分子にはたらくとする．これを手短に外力と呼ぶことにする．気体中に，任意の固定された座標系を描こう．その結果生じる，任意の分子 m にはたらく外力の成分 mX, mY, mZ は，時間と速度成分からは独立かつすべての分子 m について同じ，当該の分子の座標 x, y, z の関数であるとする．つまり，X, Y, Z はいわゆる加速力である．第二の種類の分子に関する対応する量は，添字 1 を含むものとする．外力

§15 f と F の偏微分方程式の議論

は,たしかに気体中の異なる場所では異なりうるが,座標が作用圏(いま σ, s, s_1 で表した距離)に比べて長い距離だけ変化することがなければ顕著には変化しないものとする.最後に,気体が可視的な運動を行っている場合も排除しないでおこう.いま,すべての速度の向きが等しく確からしいとか,速度分布あるいは単位体積中の分子の数が気体中のすべての場所で同じであるとか,それが時間から独立であるなどと,アプリオリに仮定することはできない.

その座標が範囲

97) x と $x+dx$, y と $y+dy$, z と $z+dz$

のあいだにあるようなすべての空間点全体をあらわす平行六面体に注目しよう.$do = dxdydz$ とおき,この平行六面体を,つねに平行六面体 do と呼ぶ.

以前に言及した原理に従い,この平行六面体はたしかに無限小であるが,なお非常に多くの分子を含んでいると仮定する.時刻 t にこの平行六面体の中に存在する任意の分子 m の速度〔を表す直線の始点〕を座標原点に置き,この直線の他方の終点 C を再度,当該の分子の速度点と呼ぼう.その直交座標は,当該の分子の速度の座標方向の成分 ξ, η, ζ に等しい.

さて,平行六面体[*1]をもうひとつ作ろう.それは,座標が範囲

98)　　　　ξ と $\xi+d\xi$,　　η と $\eta+d\eta$,　　ζ と $\zeta+d\zeta$

のあいだにあるようなすべての点を含むものである．その体積を

$$d\xi d\eta d\zeta = d\omega$$

とおき，これを平行六面体 $d\omega$ と名付ける．時刻 t に平行六面体 do の中にあり，かつその速度点が同時に平行六面体 $d\omega$ の中にあるような分子 m，つまり座標が範囲 97 にあり，かつ速度成分が範囲 98 にあるような分子を，ふたたび手短に注目する分子，あるいはいっそう特徴が目立つように「dn 個の分子」と名付ける．その数は明らかに積 $do \cdot d\omega$ に比例する．というのは，平行六面体 do に隣接する体積要素はすべてほとんど同じ環境のもとにあり，したがって 2 倍の大きさの平行六面体の中には 2 倍の数の分子が存在するからだ．それゆえこの数を

99)　　　$dn = f(x, y, z, \xi, \eta, \zeta, t) do d\omega$

とおくことができる．同様にして，時刻 t で同じ条件 97 と 98 を満たす第二の種類の分子 m_1 の数は

100)　　$dN = F(x, y, z, \xi, \eta, \zeta, t) do d\omega = F do d\omega$

であるとする．

　二つの関数 f と F により，混合気体中のすべての場所に

おける運動状態，混合比ならびに速度分布は完全に特徴づけられる．それが初期時刻 $t=0$ について与えられれば，つまり関数の値 $f(x, y, z, \xi, \eta, \zeta, 0)$ と $F(x, y, z, \xi, \eta, \zeta, 0)$ が変数のすべての値について与えられ，またこれに加えて外力，分子的な力，そして気体の周端で満たされるべき条件が与えられたならば，問題は完全に特定され，そして関数 f と F の値が t のすべての値について求められたならば，それは完全に解かれたことになる．このときつねに，状態が分子的無秩序であることが前提される．ここでまず問題となるのはもちろん，非常に短い時間のあいだの関数 f の変化を表す偏微分方程式を得ることであろう．

それゆえある非常に短い時間 dt を経過させ，そのあいだ平行六面体 do と $d\omega$ の大きさと位置はまったく変化させずに保っておこう．時刻 $t+dt$ で条件 97 と 98 を満たす分子 m の数は，式 99 によれば

$$dn' = f(x, y, z, \xi, \eta, \zeta, t+dt) do d\omega$$

であり，数 dn が時間 dt のあいだに受け取る全増分は

101) $$dn' - dn = \frac{\partial f}{\partial t} do d\omega dt$$

である．

数 dn は，四つの異なる原因の結果として増分を受け取る．

1. 速度点が平行六面体 $d\omega$ の中にあるような——このこ

とをわれわれは条件98と呼んでいた——分子 m はすべて，x 方向に速度 ξ，y 方向に速度 η，z 方向に速度 ζ で運動する．

したがって，平行六面体 do の左側の横軸の負の向きを向いた側面を通って，時間 dt のあいだに，条件98を満たす分子 m が，時間 dt のはじめに底面 $dydz$，高さ ξdt の平行六面体にあるのと同じ数だけ，つまり

$$\mathfrak{x} = \xi \cdot f(x, y, z, \xi, \eta, \zeta, t) dy dz d\omega dt$$

個の分子が入ってくる(35頁と127頁を見よ)．というのは，後者の平行六面体は無限小であり，また平行六面体 do に無限に近いので，二つの平行六面体に含まれる注目する種類の分子の数 $\mathfrak{x}$ と $f do d\omega$ の比は，平行六面体の体積 $\xi dy dz dt$ と do のそれに等しいからである．同様に，条件98を満たし，平行六面体 do の反対側の側面を通って時間 dt のあいだに出ていく分子 m の数について，値

$$\xi f(x+dx, y, z, \xi, \eta, \zeta, t) dx dz d\omega dt$$

が求められる．

同様の考察を平行六面体 do の四つの他の側面に対しても行うと，全体として時間 dt のあいだに，条件98を満たす分子 m が平行六面体 do に

$$-\left(\xi \frac{\partial f}{\partial x} + \eta \frac{\partial f}{\partial y} + \zeta \frac{\partial f}{\partial z}\right) do \cdot d\omega dt$$

§15 f と F の偏微分方程式の議論

個だけ,出ていくよりも余分に入ってくる.これはつまり,時間 dt のあいだに分子の移動の結果として数 dn が受け取る増大 V_1^{*2} である.

2. 外力が作用した結果,すべての分子の速度成分は時間とともに変化するだろう.つまり,われわれがもっぱらそれのみに着目している平行六面体 do の中に存在する分子の速度点は移動するだろう.いくつかの速度点は平行六面体 $d\omega$ から出ていき,他の速度点はそれに入ってくるだろう.そしてわれわれは数 dn に,速度点が平行六面体 $d\omega$ の中にある分子のみを数え入れているので,数 dn はこの原因の結果,やはり変化するだろう.

ξ, η, ζ は速度点の直交座標である.これらは想像された点でしかないが,それでも分子それ自身とまったく同様に空間中を移動するだろう.X, Y, Z は加速力の成分なので,

$$\frac{d\xi}{dt} = X, \quad \frac{d\eta}{dt} = Y, \quad \frac{d\zeta}{dt} = Z$$

である.

つまり,すべての速度点は x 軸方向に速度 X で,y 軸方向に速度 Y で,z 軸方向に速度 Z で移動する.また,平行六面体 $d\omega$ を通過する速度点の移動に関しても,平行六面体 do を通過する分子それ自身の移動とまったく同様の考察を適用できる.すると,平行六面体 do の中に存在する分子 m に属する速度点のうち,平行六面体 $d\omega$ の yz 平面に平行な左側の側面を通って,時間 dt のあいだに

$$X \cdot f(x, y, z, \xi, \eta, \zeta, t) do d\eta d\zeta dt$$

個がこの平行六面体に入ってくる．他方で，反対側の側面を通って，

$$X \cdot f(x, y, z, \xi+d\xi, \eta, \zeta, t) do d\eta d\zeta dt$$

個がそこから出ていく．ふたたび同様の考察を，平行六面体 $d\omega$ の四つの他の側面に対して行うと，全体として

$$V_2 = -\left(X\frac{\partial f}{\partial \xi} + Y\frac{\partial f}{\partial \eta} + Z\frac{\partial f}{\partial \zeta}\right) do d\omega dt$$

個だけの（平行六面体 do の中に存在する）分子 m の速度点が，出ていくよりも余分に平行六面体 $d\omega$ の中に入ってくる．

すでに注意したように，ある分子が数 dn に数え入れられるのは，その分子が do 自身のみならず，その速度点も $d\omega$ の中に存在する場合に限られるので，これは，速度点の移動の結果生じる数 dn の増分を表す．ここでは，時間 dt のあいだに平行六面体 do に入ってくるが，同じ時間 dt のあいだに速度点も平行六面体 $d\omega$ に入ってくるような分子は考慮されていない．同様に，時間 dt のあいだに do に入り，またその速度点が $d\omega$ から出ていくような分子も考慮されていない．対して，この微小時間が経過するあいだに do から出ていき，また同じ微小時間が経過するあいだに速度点が $d\omega$ に入ったりそこから出ていく分子は，V_1 においても V_2 に

おいても数えられている,つまり全体として二重に数えられている.しかし,このことは何の誤差も生まない.これらすべての分子の数は,dt^2 のオーダーの無限小だからである.

§16 承前. 衝突の影響の議論

3. われわれの dn 個の分子のうち,時間 dt のあいだに衝突に到る分子はすべて,衝突後には一般にまったく異なる速度成分を持つだろうことは明らかである.つまりその速度点は衝突によって平行六面体 $d\omega$ からいわば投げ出され,まったく別の平行六面体に移される.つまりこれによって数 dn は減少させられる.対して,平行六面体 do の中に存在する他の分子 m の速度点は,衝突によって平行六面体 $d\omega$ の中に移し入れられ,これにより数 dn は増大させられる.いま問題となるのは,数 dn が時間 dt のあいだに,任意の分子 m と任意の分子 m_1 のあいだで生じる衝突によって受け取る増大全体 V_3 を求めることである.

この目的のため,われわれの dn 個の分子が時間 dt のあいだに一般に分子 m_1 とぶつかる衝突の総数 ν_1 のうち,ふたたびごく一部だけに注目しよう.座標が範囲

102)

$$\xi_1 \text{と} \xi_1+d\xi_1, \quad \eta_1 \text{と} \eta_1+d\eta_1, \quad \zeta_1 \text{と} \zeta_1+d\zeta_1$$

のあいだにあるすべての点を含む,第三の平行六面体も作図しよう.その体積は $d\omega_1 = d\xi_1 d\eta_1 d\zeta_1$ である.これを平行

六面体 $d\omega_1$ と呼ぼう．式 100 と同様に，平行六面体 do の中に存在し，かつその速度点が時刻 t で平行六面体 $d\omega_1$ の内部にあるような分子 m_1 の数は

103) $$dN_1 = F_1 do d\omega_1$$

である．F_1 は $F(x, y, z, \xi_1, \eta_1, \zeta_1, t)$ の略記である．

さてまずは，時間 dt のあいだに，われわれの dn 個の分子 m のうちひとつと分子 m_1 のあいだで生じる衝突で，衝突前には後者の分子の速度点 C_1 が平行六面体 $d\omega_1$ の中にあるようなものの数 ν_2 を求めよう．再度，衝突前の二つの分子の速度点を C と C_1 で表し，座標原点から C と C_1 へ向かって引かれた直線 OC と OC_1 が，衝突前の二つの分子の速度の大きさと向きを表すとしよう．つまり直線 $C_1 C = g$ は，分子 m の分子 m_1 に対する相対速度の大きさと向きを与える．衝突数がこの相対運動にのみ依存することは明らかである．さらに，分子 m と分子 m_1 のあいだでは，二つの分子が σ よりも短い距離にあれば，つねに衝突が生じることを仮定する．それゆえ数 ν_2 を求めるという問題は，次のような純粋に幾何学的な課題へと帰着する．平行六面体 do の中に $dN_1 = F_1 do d\omega_1$ 個の点が静止している．それらをふたたび点 m_1 と名付ける．加えてその中では，$f do d\omega$ 個の点（点 m）が速度 g で $C_1 C$ の向きに運動している．この向きを手短に向き g と名付ける．上で ν_2 と表された数は，どれほどの頻度で時間 dt のあいだにある点 m がある点 m_1 に，そ

§16 承前. 衝突の影響の議論

れらのあいだの距離が σ よりも短くなるほど接近するかを表す数に等しい.ここでふたたび,点 m と m_1 の分子的無秩序な,すなわちまったく不規則な分布が前提されていることはもちろんである.さらに,時間 dt の始めと終わりの瞬間にまさに衝突している,すなわち相互作用に入っているような分子の組を考慮する必要をなくすために,dt はたしかに非常に短いが,衝突にかかる時間に対しては長いと仮定する.これは,do はたしかに非常に小さいが,それでも非常に多くの分子を含むのと同様である.

いましがた述べた純粋に幾何学的な課題を解決するためには,分子の相互作用をまったく無視することができる.この相互作用の法則には,もちろん,衝突中と衝突後の分子運動が依存する.ところで衝突頻度がこの相互作用によって変化しうるのは,ある分子が時間 dt のあいだにすでに一度衝突した後で,今度はその変化した速度でもってもう一度同じ微小時間 dt のあいだに衝突する場合に限ってである.しかしこれによっては,dt^2 のオーダーの無限小の寄与しかないことは確かであろう.

それゆえ分子間にまったく相互作用がないときにある点 m と点 m_1 の距離が最小値を取る瞬間,つまり m_1 を通って g 方向に垂直に置かれた平面を m が通過する瞬間を,点 m の点 m_1 近傍の横断と定義すると,ν_2 は時間 dt のあいだに,二つの分子の最短距離が σ よりも短くなるように生じる点 m の点 m_1 近傍の横断の数に等しい.点 m の点 m_1 近傍の

横断すべての数を求めるため，任意の点 m_1 を通り，m_1 とともに運動する平面 E を方向 g に垂直に置き，またこの方向に平行に直線 G を置こう．ある点 m がこの平面 E を通ると，この点と当該の点 m_1 のあいだに横断が生じる．任意の点 m_1 を通って，もうひとつ，横軸の正の向きに平行な同じ向きの直線 m_1X を引こう．この直線を含む，G により囲まれる半平面が平面 E と直線 m_1H において交わるとしよう．このことはもちろん，点 m_1 ごとに繰り返される．さらに，平面 E 上のそれぞれの任意の点 m_1 から，直線 m_1H と角 ϵ をなす長さ b の直線を引こう．平面 E 上の，b と ϵ が範囲

104) $\qquad b$ と $b+db$, $\quad \epsilon$ と $\epsilon+d\epsilon$

のあいだにあるようなすべての点は，面積 $R = bdbd\epsilon$ の長方形をなす．図6では，これらの直線すべての交点が，m_1 を中心に置かれた球で示されている．欠けのない楕円として描かれた最大の円は平面 E 上にあり，最長の円弧 GXH は上で定義された半平面上にある．どの平面 E の上にも，同じ大きさで同様に置かれた長方形 R が存在するだろう．さしあたり，点 m の点 m_1 近傍の横断のうち，前者の点が長方形 R のうちのひとつを通過するようなものだけを考察しよう[*3]．m_1 に対する相対運動においては，点 m はどれも時間 dt のあいだに行程 gdt を，これらの長方形すべての平面に対して垂直に進むので，時間 dt のあいだにこれらの点 m はすべて，これらの長方形のうちどれかの面積を通過する．

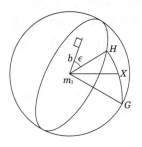

図6

この面積は,時間 dt の始めに,その底面がこれらの長方形のうちのひとつであり,高さが gdt に等しい平行六面体のどれかの中にあるようなものである(35頁,127頁,179頁を見よ.状態はふたたび分子的無秩序であるとする).つまり,これらの平行六面体それぞれの体積は

$$\Pi = bdbd\epsilon gdt$$

である.点 m_1,したがって平行六面体の数は $F_1 do d\omega_1$ に等しいので,これらの平行六面体すべての全体積は

$$\sum \Pi = F_1 do d\omega_1 g b db d\epsilon dt$$

である.

この体積は無限小であり,座標 x, y, z の点に無限に近い

ので，式 99 と同様に，時間 dt の始めに体積 $\sum\Pi$ の中にある点 m（すなわち速度点が $d\omega$ の中にある分子 m）の数は，

105) $\quad \nu_3 = fd\omega \sum \Pi = fF_1 dod\omega d\omega_1 g b db d\epsilon dt$

に等しい．

これは同時に，時間 dt において，点 m_1 近傍を b と $b+db$ のあいだの距離で，角 ϵ が ϵ と $\epsilon + d\epsilon$ のあいだにあるように横断する点 m の数である．

ν_2 が，時間 dt 内に全体として点 m_1 の近傍を σ よりも短い距離で横断する点 m の数を意味するとしよう．それゆえ ν_2 を，微分表式 ν_3 を ϵ に関して 0 から 2π まで，b に関して 0 から σ まで積分することで求める．この積分は容易に実行可能ではあろうが，先のことを見越すと，その形だけを示すほうがよい．それゆえ

106) $\quad \nu_2 = dod\omega d\omega_1 dt \int_0^\sigma \int_0^{2\pi} g \cdot b \cdot f \cdot F_1 \cdot db d\epsilon$

と書いておく．

すでに見たように，ν_2 は同時に，われわれの dn 個の分子が時間 dt のあいだに，その速度点が平行六面体 $d\omega_1$ の内部にあるような分子 m_1 とぶつかる衝突の数でもある．つまり，すでに ν_1 で表された，われわれの dn 個の分子が時間 dt のあいだにもっぱら分子 m_1 とぶつかるすべての衝突の数は，表式 ν_2 をすべての体積要素 $d\omega_1$ にわたって，すなわちその微分が $d\omega_1$ に現れる三つの変数 ξ_1, η_1, ζ_1 に関して，

$-\infty$ から $+\infty$ まで積分することで求められる.したがって,これをひとつの積分記号で表すと,

107) $\quad \nu_1 = do \cdot d\omega \cdot dt \iint_0^\sigma \int_0^{2\pi} f F_1 g b d\omega_1 db d\epsilon$

を得る.

これらの衝突のいずれによっても,完全なかすり衝突でなければ,当該の分子 m の速度点は平行六面体 $d\omega$ から投げ出され,それゆえわれわれがつねに dn で表していた数はある単位量だけ減少させられる.

分子 m_1 との衝突が終了した後に,どれだけの数の分子 m についてその速度点が平行六面体 $d\omega$ の中にあるかを求めるためには,どれだけの数の衝突がいましがた考察したのと逆向きの仕方で生じるかを問えばよい.

そこでもう一度,分子 m と m_1 のあいだの衝突を考察しよう.その数は ν_3 で表され,式 105 によって与えられているのだった.これは,単位時間内に体積要素 do の中で,次の条件が満たされるように生じる,分子 m と分子 m_1 の衝突である.

1. 分子 m と m_1 の速度成分は,相互作用が始まる前にはそれぞれ範囲 98 と 102 の中にある.

2. 相互作用に入っておらず,相互作用前に持っていた速度〔の大きさ〕と向きを保つときに,分子が到達するであろう最短距離を b で,またこのとき分子が最短距離にある瞬間の点を P と P_1 で,そして相互作用に入る前の相対速度〔の大

きさ〕を g で表す.すると,b と,g を通ってそれぞれ P_1P および横軸と平行に置かれた二つの平面のあいだの距離は範囲 104 にある(257 頁の注〔原注*3〕を見よ).

これらの衝突をすべて,手短に,考察している種類の順衝突と名付けよう.これについて,二つの分子の速度成分は,衝突後に範囲

108)
$$\begin{cases} \xi' \, \boldsymbol{\succeq} \, \xi' + d\xi', \quad \eta' \, \boldsymbol{\succeq} \, \eta' + d\eta', \quad \zeta' \, \boldsymbol{\succeq} \, \zeta' + d\zeta', \\ \xi'_1 \, \boldsymbol{\succeq} \, \xi'_1 + d\xi'_1, \quad \eta'_1 \, \boldsymbol{\succeq} \, \eta'_1 + d\eta'_1, \quad \zeta'_1 \, \boldsymbol{\succeq} \, \zeta'_1 + d\zeta'_1 \end{cases}$$

にあるものとする.

さらに,二つの分子が衝突後に離れていくときの速度〔の大きさ〕と向きをつねに持っていたならば到達したであろう最短距離を P_1P' で,衝突後の相対速度〔の大きさ〕を g' で表そう.このとき,われわれが考察している種類の順衝突と名付けたばかりのすべての衝突について,線分 P_1P' の長さと,g' を通ってひとつは P_1P' と平行に,もうひとつは横軸と平行に置かれた平面のあいだの角が,範囲

109) $\qquad b' \, \boldsymbol{\succeq} \, b' + db', \quad \epsilon' \, \boldsymbol{\succeq} \, \epsilon' + d\epsilon'$

にあるものとする.

さて,時間 dt のあいだに体積要素 do の中で,衝突前の変数の値が範囲 108 と 109 にあって生じるすべての衝突を逆衝突と呼ぼう.逆衝突においては,g' の向きも逆転される

ものとする.逆衝突は,明らかに,注目する種類の順衝突と正確に逆向きの経過をたどる.またこれについて,衝突後には逆に,変数の値は範囲 98, 102, 104 にあるだろう.

衝突の際にはたらく力の作用の法則は与えられていると前提しているので,衝突後のすべての変数の値 ξ', η', ζ', ξ_1', η_1', ζ_1', b', ϵ' は,同じ変数の衝突前の値 ξ, η, ζ, ξ_1, η_1, ζ_1, b, ϵ の関数として計算できる.順衝突の数について式 105 を求めたのとまったく同様にして,逆衝突の数について値

$$i_3 = do d\omega' d\omega_1' dt f' F_1' g' b' db' d\epsilon'$$

が得られる.

ここで,$d\xi' d\eta' d\zeta'$ を $d\omega'$ と,$d\xi_1' d\eta_1' d\zeta_1'$ を $d\omega_1'$ と,また $f(x, y, z, \xi', \eta', \zeta', t)$ および $F(x, y, z, \xi_1', \eta_1', \zeta_1', t)$ を f' および F_1' と書いた.積分が実行できるためには,すべての変数を ξ, η, ζ, ξ_1, η_1, ζ_1, b, ϵ の関数として表現しなければならない.

相互作用中の運動については,後で(§21 で)詳しく調べよう.ここでは次のことだけ注意しておこう.m の m_1 に相対的な(すなわち固定された座標軸に対してはつねに平行だが,つねに m_1 を通過する3本の座標軸——量 g, g', b, b', ϵ, ϵ' はこれのみに依存する——に相対的な)運動を,相対中心運動と名付けよう.これは,m_1 を固定し,m をはじめに相対速度〔の大きさ〕g でもって m から垂直距離 b にある直線の上

を運動させたときに，作用法則が同じであれば得られるであろう中心運動にほかならない．さらにこの質点は，その実際の質量のかわりに，質量 $mm_1/(m+m_1)$ を持たなければならないだろう．g' は相対中心運動の結果 m が持つ速度〔の大きさ〕にほかならず，b' は m が相対中心運動の結果描く直線の，m_1 からの垂直距離である．それぞれの中心運動の完全な対称性から，ただちに $g' = g$, $b' = b$ が従う（§21 の図7 を見よ）．相対中心運動における m の軌道の対称軸をその長軸と名付けるが，これは m がその相対中心運動全体を通じて，m_1 から最小の距離にあるような場所と m_1 とを結ぶ結合線である．それは中心運動について，中心線が弾性衝突について果たすのと同じ役割を果たす．相対中心運動の平面を軌道平面と名付けよう．それは 4 本の直線 g, g', b, b' を含む．$d\epsilon$ について長軸の回転角 $d\theta$ を導入し，これにより $\xi, \eta, \zeta, \xi_1, \eta_1, \zeta_1$ を $\xi', \eta', \zeta', \xi'_1, \eta'_1, \zeta'_1$ に変換し，それから $d\theta$ のかわりにふたたび $d\epsilon'$ を導入すれば，$d\epsilon = d\epsilon'$ でもあることが分かる．というのは，$d\epsilon$ の $d\theta$ による表現および衝突前の変数の値は，$d\epsilon'$ の $d\theta$ による表現および衝突後の変数の値と，正確に等しくなければならないからだ．

$d\omega = d\omega'$, $d\omega_1 = d\omega'_1$ であることの証明は，すでに弾性球の場合に行った．そこでは運動エネルギーの法則と重心〔運動の〕法則しか証明に使っておらず，またこれらの法則はいまの場合も変わらず成り立つので，その証明はここでも変わらず適用可能である．もちろん，衝突の中心線のかわり

に，ここでは長軸が現れる必要はある．これらの方程式をすべて考慮すると，

110) $\qquad i_3 = f'F'_1 do d\omega d\omega_1 dt g b db d b d\epsilon$

のように書くこともできる．

ちなみに第 II 部では，ここで

110a) $\qquad d\omega' d\omega'_1 g' b' db' d\epsilon' = d\omega d\omega_1 g b db d\epsilon$

であるという定理が特殊例に過ぎなくなるような，ある一般的な定理を証明する．ここでは，第 II 部で一般的に計算されるであろうすべてのことを，特殊な場合にまわりくどく不必要に繰り返す必要をなくすために，この疑問の余地なく正しい定理の証明を，手短に示唆するにとどめたのである．

われわれが逆衝突と呼んだ衝突のいずれによっても，平行六面体 do の中にあり，またその速度点が平行六面体 $d\omega$ の中にある分子 m の数 dn はある単位量だけ増大させられる．この数 dn が分子 m と分子 m_1 の衝突によってもっぱら受け取る全増大 i_1 は，ふたたび，ϵ に関して 0 から 2π まで，b に関して 0 から σ まで，そして ξ_1, η_1, ζ_1 に関して $-\infty$ から $+\infty$ まで積分すれば求められる．この積分の結果を，簡単に

111) $\qquad i_1 = do d\omega dt \iint_0^\sigma \int_0^{2\pi} f'F'_1 g b d\omega_1 db d\epsilon$

という形に書いておこう．

ここで, b と ϵ に関する積分をただちに実行することは, もちろんできない. f' と F' の中に現れる変数 ξ', η', ζ' と ξ_1', η_1', ζ_1' は ξ, η, ζ, ξ_1, η_1, ζ_1, b, ϵ の関数であり, これらは衝突中にはたらく力の作用法則が与えられてはじめて計算できるからだ. 差 $i_1 - \nu_1$ は, 数 dn が時間 dt のあいだに, 分子 m と分子 m_1 の衝突によってどれだけ増大あるいは減少させられるかを示している. つまりそれは, 数 dn が分子 m と分子 m_1 の衝突の結果, 時間 dt のあいだにもっぱら受け取る全増大 V_3 であり,

112)
$$V_3 = i_1 - \nu_1$$
$$= do d\omega dt \iint_0^\sigma \int_0^{2\pi} (f'F_1' - fF_1) g b d\omega_1 db d\epsilon$$

を得る.

注意すべきは, 完全なかすり衝突においては, 衝突前にも衝突後にも, 分子 m の速度点が平行六面体 $d\omega$ の中にあるということが生じうるということだ. このかすり衝突によっては, 分子 m の速度点は平行六面体 $d\omega$ からは投げ出されず, 単にこの平行六面体の内部である場所から別の場所へと移されるだけではあるが, その数は微分表現 105, したがって積分 ν_1 には取り入れられており, V_3 からは引き去られている. ところがこのことは何の誤差も生み出さない. というのは, 分子 m の速度点が衝突後にも $d\omega$ の内部にあるから

§16 承前. 衝突の影響の議論

こそ，この衝突の数は i_3 を表す式110，したがって i_1 の中にも取り入れられ，V_3 にもまた加えられたからだ．

これらの衝突は，単純に，分子 m の速度点がたしかに衝突の開始によって平行六面体 $d\omega$ から投げ出されるが，衝突の終了によってふたたび同じ平行六面体の中に移し入れられるような衝突と解される．それどころか，われわれは積分112において，b に関する積分を，σ よりも大きい値にわたって行うこともできる．これにより，分子の速度〔の大きさ〕や向きの変化がそれ以上起こらないような，いくつかの横断の数をも ν_1 の中に取り入れる，つまり V_3 から引き去ることになるだろう．しかしまさにそれゆえに，この衝突の数は i_1 の表式の中にも数え入れられ，ふたたび V_3 に加えられることになるだろう．自明なことだが，ν_1 と i_1 に関する二つの表式107と111においては，異なる積分範囲を選ぶことはゆるされない．これに対して，$i_1 - \nu_1$ がひとつの積分にまとめられている式112においては，b に関する積分は好きなだけ大きく広げることができる．なぜなら，b が σ より大きくなれば，$\xi', \eta', \zeta', \xi_1', \eta_1', \zeta_1'$ は $\xi, \eta, \zeta, \xi_1, \eta_1, \zeta_1$ と同じになり，それゆえ $f'F_1' = fF_1$ となって式112の積分記号のもとにある量はゼロになるからだ．この注意は，分子の相互作用が，距離が増大してもまったくゆるやかにしか停止に向かわず，それゆえ作用圏の厳密な範囲を定めることができない場合すべてにおいて重要である．そのような場合においては，式112で b に関して単純に 0 から ∞ まで積分

できる．またこの積分範囲はほかのすべての場合にもゆるされるものであるから，それを今後も保持することにしよう．二つの分子の相互作用が厳密にゼロにまで低下するような距離を定めることはできなくとも，この相互作用が，距離が増大するとともに急速に減少し，3個以上の分子が同時に顕著な相互作用に入る場合を無視できると前提することは当然である．

dt のあいだに衝突に到り，かつ同時に，衝突がなかったとしても dt のあいだに do から出ていったであろう，あるいはその速度点が $d\omega$ から出ていったであろう運動をする分子の数は，もちろんふたたび dt^2 のオーダーの無限小である．

4. われわれが dn で表した数が，時間 dt のあいだに分子 m どうしの衝突により受け取る増大 V_4 は，式 112 から，単純な交換によって求められる．すなわち，いま，この式において ξ_1, η_1, ζ_1 および $\xi'_1, \eta'_1, \zeta'_1$ を，それぞれ衝突前と衝突後の他の分子 m の速度成分を意味するとし，また

$$f(x, y, z, \xi_1, \eta_1, \zeta_1, t)$$

および

$$f(x, y, z, \xi'_1, \eta'_1, \zeta'_1, t)$$

を f_1 および f'_1 と書く．

このとき，

113)

$$V_4 = dod\omega dt \iint_0^\infty \int_0^{2\pi} (f'f_1' - ff_1)gbd\omega_1 dbd\epsilon$$

となる.

さて,$V_1 + V_2 + V_3 + V_4$ は時間 dt のあいだの数 dn の増分 $dn' - dn$ に等しく,他方でこれは式 101 によれば $(\partial f/\partial t)dod\omega dt$ に等しいので,すべての値を代入し,$dod\omega dt$ で割ると,関数 f について次の偏微分方程式

114)

$$\begin{cases} \dfrac{\partial f}{\partial t} + \xi\dfrac{\partial f}{\partial x} + \eta\dfrac{\partial f}{\partial y} + \zeta\dfrac{\partial f}{\partial z} + X\dfrac{\partial f}{\partial \xi} + Y\dfrac{\partial f}{\partial \eta} + Z\dfrac{\partial f}{\partial \zeta} \\ = \iint_0^\infty \int_0^{2\pi} (f'F_1' - fF_1)gbd\omega_1 dbd\epsilon \\ \quad + \iint_0^\infty \int_0^{2\pi} (f'f_1' - ff_1)gbd\omega_1 dbd\epsilon \end{cases}$$

を得る.

同様に,関数 F について偏微分方程式

115)

$$\begin{cases} \dfrac{\partial F_1}{\partial t} + \xi_1\dfrac{\partial F_1}{\partial x} + \eta_1\dfrac{\partial F_1}{\partial y} + \zeta_1\dfrac{\partial F_1}{\partial z} \\ \quad + X_1\dfrac{\partial F_1}{\partial \xi} + Y_1\dfrac{\partial F_1}{\partial \eta} + Z_1\dfrac{\partial F_1}{\partial \zeta} \\ = \iint_0^\infty \int_0^{2\pi} (f'F_1' - fF_1)gbd\omega_1 dbd\epsilon \\ \quad + \iint_0^\infty \int_0^{2\pi} (F'F_1' - FF_1)gbd\omega_1 dbd\epsilon \end{cases}$$

を得る．

ここで，通常の略記と同様に，$F(x, y, z, \xi', \eta', \zeta', t)$ のかわりに F' とおいた．

§17 ある領域のすべての分子にわたる和の時間による微分商〔導関数〕

さらに進む前に，気体論にとって有用な一般的な公式をいくつか議論しておこう．ϕ を $x, y, z, \xi, \eta, \zeta, t$ のまったく任意な関数とする．ここで $x, y, z, \xi, \eta, \zeta$ に，時刻 t におけるある分子の座標と速度成分を代入したときに得られる値を，時刻 t におけるその分子に対応する ϕ の値と呼ぼう．時刻 t において平行六面体 do の中にあり，またその速度点が平行六面体 $d\omega$ の中にあるようなすべての分子 m に対応する ϕ のすべての値の和は，ϕ にその分子の数 $f do d\omega$ をかけることで得られる．これを

$$116) \qquad \sum_{d\omega, do} \phi = \phi f do d\omega$$

と表そう．

同様に第二の種類の気体についても，$x, y, z, \xi, \eta, \zeta, t$ の任意の関数 Φ を別に選び，

$$117) \qquad \sum_{d\omega_1, do} \Phi_1 = \Phi_1 F_1 do d\omega_1$$

で，do の中にあり，かつその速度点が $d\omega_1$ の中にあるようなすべての分子 m_1 に対応する Φ の値の和を表そう．Φ_1 は

§17 ある領域のすべての分子にわたる和の……

$\Phi(x, y, z, \xi_1, \eta_1, \zeta_1, t)$ の略記である.

これらの表式において,do を一定に保ち,$d\omega$ および $d\omega_1$ に関してそれぞれすべての可能な値にわたって積分しよう.すると表式

118)
$$\sum_{\omega, do} \phi = do \int \phi f d\omega \quad \text{と} \quad \sum_{\omega_1, do} \Phi_1 = do \int \Phi_1 F_1 d\omega_1$$

を得る.これは,第一の種類の気体および第二の種類の気体について,時刻 t において do の中にある分子に対応する ϕ および Φ それぞれの値すべての和を表す.ただし速度には何の制約も課されないとする.

さらに do に関しても,われわれの気体のすべての体積要素にわたって積分すると,第一の種類および第二の種類の気体分子すべてに対応する ϕ および Φ の値すべての和について,表式

119)
$$\sum_{\omega, o} \phi = \iint \phi f do d\omega \quad \text{と} \quad \sum_{\omega_1, o} \Phi_1 = \iint \Phi_1 F_1 do d\omega_1$$

を得る.

さてまずは,和 $\sum_{d\omega, do} \phi$ が無限小の時間 dt のあいだに受け取る増分 $(\partial \sum_{d\omega, do} \phi / \partial t) dt$ を計算しよう.ただし二つの体積要素 do と $d\omega$ の大きさ,形状,位置は変化しないとする.記号 $\partial/\partial t$ を使って表現されるこの最後の条件により,微分

は時間についてのみ可能である．そして，時間 dt のあいだに ϕ は $(\partial\phi/\partial t)dt$ だけ，f は $(\partial f/\partial t)dt$ だけ増加するので，式 116 から

$$\frac{\partial}{\partial t}\sum_{d\omega,do}\phi = \left(f\frac{\partial\phi}{\partial t}+\phi\frac{\partial f}{\partial t}\right)dod\omega$$

を得る．

ここで $\partial f/\partial t$ に方程式 114 からの値を代入すると，上の表式は 5 個の項の和となり，そのそれぞれが特別な物理的意味を持つ．これに従い

120) $$\frac{\partial}{\partial t}\sum_{d\omega,do}\phi = [A_1(\phi)+A_2(\phi)+A_3(\phi)\\+A_4(\phi)+A_5(\phi)]dod\omega$$

とおくと，

121) $$A_1(\phi) = \frac{\partial\phi}{\partial t}f$$

は関数 ϕ に t が陽に含まれることから引き起こされる増分に，

122) $$A_2(\phi) = -\phi\left(\xi\frac{\partial f}{\partial x}+\eta\frac{\partial f}{\partial y}+\zeta\frac{\partial f}{\partial z}\right)$$

は分子の移動により引き起こされる増分に，

123) $$A_3(\phi) = -\phi\left(X\frac{\partial f}{\partial \xi}+Y\frac{\partial f}{\partial \eta}+Z\frac{\partial f}{\partial \zeta}\right)$$

§17 ある領域のすべての分子にわたる和の……

は外力により引き起こされる増分に，

124)
$$A_4(\phi) = \phi \iint_0^\infty \int_0^{2\pi} (f'F_1' - fF_1)gbd\omega_1 dbd\epsilon$$

は分子 m と分子 m_1 の衝突により引き起こされる増分に，

125)
$$A_5(\phi) = \phi \iint_0^\infty \int_0^{2\pi} (f'f_1' - ff_1)gbd\omega_1 dbd\epsilon$$

は分子 m どうしの衝突により引き起こされる増分に，それぞれ対応する．

$(\partial/\partial t)\sum_{\omega,do}\phi$ を求めるためには，単純に，$(\partial/\partial t)\sum_{d\omega,do}\phi$ を $d\omega$ に関してすべての可能な値にわたって積分しさえすればよい．ふたたび，

126)
$$\frac{\partial}{\partial t}\sum_{\omega,do}\phi = [B_1(\phi) + B_2(\phi) + B_3(\phi) \\ + B_4(\phi) + B_5(\phi)]do$$

と書こう．

どの B も，同じ添字を持つ A に $d\omega = d\xi d\eta d\zeta$ をかけ，これらすべての変数に関して $-\infty$ から $+\infty$ まで積分すれば得られる．これをわれわれは，ひとつの積分記号で表すことにしよう．つまり，

第2章　分子が力の中心である場合. ……

127)　$B_1(\phi) = \int \dfrac{\partial \phi}{\partial t} f d\omega$

128)　$B_2(\phi) = -\int \phi \left(\xi \dfrac{\partial f}{\partial x} + \eta \dfrac{\partial f}{\partial y} + \zeta \dfrac{\partial f}{\partial z} \right) d\omega$

である.

3番目の項 B_3 は，外力が作用した結果の増分に対応するが，これは別の方法で計算することもできる．すべての要素 $d\omega$ を考慮に入れる必要があるので，その速度点が微小時間 dt の始めに $d\omega$ の中にあった $fdod\omega$ 個の分子を，その速度点が微小時間 dt の終わりの瞬間にふたたび同じ体積要素 $d\omega$ の中にある分子と比較することはしないでおこう.

むしろ単純に，前者の $fdod\omega$ 個の分子の，時間 dt のあいだの運動を追跡してみよう．それぞれの分子について，この微小時間のあいだに，速度成分 ξ, η, ζ は Xdt, Ydt, Zdt だけ増加する．したがってそれぞれの分子について，それに対応する ϕ の値は，外力が作用した結果

129)　$\left(X \dfrac{\partial \phi}{\partial \xi} + Y \dfrac{\partial \phi}{\partial \eta} + Z \dfrac{\partial \phi}{\partial \zeta} \right) dt$

だけ増加する．つまり外力の影響は，これらの分子それぞれがこの値の分だけ余分に和 $\sum\limits_{\omega, do} \phi$ に寄与するということのみにある．すると外力が作用した結果のこの和の全増分 $B_3(\phi)dodt$ は，表式 129 に $fdod\omega$ をかけ，$d\omega$ のすべての値にわたって積分することで得られる．これにより，

§17 ある領域のすべての分子にわたる和の……

130) $$B_3(\phi) = \int \left(X\frac{\partial \phi}{\partial \xi} + Y\frac{\partial \phi}{\partial \eta} + Z\frac{\partial \phi}{\partial \zeta} \right) f d\omega$$

が得られる.

表式 127 と 128 を求めた方法, すなわち表式 123 に $d\omega$ をかけ, この微分のすべての可能な値にわたって積分することにより, 同じ量について値

131)
$$B_3(\phi) = -\int \left(X\frac{\partial f}{\partial \xi} + Y\frac{\partial f}{\partial \eta} + Z\frac{\partial f}{\partial \zeta} \right) \phi d\omega$$

が得られる.

X, Y, Z は変数 ξ, η, ζ を含まず, さらに $d\omega$ は $d\xi d\eta d\zeta$ の単なる略記であって, 式 130 と 131 の積分記号は ξ, η, ζ に関する $-\infty$ から $+\infty$ までの積分を意味するから, 右辺の第 1 項を ξ で, 第 2 項を η で, 第 3 項を ζ で, それぞれ部分積分することにより, 二つの表式 130 と 131 が等しいことが証明できる. というのも, $\sum_{\omega, do} \phi$ がともかくも何らかの意味を持つためには, ξ, η, ζ の無限大の値について f はゼロにならなければならず, 積 $f\phi$ も極限 0 に近付かなければならないからだ.

量 $\sum_{\omega, do} \phi$ が分子 m と分子 m_1 の衝突によって受け取る増分 $B_4(\phi)dodt$ も, 直接計算することにしよう.

そこでふたたび, ある分子 m と分子 m_1 のあいだで時間

dt 内に体積要素 do の中で,衝突前の変数が範囲 98, 102, 104 にあるという条件を満たすように生じるすべての衝突を,注目する種類の順衝突と呼ぼう.これらの衝突それぞれの作用全体の要点は,分子 m は速度成分 ξ, η, ζ を失い,そのかわりに速度成分 ξ', η', ζ' を得るということにある.つまり,衝突前には $\sum_{\omega, do} \phi$ に項 ϕ だけ寄与していたのに対し,衝突後には項 ϕ' だけ寄与するのである.ここで ϕ' は $\phi(x, y, z, \xi', \eta', \zeta', t)$ の略記である.

それゆえこれらの衝突のいずれによっても,この和は増分 $\phi' - \phi$ を受け,そこでこの,順衝突と呼ばれる衝突の数は,式 105 により与えられる量 ν_3 なのだから,和 $\sum_{\omega, do} \phi$ が分子 m と分子 m_1 の衝突によってもっぱら受け取る全増分 $B_4(\phi) do dt$ は,積 $(\phi' - \phi)\nu_3$ を,do と dt を一定に保った上で,他のすべての微分の可能な値にわたって積分することで得られる.このようにして,

132)
$$B_4(\phi) = \iiint_0^\infty \int_0^{2\pi} (\phi' - \phi) f F_1 g b d\omega d\omega_1 db d\epsilon$$

を得る.

ところで $B_4(\phi)$ の計算においては,ある分子 m と分子 m_1 のあいだで時間 dt 内に do の中で,衝突前の変数が範囲 108 と 109 にあるという条件を満たすように生じる衝突を考察することからも出発できよう.これをまたもや,逆衝突

§17 ある領域のすべての分子にわたる和の……

と呼ぶことにしよう．これらの衝突それぞれについて，分子 m には，衝突前には関数値 ϕ' が対応するが，衝突後には ϕ が対応する．つまり，それぞれの衝突は，和 $\sum_{\omega, do} \phi$ を $\phi - \phi'$ だけ増大させ，したがってすべて集めると $(\phi - \phi')i_3$ だけ増大させる．ここで i_3 は式 110 により与えられる，逆衝突の数である．

do と dt を一定に保って，残りのすべての微分について積分すると，再度 $B_4(\phi)dodt$ で表される量を得るに違いない．そこでこのとき，

133)
$$B_4(\phi) = \iiint_0^\infty \int_0^{2\pi} (\phi - \phi') f' F'_1 g b d\omega d\omega_1 db d\epsilon$$

となる．

それゆえ $B_4(\phi)$ も，いま求めたばかりの二つの値の算術平均に等しいとおくことができ，

134) $$B_4(\phi) = \frac{1}{2} \iiint_0^\infty \int_0^{2\pi} (\phi - \phi') \cdot (f'F'_1 - fF_1) g b d\omega d\omega_1 db d\epsilon$$

を得る．

これに対して式 124 を積分すると，

134a)
$$B_4(\phi) = \iiint_0^\infty \int_0^{2\pi} \phi (f'F'_1 - fF_1) g b d\omega d\omega_1 db d\epsilon$$

を与えるだろう.

容易に分かるように，これら異なる $B_4(\phi)$ の形がすべて可能であることは，2本の方程式

$$\sum \phi' \nu_3 = \sum \phi i_3,$$
$$\sum \phi' i_3 = \sum \phi \nu_3$$

から導かれる．ここで和の記号は，i_3 または ν_3 に含まれるすべての微分を，do と dt を除いて積分したものを表す．これら2本の方程式はただちに明らかである．というのは，すべての ν_3 の和を取るときにも，すべての i_3 の和を取るときにも，すべての衝突が含まれているが，ϕ と ϕ' は，前者の和のかわりに後者の和をおけば，あるいはその逆をすれば，交換されるからである．

式132あるいは133において，二つの分子が同質であることを仮定すると，

135)
$$B_5(\phi) = \iiint_0^\infty \int_0^{2\pi} (\phi' - \phi) f f_1 g b d\omega d\omega_1 db d\epsilon$$

136) $$= \iiint_0^\infty \int_0^{2\pi} (\phi - \phi') f' f_1' g b d\omega d\omega_1 db d\epsilon$$

が導かれる．

ここでなお注意すべきは，二つの衝突分子も同じ役割を演じること，つまりこれら二つの式のどちらにおいても，添字1がついている文字は，$B_5(\phi)$ の値を変えることなく，添字

のない文字と交換可能であるということである．$B_5(\phi)$ のもとの値と，交換により得られた値から算術平均を計算すれば，135 からは

137) $$B_5(\phi) = \frac{1}{2} \iiint_0^\infty \int_0^{2\pi} (\phi' + \phi_1' - \phi - \phi_1) f f_1 g b d\omega d\omega_1 db d\epsilon$$

が，136 からは

138) $$B_5(\phi) = \frac{1}{2} \iiint_0^\infty \int_0^{2\pi} (\phi + \phi_1 - \phi' - \phi_1') f' f_1' g b d\omega d\omega_1 db d\epsilon$$

が導かれる．

他方でこれら二つの値の算術平均は，

139)
$$B_5(\phi) = \frac{1}{4} \iiint_0^\infty \int_0^{2\pi} (\phi + \phi_1 - \phi' - \phi_1') \cdot (f' f_1' - f f_1) g b d\omega d\omega_1 db d\epsilon$$

を与える．

同じ結果は，条件 98, 102, 104 を満たす任意の衝突によって，ϕ の値が，衝突する分子の一方については ϕ から ϕ' に，他方については ϕ_1 から ϕ_1' に変化させられること，つまりこの種の衝突が生じるごとに $\sum_{\omega, do} \phi$ が $\phi' + \phi_1' - \phi - \phi_1$ だけ増大させられることを考えても得られる．ϕ_1 と ϕ_1'

は $\phi(x, y, z, \xi_1, \eta_1, \zeta_1, t)$ と $\phi(x, y, z, \xi'_1, \eta'_1, \zeta'_1, t)$ の略記である.いまこの種の衝突が, dt のあいだに $ff_1 gb do d\omega d\omega_1 db d\epsilon dt$ 回生じる.これらの衝突すべてによって, $\sum_{\omega, do} \phi$ は $(\phi' + \phi'_1 - \phi - \phi_1) f f_1 g b do d\omega d\omega_1 db d\epsilon dt$ だけ増大させられる. $d\omega, d\omega_1, db, d\epsilon$ に関して積分すると,分子 m どうしの衝突によって引き起こされる $\sum_{\omega, do} \phi$ の増分,つまり量 $B_5(\phi) do dt$ を得る.しかし,これまでどの衝突も二重に数えてきたので,これもさらに 2 で割らなければならない.するとただちに式 137 を得る.逆向きの衝突を考えさえすれば,同様にして式 138 が得られるだろう.

関数 ϕ を時間と座標 x, y, z から独立であると仮定することで得られる方程式 126 の特殊な場合には,§20 で取り組むことにしよう.

いま,さらに,

140)
$$\frac{d}{dt} \sum_{\omega, o} \phi = C_1(\phi) + C_2(\phi) + C_3(\phi) + C_4(\phi) + C_5(\phi)$$

とおこう.

$\sum_{\omega, o} \phi$ では, do と $d\omega$ に現れる値すべてにわたって積分が行われるので,この量はいまや時間の関数となる.それゆえ記号 $\partial/\partial t$ を使うのは不要であり,微分を通常のラテン文字 d で表すことができる.

どの C もまたもや，同じ添字を持つ B に do をかけ，気体により満たされる空間のすべての体積要素にわたって積分することにより，あるいは，同じ添字を持つ A に $dod\omega$ をかけ，すべての do と $d\omega$ にわたって積分することにより，得ることができる．

いま分子の総数は変わらない(それは単に，気体中の分子の数に等しい)ので，時間 dt のあいだに ϕ の中に t が陽に現れること，分子が運動すること，そして外力が作用することが合わさって生じる増分の和 $[C_1(\phi)+C_2(\phi)+C_3(\phi)]dt$，つまり衝突により引き起こされる増加を除いたすべての増分の和は，単に，時刻 t において do の中にあり，またその速度点が $d\omega$ の中にあるような $fdod\omega$ 個の分子が，時間 dt のあいだにたどる行程を追うことによって計算できる．この時間のあいだに，それらの座標は $\xi dt, \eta dt, \zeta dt$ だけ，速度成分は Xdt, Ydt, Zdt だけ増加する．つまりこれらの分子はそれぞれ，時刻 t では和 $\sum_{\omega,o} \phi$ に，値

$$\phi(x, y, z, \xi, \eta, \zeta, t)$$

だけ寄与し，対して時刻 $t+dt$ では

$$dt\left(\frac{\partial \phi}{\partial t}+\xi\frac{\partial \phi}{\partial x}+\eta\frac{\partial \phi}{\partial y}+\zeta\frac{\partial \phi}{\partial z}+X\frac{\partial \phi}{\partial \xi}+Y\frac{\partial \phi}{\partial \eta}+Z\frac{\partial \phi}{\partial \zeta}\right)$$

ぶん大きい値だけ寄与する．そしてこれらの分子の数は $fdod\omega$ に等しいので，これとかけて，dt を一定に保った上で他のすべての微分の可能な値にわたって積分すればよい．

すると，dt で割れば，

141)
$$\begin{cases} C_1(\phi) + C_2(\phi) + C_3(\phi) \\ = \iint f \, do \, d\omega \left(\frac{\partial \phi}{\partial t} + \xi \frac{\partial \phi}{\partial x} + \eta \frac{\partial \phi}{\partial y} + \zeta \frac{\partial \phi}{\partial z} \right. \\ \left. \qquad + X \frac{\partial \phi}{\partial \xi} + Y \frac{\partial \phi}{\partial \eta} + Z \frac{\partial \phi}{\partial \zeta} \right) \end{cases}$$

が導かれる．

この値は，考察している三つの原因から生じる $\sum_{\omega, o} \phi$ の増分を dt で割ったものを表すが，これは気体を囲む容器の壁が運動している場合にも正しい．これに対して，$C_2(\phi)$ として単純に量 $B_2(\phi) do$ の積分を書くと，体積要素 do すべての位置を不変なものとみなすことになろう．つまり，器壁が動くとしたならば，時間 dt のあいだにこの気体の体積に新しく付け加わる，あるいはそれから取り去られる体積の部分を計算に取り入れる特別な項をも加えなければならないだろう．それは，式 141 の座標に関する部分積分に現れる表面積分に対応する．

$C_4(\phi)$ と $C_5(\phi)$ という二つの量は，表式 $B_4(\phi)$ と $B_5(\phi)$ に do をかけ，気体により満たされる空間のすべての体積要素にわたって積分することで得られる．これより，

142)
$$\begin{cases} C_4(\phi) = \frac{1}{2} \iiint \int_0^\infty \int_0^{2\pi} (\phi - \phi') \\ \qquad \cdot (f'F_1' - fF_1) gb\, do\, d\omega\, d\omega_1\, db\, d\epsilon, \\ C_5(\phi) = \frac{1}{4} \iiint \int_0^\infty \int_0^{2\pi} (\phi + \phi_1 - \phi' - \phi_1') \\ \qquad \cdot (f'f_1' - ff_1) gb\, do\, d\omega\, d\omega_1\, db\, d\epsilon \end{cases}$$

が分かる.

気体を囲む壁の運動によって新しい体積要素がいくらか増加することは,ここでは考慮する必要はない.そのような増加した体積要素の中で衝突にまで到る分子は,dt^2 の大きさのオーダーの項しか寄与しないからだ.われわれが $\sum_{d\omega_1, do} \Phi_1$, $\sum_{\omega_1, do} \Phi_1$, $\sum_{\omega_1, o} \Phi_1$ で表していた量の時間による微分商の表式はまったく同様にして作られるので,ここであらためて書くことはしないでおこう.

A, B, C は,ある原因によって引き起こされる特定の量の増加に過ぎず,それゆえほとんどの著者は,これらの量の前に置かれた微分記号によってそれらを表している.$B_5(\phi)$ を,マクスウェルは $(\partial/\partial t) \sum_{\omega, do} \phi$ と書き[*4],キルヒホッフは $(D/Dt) \sum_{\omega, do} \phi$ と書き[*5],といった具合である.したがって,すべての微分と同様に,二つの関数の和の A は被加数の A〔の和〕に等しい,つまり添字 k について

143) $$\begin{cases} A_k(\phi+\psi) = A_k(\phi) + A_k(\psi), \\ B_k(\phi+\psi) = B_k(\phi) + B_k(\psi), \\ C_k(\phi+\psi) = C_k(\phi) + C_k(\psi) \end{cases}$$

である．ちなみにこれらの方程式は，ϕ がすべての積分 A, B, C において線形にしか現れないという事情からもただちに導かれる．

§18 エントロピー則のより一般的な証明．定常状態に対応する方程式の考察

さて，$\phi = lf$ かつ $\Phi = lF$ という特殊な場合を考察しよう．ここで l は自然対数を意味する．すると，

$$\sum_{\omega, o} \phi = \sum_{\omega, o} lf = \iint flf \, do \, d\omega,$$
$$\sum_{\omega_1, o} \Phi_1 = \sum_{\omega_1, o} lF_1 = \iint F_1 lF_1 \, do \, d\omega_1$$

となるので，

144) $H = \sum\limits_{\omega, o} lf + \sum\limits_{\omega_1, o} lF_1$
$\quad = \iint flf \, do \, d\omega + \iint F_1 lF_1 \, do \, d\omega_1$

とおこう．方程式 141 によれば，

145)

$$\begin{cases} C_1(lf)+C_2(lf)+C_3(lf)=\iint do d\omega \\ \quad \cdot \left(\dfrac{\partial f}{\partial t}+\xi\dfrac{\partial f}{\partial x}+\eta\dfrac{\partial f}{\partial y}+\zeta\dfrac{\partial f}{\partial z}+X\dfrac{\partial f}{\partial \xi}+Y\dfrac{\partial f}{\partial \eta}+Z\dfrac{\partial f}{\partial \zeta} \right) \end{cases}$$

を得る〔式 145a は原注*7 を見よ〕.

この式の括弧の中の第 5 項を ξ に関して, 第 6 項を η に関して, 最後の項を ζ に関して積分すると, それぞれゼロという結果を得る. X, Y, Z は ξ, η, ζ の関数ではなく, f は極限 $(-\infty, +\infty)$ についてゼロになるからだ. 第 2 項, 第 3 項, 第 4 項をそれぞれ x, y, z で積分すると, 気体の表面全体にわたる積分 J を得る. dS をこの表面の面積要素, N を分子 m の, dS に対して垂直な外向きの速度であるとすると, $J=\iint dSd\omega Nf$ となる.

容易に分かるように, Jdt は, 面積 S 全体を通って入ってくるよりも余分に出ていく分子の総数 K を表す. 対して, 方程式 145 の右辺の第 1 項に dt をかけた

$$dt \iint \dfrac{\partial f}{\partial t} do d\omega$$

は, その面積 S 上にある分子 m の数が時間 dt のあいだに受け取る全増分 L を表す.

ここで注意すべきは, われわれは体積要素 do を固定されているとみなしたのではなく, 分子とともに移動させていたということである. それゆえ気体が真空に囲まれているなら

ば，面積 S は，詳しく言えば，さまざまな仕方で異なる速度の大きさと向きをもつ分子について，それらとともに運動することになる．したがって，分子は S を通って出ていったり入ってきたりすることは決してなく，$L = K = 0$ である．気体が静止した壁に囲まれており，その壁で分子が弾性球のように跳ね返されるならば[*6]，壁に対する分子の運動の結果，壁で消滅する体積要素 do のかわりに，同質であるが，ただ壁に対して垂直な速度 N の記号だけが逆向きとなる分子により満たされる同じ大きさの体積要素が現れる．つまり，やはり $L = K = 0$ である．

このことは，壁が静止しているかぎり，逆向きの運動の対称性と等確率性のゆえに，壁の作用が何らかの異なったものであると考えても，壁が静止しており，また運動エネルギーが気体に加えられも取り去られもしないならば，なお成り立つだろう[*7]．したがって，これらすべての場合において，$(d/dt)\sum_{\omega,o} lf$ は衝突の寄与による項 $C_4(lf) + C_5(lf)$ に帰着し，方程式 140 と 142 は

$$\frac{d}{dt}\sum_{\omega,o} lf = \frac{1}{4}\iiint\int_0^\infty \int_0^{2\pi}[l(ff_1) - l(f'f_1')]$$
$$\cdot (f'f_1' - ff_1)gb\,do\,d\omega\,d\omega_1\,db\,d\epsilon$$
$$+ \frac{1}{2}\iiint\int_0^\infty \int_0^{2\pi}(lf - lf')$$
$$\cdot (f'F_1' - fF_1)gb\,do\,d\omega\,d\omega_1\,db\,d\epsilon$$

を与える．

§18 エントロピー則のより一般的な証明. ……   215

同様に,

$$\frac{d}{dt}\sum_{\omega_1,o} lF_1 = \frac{1}{4}\iiint\int_0^\infty\int_0^{2\pi}[l(FF_1)-l(F'F_1')]$$
$$\cdot(F'F_1'-FF_1)gbdod\omega d\omega_1 dbd\epsilon$$
$$+\frac{1}{2}\iiint\int_0^\infty\int_0^{2\pi}(lF_1-lF_1')$$
$$\cdot(f'F_1'-fF_1)gbdod\omega d\omega_1 dbd\epsilon$$

である.

したがって, 方程式 144 によれば

146)
$$\begin{cases}\dfrac{dH}{dt} = -\dfrac{1}{4}\iiint\int_0^\infty\int_0^{2\pi}[l(ff_1)-l(f'f_1')]\\\quad\cdot(ff_1-f'f_1')gbdod\omega d\omega_1 dbd\epsilon\\-\dfrac{1}{4}\iiint\int_0^\infty\int_0^{2\pi}[l(FF_1)-l(F'F_1')]\\\quad\cdot(FF_1-F'F_1')gbdod\omega d\omega_1 dbd\epsilon\\-\dfrac{1}{2}\iiint\int_0^\infty\int_0^{2\pi}[l(fF_1)-l(f'F_1')]\\\quad\cdot(fF_1-f'F_1')gbdod\omega d\omega_1 dbd\epsilon\end{cases}$$

となる.

式 33 の積分と同様に, これらの積分もまた, それぞれ負にはなりえない項のみの和である. つまり, H は決して増大しえない. 任意の外力の作用のもとで, 任意の分子的無秩序な初期分布に任意に多くの気体があることを仮定しても,

同じ仕方で証明を実行することができるだろう．これにより，§8 の最後では示唆するにとどめられた，体積が一定でエネルギーの供給がなければ，量 H はただ減少しうるのみであるというクラウジウス–ギブス[*8]の法則の証明が，単原子分子気体について完全に果たされた．

量 dH/dt は，すべての積分において，積分記号のもとにある量がゼロになるときにのみゼロになりうる．ところで器壁が完全に静止しているときに混合気体が取る定常な終状態については，H がそれ以上減少することは不可能である．なぜなら，やはり最終的にはすべてが一定になるからだ．それゆえ式 146 の積分記号のもとにある量は，変数のすべての値についてゼロにならなければならない．すなわち，すべての可能な衝突について，3 本の方程式

147)
$$ff_1 = f'f'_1, \quad FF_1 = F'F'_1, \quad fF_1 = f'F'_1$$

が成り立たなければならない．

平衡状態については，もちろん，変数 t はもはやこれらの関数の中には含まれない．しかし，この条件はあとで導入することにして，しばらくは方程式 147 のすべての解を，時間を含むようなものも含めて求めることにしよう．

まずこれらの方程式のうちの最後のものを扱おう．その中の x, y, z, t を定数とみなし，さしあたり関数 f と F の変数 ξ, η, ζ に対する依存性を求めることにしよう．ふたたび

$$\phi = lf(x, y, z, \xi, \eta, \zeta, t),$$
$$\phi' = lf(x, y, z, \xi', \eta', \zeta', t),$$
$$\Phi_1 = lF(x, y, z, \xi_1, \eta_1, \zeta_1, t),$$
$$\Phi_1' = lF(x, y, z, \xi_1', \eta_1', \zeta_1', t)$$

とおくと,方程式 147 のうち最後のものは,

148) $$\phi + \Phi_1 - \phi' - \Phi_1' = 0$$

となる.どのような場合でも,衝突によっては運動エネルギーの方程式も 3 本の重心方程式も破られないとする.つまり,かならず

149)
$$\begin{cases} m(\xi^2 + \eta^2 + \zeta^2) + m_1(\xi_1^2 + \eta_1^2 + \zeta_1^2) \\ \quad - m(\xi'^2 + \eta'^2 + \zeta'^2) - m_1(\xi_1'^2 + \eta_1'^2 + \zeta_1'^2) = 0, \\ m\xi + m_1\xi_1 - m\xi' - m_1\xi_1' = 0, \\ m\eta + m_1\eta_1 - m\eta' - m_1\eta_1' = 0, \\ m\zeta + m_1\zeta_1 - m\zeta' - m_1\zeta_1' = 0 \end{cases}$$

を得る.

8 個の変数 $\xi, \eta, \zeta, \xi_1, \eta_1, \zeta_1, b, \epsilon$ は,いずれも明らかに,それぞれ他の変数とは独立に,無限に多様な値を取ることができる.それらはいわゆる独立変数である.6 個の量

$\xi', \eta', \zeta', \xi'_1, \eta'_1, \zeta'_1$ は,6本の方程式により,それらの関数として表現される.

12個の変数

150) $\qquad \xi, \eta, \zeta, \xi_1, \eta_1, \zeta_1, \xi', \eta', \zeta', \xi'_1, \eta'_1, \zeta'_1$

のあいだに成り立つすべての方程式は,それら6本の方程式からbとϵを消去することによってのみ出てくる.そしてこの消去によっては,4本の方程式しか得ることができない.このことから,4本の方程式 149 のみが,それら 12 個の変数のあいだに成り立つ唯一のものであるということが導かれる.つまり方程式 147 と 148 は,4個の条件 149 を満たすそれら 12 個の変数のすべての値について成り立たなければならない.なお,これらの方程式は3本の座標軸に関して完全に対称であること,つまりそれらから導かれるどの方程式においても,その正しさを損なうことなく,座標は簡単に循環的に交換できるということを注意しておこう.

未定乗数法というよく知られた方法によって,4本の方程式 149 の全微分に4個の異なる乗数 A, B, C, D をかけ,それを方程式 148 の全微分に加えることで,12 個の量 150 の12 個の微分すべてをたがいに依存させることができる.このときこれらの因子は,すべての微分の係数がゼロになるように選ぶことができる.すると,

$$d\xi\left[\frac{\partial\phi}{\partial\xi}+2mA\xi+mB\right]$$
$$+d\eta\left[\frac{\partial\phi}{\partial\eta}+2mA\eta+mC\right]+\cdots$$
$$+d\xi_1\left[\frac{\partial\Phi_1}{\partial\xi_1}+2m_1A\xi_1+m_1B\right]+\cdots$$
$$-d\xi'\left[\frac{\partial\phi'}{\partial\xi'}+2mA\xi'+mB\right]+\cdots$$
$$-d\xi_1'\left[\frac{\partial\Phi_1'}{\partial\xi_1'}+2m_1A\xi_1'+m_1B\right]+\cdots=0$$

を得る.

4個の乗数を適切に選択すれば,12個の微分の係数はすべてゼロになる. それゆえ

$$\frac{1}{m}\frac{d\phi}{d\xi}+2A\xi+B=\frac{1}{m_1}\frac{d\Phi_1}{d\xi_1}+2A\xi_1+B=0$$

すなわち

$$\frac{1}{m}\frac{\partial\phi}{\partial\xi}-\frac{1}{m_1}\frac{\partial\Phi_1}{\partial\xi_1}=2A(\xi_1-\xi)$$

が従う. 同様に,

$$\frac{1}{m}\frac{\partial\phi}{\partial\eta}-\frac{1}{m_1}\frac{\partial\Phi_1}{\partial\eta_1}=2A(\eta_1-\eta)$$

が従う.

A は未定乗数として,いずれにせよ恒等的にゼロに等しくなることはありえないが,これを消去すると,

151) $$\left(\frac{1}{m}\frac{\partial \phi}{\partial \xi} - \frac{1}{m_1}\frac{\partial \Phi_1}{\partial \xi_1}\right)(\eta_1 - \eta)$$
$$= \left(\frac{1}{m}\frac{\partial \phi}{\partial \eta} - \frac{1}{m_1}\frac{\partial \Phi_1}{\partial \eta_1}\right)(\xi_1 - \xi)$$

を与える.

この方程式は,つねに一定だとみなされている変数 x, y, z, t のほかに,6 個の完全に独立な変数 $\xi, \eta, \zeta, \xi_1, \eta_1, \zeta_1$ をも含んでいる.それを ζ で偏微分すると,

$$\frac{\partial^2 \phi}{\partial \xi \partial \zeta}(\eta_1 - \eta) = \frac{\partial^2 \phi}{\partial \eta \partial \zeta}(\xi_1 - \xi)$$

が従う.

この方程式を η_1 でさらに偏微分すると,

$$\frac{\partial^2 \phi}{\partial \xi \partial \zeta} = 0$$

を与える.対して ξ_1 で偏微分すると,

$$\frac{\partial^2 \phi}{\partial \eta \partial \zeta} = 0$$

を与え,循環的に交換すると,

$$\frac{\partial^2 \phi}{\partial \xi \partial \eta} = 0$$

が従う.よく知られているように,これら 3 本の方程式は,ϕ が 3 個の被加数に分かれ,その一つ目は ξ のみを,二つ目は η のみを,三つ目は ζ のみを含まなければならないということを表している.

§18 エントロピー則のより一般的な証明. ……

まったく同様にして,関数 Φ についても,

152) $$\frac{\partial^2 \Phi_1}{\partial \xi_1 \partial \eta_1} = \frac{\partial^2 \Phi_1}{\partial \xi_1 \partial \zeta_1} = \frac{\partial^2 \Phi_1}{\partial \eta_1 \partial \zeta_1} = 0$$

となろう.

さらに,方程式 151 を ξ で微分すると,

153) $$\frac{1}{m}\frac{\partial^2 \phi}{\partial \xi^2}(\eta_1 - \eta) = -\frac{1}{m}\frac{\partial \phi}{\partial \eta} + \frac{1}{m_1}\frac{\partial \Phi_1}{\partial \eta_1}$$

を与える. これは

$$\frac{\partial^2 \phi}{\partial \xi \partial \eta} = 0$$

だからである. そして方程式 153 をさらに η_1 で微分すると,

$$\frac{1}{m}\frac{\partial^2 \phi}{\partial \xi^2} = \frac{1}{m_1}\frac{\partial^2 \Phi_1}{\partial \eta_1^2}$$

を与える.

ここで,左辺と右辺の二つの式にはまったく別の変数が現れるので,これらの式が等しくなりうるのは,どちらも他の変数から独立である,つまり $\xi, \eta, \zeta, \xi_1, \eta_1, \zeta_1$ から独立な,ある量に等しいときのみである.

y 軸と z 軸は,解こうとしている方程式にはまったく同じ仕方で現れているので,方程式

$$\frac{1}{m}\frac{\partial^2 \phi}{\partial \xi^2} = \frac{1}{m_1}\frac{\partial^2 \Phi_1}{\partial \zeta_1^2}$$

を証明することができようし,あるいはまた,この最後の式が今度は

$$\frac{1}{m}\frac{\partial^2 \phi}{\partial \eta^2}$$

に等しくなければならないということも証明することができよう. つまり, これらの 2 階の微分商は, $\xi, \eta, \zeta, \xi_1, \eta_1, \zeta_1$ から独立なある量 $-2h$ に等しい. これらすべての方程式からは容易に, ϕ が $-hm(\xi^2+\eta^2+\zeta^2)$ に ξ, η, ζ のある線形関数を足したものに等しくなければならないという帰結が引き出される[*9]. 後者の関数の係数は, 一般性を損なうことなく,

$$\phi = -hm[(\xi-u)^2+(\eta-v)^2+(\zeta-w)^2]+lf_0$$

が得られるような形に書くことができる. ここで u, v, w, f_0 が新しい定数であるが, これらはもちろん h と同様に, x, y, z, t の関数でもありうる. これよりさらに,

154) $\qquad f = f_0 e^{-hm[(\xi-u)^2+(\eta-v)^2+(\zeta-w)^2]}$

が導かれ, 同様に

155) $\qquad F = F_0 e^{-hm[(\xi-u_1)^2+(\eta-v_1)^2+(\zeta-w_1)^2]}$

が得られる.

関数 f と F は, 3 本の方程式 147 がその変数のすべての値について満たされるとするならば, つねにこの形を持たなければならない. 容易に分かるように, その逆も, すなわち f と F がこの形を持つならば, $u_1=u, v_1=v, w_1=w$

§18 エントロピー則のより一般的な証明. ……   223

でさえあれば方程式 147 は実際に満たされる. その他, 量 f_0, F_0, u, v, w, h は x, y, z, t の任意の関数でありうる.

これらの関数は, 2 本の方程式

156)
$$\frac{\partial f}{\partial t} + \xi \frac{\partial f}{\partial x} + \eta \frac{\partial f}{\partial y} + \zeta \frac{\partial f}{\partial z}$$
$$+ X \frac{\partial f}{\partial \xi} + Y \frac{\partial f}{\partial \eta} + Z \frac{\partial f}{\partial \zeta} = 0$$

と

157)
$$\frac{\partial F}{\partial t} + \xi \frac{\partial F}{\partial x} + \eta \frac{\partial F}{\partial y} + \zeta \frac{\partial F}{\partial z}$$
$$+ X_1 \frac{\partial F}{\partial \xi} + Y_1 \frac{\partial F}{\partial \eta} + Z_1 \frac{\partial F}{\partial \zeta} = 0$$

が満たされるように決めることもできる. というのは, 方程式 114 と 115 の右辺が恒等的にゼロになり, これらに帰着するからである.

時刻 t に do の中にあり, その速度点が $d\omega$ の中に存在するような分子 m の数は

$$f do d\omega = f_0 do e^{-hm[(\xi-u)^2+(\eta-v)^2+(\zeta-w)^2]} d\xi d\eta d\zeta$$

である.

ここで

158) $\quad \xi = \mathfrak{x}+u, \quad \eta = \mathfrak{y}+v, \quad \zeta = \mathfrak{z}+w$

とおくと, ξ, η, ζ のかわりに $\mathfrak{x}, \mathfrak{y}, \mathfrak{z}$ が現れているという違

いを除いて，正確に式 36 と同じものが得られる．

ここからただちに，すべての気体分子が，式 36 により表される運動に加えて，空間中で速度成分 u, v, w の共通の並進運動を行っているという違いを除いて，その式に関連する考察がそのまま通用することが分かる．$u = u_1, v = v_1, w = w_1$ のとき，これらは do の中に存在する気体が全体として運動する可視的速度の成分である．u が u_1 と，v が v_1 と，w が w_1 とそれぞれ異なっていたならば，u, v, w は do の中に存在する第一の種類の気体全体が，第二の種類の気体を通って運動するように見える速度成分となろう．

このことはすべて，次のような仕方でも見て取ることができる．時刻 t において do の中にある分子 m の数は

$$dn = do \int f d\omega$$
$$= do f_0 \iiint_{-\infty}^{+\infty} e^{-hm[(\xi-u)^2+(\eta-v)^2+(\zeta-w)^2]} d\xi d\eta d\zeta$$

である．

158 を代入すると，

159) $\quad dn = do f_0 \iiint_{-\infty}^{+\infty} e^{-hm(\mathfrak{x}^2+\mathfrak{y}^2+\mathfrak{z}^2)} d\mathfrak{x} d\mathfrak{y} d\mathfrak{z}$
$\qquad = do f_0 \sqrt{\dfrac{\pi^3}{h^3 m^3}}$

が導かれる．

これに m をかけ，do で割ると，第一の種類の気体の成分密度が

§18 エントロピー則のより一般的な証明. ……

160) $$\rho = f_0 \sqrt{\frac{\pi^3}{h^3 m}}$$

に等しいことを得る.

do の中にある分子 m すべての,横軸方向に測った速度成分の平均値 $\overline{\xi}$ は,

161) $$\overline{\xi} = \frac{\int \xi f d\omega}{\int f d\omega}$$

である.

これは明らかに,do の中に存在する第一の種類の気体の重心の速度の x 成分でもある.yz 平面に平行な面積要素がこの速度でもって横軸方向に運動したならば,一方の側へ向かうのと反対の側へ向かうのと,同じだけの数の分子がこの面積要素を通過していくだろう.このことは,平均速度の概念からただちに従うことである.つまり,$\overline{\xi}$ を,do の中に含まれる第一の種類の気体が横軸方向に運動する速度と呼んでよいのである.

158 を代入することで,式 161 の分子は

$$f_0 \iiint_{-\infty}^{+\infty} \mathfrak{x} e^{-hm(\mathfrak{x}^2+\mathfrak{y}^2+\mathfrak{z}^2)} d\mathfrak{x} d\mathfrak{y} d\mathfrak{z}$$
$$+ f_0 u \iiint_{-\infty}^{+\infty} e^{-hm(\mathfrak{x}^2+\mathfrak{y}^2+\mathfrak{z}^2)} d\mathfrak{x} d\mathfrak{y} d\mathfrak{z}$$

と変形される.

ただちに分かるように，第 1 項はゼロになり，第 2 項は udn に帰着する．つまり，

$$u = \overline{\xi} \tag{162}$$

である．ξ は，速度〔成分〕u で運動する面積要素に対するある気体分子の相対速度〔の成分〕であり，f は ξ の偶関数であるから，その面積要素が x 軸に対して⊥〔垂直〕であるとき，それを通って入ってくる第一の種類の気体は，平均的には出ていくのと同じだけの量であるということがすぐに分かる．

§19 空気静力学．方程式 147 を破ることなく運動する，重力下の気体のエントロピー

方程式 156 は，値 154 を代入してもなお多くの解を許容するが，そのうちの一つはいずれにしても，所与の外力の影響のもとにあり，静止した容器の中で，熱伝導や拡散現象がすべて停止したあとで静止するときの気体の状態を与えるのでなければならない．ただし，その容器の壁は，方程式 146 を導出する際におかれた前提を満たす，つまりこの気体から継続的に熱が取り去られたり与えられたりしないとする．その解をまずは求めたい．それについては明らかに，現れる量はどれも時間の関数ではありえない．

加えて，$u = v = w = u_1 = v_1 = w_1 = 0$ でなければならない．それゆえ方程式 154 と 155 により，

§19 空気静力学. 方程式 147 を破ることなく……

163) $\quad f = f_0 e^{-hm(\xi^2+\eta^2+\zeta^2)}, \quad F = F_0 e^{-hm_1(\xi^2+\eta^2+\zeta^2)}$

となる. ここで f_0, F_0, h はなお座標の関数でもありうる. これを方程式 156 に代入すると,

$$-m(\xi^2+\eta^2+\zeta^2)\left(\xi\frac{\partial h}{\partial x}+\eta\frac{\partial h}{\partial y}+\zeta\frac{\partial h}{\partial z}\right)$$
$$+\xi\left(\frac{\partial f_0}{\partial x}-2hmf_0 X\right)+\eta\left(\frac{\partial f_0}{\partial y}-2hmf_0 Y\right)$$
$$+\zeta\left(\frac{\partial f_0}{\partial z}-2hmf_0 Z\right)=0$$

が従う.

この方程式は ξ, η, ζ のすべての値について成立するべきなので,

$$\frac{\partial h}{\partial x}=\frac{\partial h}{\partial y}=\frac{\partial h}{\partial z}=0$$

が従う. つまり h は, 空間全体にわたって一定の量でなければならない.

さらに, 続く項においては, ξ, η, ζ の係数は別個にゼロにならなければならない. これは, X, Y, Z が一つの同じ関数 $-\chi$ の座標による偏微分商〔偏導関数〕であるときにのみ可能である. この条件が満たされなければ, 気体はそもそも静止状態に到りえない. それが満たされれば,

164) $\quad\quad\quad\quad f_0 = ae^{-2hm\chi}$

となる.ここで a はまったくの定数である.どの体積要素 do においても量 f_0 は一定であるから,式 163 が式 36 とまったく同様に作られる.つまりこの速度分布はどの体積要素においても,ひとつの種類の気体しか存在せず,同じ成分密度のもとにあって何の外力もはたらいていないような場合とまったく同様である.とくに,外力が作用しているにもかかわらず,分子の運動方向については,空間中のどの向きも等しく確からしいままである.§7 の始めに考察した方程式が関係する課題は,ここで扱われている問題の特殊例に過ぎないのだから,これによって,分子の運動方向について,空間中のどの向きも等しく確からしくなければならないという,〔§7 で〕証明抜きにおかれた仮定が後付けで証明される.方程式の形が一致するため,どの体積要素に対しても,§7 で展開された方程式とそれに関連する結論は,そのまま適用可能である.つまりここでも,式 44 に応じて,分子 m の平均二乗速度は

$$\overline{c^2} = \frac{3}{2hm}$$

である.すなわち,外力が作用していても,任意の分子の平均運動エネルギーは同じなのである.というのは,第二の種類の気体についても

$$\overline{c_1^2} = \frac{3}{2hm_1}$$

であり,定数 h は二つの種類の気体について同じ値を持た

§19 空気静力学. 方程式 147 を破ることなく……

なければならないからである. ρ を体積要素 do の中にある第一の種類の気体の成分密度, p をこの種類の気体が体積要素 do の中にあるときと同じ状況のもとで壁の単位面積におよぼすであろう分圧とする. すると, 式 160 と 164 により,

$$165) \qquad \rho = a\sqrt{\frac{\pi^3}{h^3 m}} e^{-2hm\chi}$$

である.

さらに, dn/do は単位体積中の分子の数であるから, 式 6 により,

$$166) \qquad p = \frac{m\overline{c^2}}{3}\frac{dn}{do} = \frac{\rho\overline{c^2}}{3} = \frac{\rho}{2hm}$$

である.

したがって, p/ρ は気体中のすべての場所で同じ値を取る. いま, この気体はどの体積要素においても, あたかも同じ成分密度と同じエネルギーのもとで何の外力もはたらいていないかのような性質を持つから, その場合と同様に, $p/\rho = rT$ である. 気体定数 r は, 以前(104 頁)と同様, $1/2hmT$ に等しい. さらに p/ρ はすべての場所で同じ値を持ち, rT に等しいので, 温度 T もまた, 外力が作用しているにもかかわらず, 到るところで同じである.

第二の種類の気体については, 第一の種類の気体が存在することとはまったく独立に,

$$F_0 = Ae^{-2hm_1\chi_1}$$

と求められる．ここで

$$\chi_1 = -\int (X_1 dx + Y_1 dy + Z_1 dz)$$

である．それゆえどちらの気体も，平衡状態は乱されない．すると，完全に静止しており，かつ完全に熱平衡な状態においては，空気の異なる構成要素はそれぞれ，まるで他の要素が存在しないかのような法則に完全に従って，大気を構成するだろう．ただ，どの構成要素についても，h つまり温度は同じ値を持たなければならないだろう．式 165 により

167) $$\rho = \rho_0 e^{-2hm(\chi-\chi_0)} = \rho_0 e^{\frac{\chi_0-\chi}{rT}}$$

であり，同様に式 166 により

168) $$p = p_0 e^{\frac{\chi_0-\chi}{rT}}$$

である．

ここで，p, ρ, χ は，座標 x, y, z を持つ任意の場所におけるこれらの量の値であり，p_0, ρ_0, χ_0 は座標 x_0, y_0, z_0 を持つどこか別の場所における同じ量の値である．これは空気静力学のよく知られた公式である（気圧による高度測定）．

さてブライアン氏の例にならい[10]，自然界では実現されないが，理論的には興味深い次の場合をも考察することにしよう．二つの気体を含む容器が，任意に考えられる面積 S_1

§19 空気静力学. 方程式147を破ることなく……

によって二つの部分(左側のT_1と右側)に分割されたとしよう. 面積S_1の右側の, どこでもよいが非常に近いところに二つ目の面積S_2があるとする. S_1とS_2のあいだの空間をτ, S_2の右側の空間をT_2と呼ぶことにする. いまχは空間T_1の全体で一定でゼロに等しく, S_1とS_2のあいだで正の値を取り, これがS_2に十分近づくと無限大へと増大するとする. これはすなわち, 分子mに対して, 空間T_1全体では何の力もはたらいていないが, τの内部では力がはたらきはじめ, それがこの分子を面積S_2からS_1へ向かって追いやり, S_2に十分近いところでは無限に増大する, ということにほかならない. 逆にT_2の中では, 分子m_1に対して何の力もはたらいていないとしよう. しかしこの分子が空間τに到達すると, それをS_1からS_2に向かって追いやる力がはたらき, またこの力はS_1に無限に近いところでは無限大になる, すなわちχ_1はT_2ではゼロに等しいが, τでは正になり, S_1に近いところでは∞〔無限大〕に等しくなるとする. はじめにT_2に分子mがなかったとすると, mはひとつもそこに到達しないだろう. はじめに分子mがT_2にあり, そこでmに対して何の外力もはたらいていなかったならば, 面積S_2に到達した分子はどれもT_1に向かって飛ばされ, もはや戻ることはできないだろう. それゆえいずれにしても, 空間T_2は分子mを含まず, 同様に空間T_1は分子m_1を含まないと仮定できる. このことは式が示す通りでもある. というのも,

$$f = ae^{-hm(c^2+2\chi)}, \quad F = Ae^{-hm_1(c_1^2+2\chi_1)}$$

だからだ.

さて,空間 T_1 においては $\chi_1 = \infty$ であり,それゆえ $F = 0$ であるが,空間 T_2 においては $\chi = \infty$ であり,それゆえ $f = 0$ である.式 167 も,χ が無限大となるところでは,成分密度について値ゼロを与える.それゆえ二つの空間 T_1 と T_2 には,それぞれ一つの気体のみが存在する.ただ χ と χ_1 が有限の空間 τ においてのみ,二つの気体が混合している.われわれの式は,定数 h が二つの気体について同じ値を持つとき,熱平衡状態のみを与える.このことは式 44 によれば,分子の平均運動エネルギーが二つの気体について同じ値を取らなければならないということを意味する.これは,われわれが二つの混合気体の熱平衡について求めたのと正確に同じ条件である.いましがた議論した力学的条件は,もちろん,熱交換を媒介する固い壁によって分割された二つの気体が存在する条件では決してない.しかしそれは,すでにある程度の類似性を示してもいる.われわれはまた,S_2 の右側に三つ目の面積 S_3 を,それに近いどこにでも想定することができる.3 種類の気体について χ を適切に選ぶことで,第一の種類の気体分子が S_2 の左側のみに,第二の種類の気体分子が S_2 の右側のみに,第三の種類の気体分子が S_1 と S_3 のあいだにのみ存在するようにすることができよう.すると S_1 の左側には第一の種類の気体のみが,S_3 の右側に

§19 空気静力学. 方程式 147 を破ることなく…… 233

は第二の種類の気体のみが存在するが,これに対して第三の種類の気体は熱交換を媒介する. またこのとき,3 種類の気体それぞれについて平均運動エネルギーが等しいことが熱平衡の条件である. いま経験的には,二つの物体の熱平衡の条件は,熱交換を媒介する物体の性質からは独立であるから,分子の平均運動エネルギーが等しいことは,熱交換が別の仕方で——たとえば気体を分割する固い壁によって——媒介されているときにもまた熱平衡の条件でもある,という §7 でおかれた仮定は,非常に確からしいとみなさなければならない.

この節で求められた方程式 156 と 157 の解は,

$$u = v = w = u_1 = v_1 = w_1 = 0$$

であり,かつすべて時間から独立であるときには,唯一可能なものである. 対して,これらの量がゼロとは異なると仮定するのであれば,それらの方程式は,H が減少しない,つまり全エントロピーが増大しない運動のみを表すような多くの解をも許容する. もっとも簡単なのは,$u = u_1, v = v_1, w = w_1$ を三つの任意の定数に等しいとおくことである. このとき,一定の速度〔の大きさ〕で一定の向きに空間中を進む混合気体を得る. しかし,その他にも多くの別解が存在する. このようにして,器壁が絶対的になめらかな回転する面で,そこで分子が完全弾性球のように跳ね返されるとき,

$$\frac{d}{dt} \sum_{\omega,o} lf$$

も同様に $C_4(lf) + C_5(lf)$ に帰着するということがただちに分かる.つまりこのとき,同様に,エントロピーは気体から出ていくことも,そこに入っていくこともない.定常状態については $dH/dt = 0$ でなければならず,それゆえ方程式 147 および方程式 156 と 157 も成立しなければならない.ところでそのような可能な定常状態が成立するのは,気体全体が剛体のように,覆いの回転軸のまわりを一様な〔角〕速度で回転していることによる.それゆえこの状態も同様に,式 154 と 155 によって表されなければならない.z 軸が回転軸ならば,この場合には

$$u = u_1 = -by, \quad v = v_1 = +bx, \quad w = w_1 = 0$$

となる.

すると,2本の方程式 156 と 157 を満たすことができ,f_0 と F_0 は $\sqrt{x^2 + y^2}$ の関数となり,それで遠心力により気体中に引き起こされる密度の差を表現する.これらの方程式の,t も陽に現れうるような他の解については,Sitzungsber. d. Wien. Akad.〔『ヴィーン帝立科学アカデミー紀要』〕Bd. 74, II, S. 531, 1876 を見よ.注目に値するのは,たとえば,第一に摩擦が生じないように,第二に温度が膨張の結果つねに下降するが,ただしそれは空間中のすべての場所において同じだけ下降するのであって,熱伝導も生じないよう

§19 空気静力学．方程式 147 を破ることなく……

になっているときに，気体がある中心からすべての方向へと一様に流出するような解である．このテーマについてはこれ以上踏み込まず，ただ量 H がこれらすべての場合に取る値を求めることにしよう．

方程式 144 により与えられる H の表式において，第一の種類の気体に由来する項を H' で表すと，

$$H' = \iint do\, d\omega\, f l f$$

である．

方程式 147 が破られないすべての場合において，f は方程式 154 によって与えられる．そこで方程式 160 に従って

$$\rho = f_0 \sqrt{\frac{\pi^3}{h^3 m}}$$

とおくと，

$$f = \sqrt{\frac{h^3 m}{\pi^3}} \rho e^{-hm[(\xi-u)^2+(\eta-v)^2+(\zeta-w)^2]}$$

となる．

$d\omega = d\xi d\eta d\zeta$ による積分は難無く実行できる．それは ξ, η, ζ に関して $-\infty$ から $+\infty$ までわたるものとする．これを実行すると

$$H' = \int do f_0 \sqrt{\frac{\pi^3}{h^3 m^3}} \left[l\left(\rho \sqrt{\frac{h^3 m}{\pi^3}}\right) - \frac{3}{2} \right]$$

あるいは方程式 159 により

169) $\quad H' = \int dn \left[l\left(\rho \sqrt{\frac{h^3 m}{\pi^3}}\right) - \frac{3}{2} \right]$

を得る.

さて $mdn = dm$ は体積要素中に含まれる第一の種類の気体の全質量である．それゆえ方程式 169 に標準気体(水素)の分子ひとつの質量 M と，さらにこの気体の気体定数 R および -1 とをかけ，再度 $\mu = m/M$ で標準気体を基準としたわれわれの気体の分子量を表すとすると，

$$-MRH' = -\int \frac{Rdm}{\mu} \left[l\left(\rho \sqrt{\frac{h^3 m}{\pi^3}}\right) - \frac{3}{2} \right]$$

となる.

方程式 44 と 51a によれば

$$\overline{c^2} = \frac{3}{2hm} = \frac{3R}{\mu} T$$

なので，

$$l\left(\rho \sqrt{\frac{h^3 m}{\pi^3}}\right) = l\left(\rho T^{-3/2}\right) + l\sqrt{\frac{m}{8\pi^3 M^3 R^3}}$$

となる．最後の対数は定数である．さらに

$$\int \frac{R\,dm}{\mu} = \frac{Rm}{\mu}$$

も同様に定数である．定数をすべてまとめると，

170) $\quad -MRH' = \int \frac{R\,dm}{\mu} l(\rho^{-1} T^{3/2}) + \text{Const.}$

が導かれる．

ところでこれは，式 58 によれば，すべての体積要素に含まれる質量 dm すべてのエントロピーの和，つまり第一の種類の気体の全エントロピーそのものである．式 144 からは，混合気体においては，二つの構成要素のエントロピーは単純に足し合わされることが分かる．気体の並進運動も外力の作用も，方程式 147 が成立している限り，つまりどの体積要素における速度分布も式 154 と 155 によって与えられている限り，エントロピーに影響を与えない．つまりこれにより，われわれが導入した決して増大しえない量 H が，すべての種類の気体について同じ定数因子 $-RM$ と定数の被加数の違いを除いてエントロピーと同一であるという，§8 では不十分にしか行われなかった証明が補完される．

§20 流体動力学的方程式の一般的形式

さらなる特殊事例の考察に入る前に，いくつか一般的な公式を議論しておこう．u, v, w は第一の種類の気体の質量が全体として運動する速度の成分なので，時間 dt のあいだに

平行六面体要素 $dxdydz$ の横軸に対して垂直な二つの側面を通って，それぞれ気体質量 $\rho u dy dz dt$ と

$$-\left[\rho u + \frac{\partial(\rho u)}{\partial x}dx\right]dydzdt$$

が流れることが，既知の方法により容易に分かる．

これらの量の和は，他の四つの側面を通って流れる気体質量の総量分だけ増大し，それは平行六面体に含まれる第一の種類の気体質量の全増分

$$\frac{\partial \rho}{\partial t}dxdydzdt$$

である．これより，

171) $$\frac{\partial \rho}{\partial t} + \frac{\partial(\rho u)}{\partial x} + \frac{\partial(\rho v)}{\partial y} + \frac{\partial(\rho w)}{\partial z} = 0$$

が導かれるが，これはよく知られている，いわゆる連続の式である．同じ大きさの平行六面体 $do = dxdydz$ が空間中を速度成分 u, v, w でもって運動していると考えると，時間 dt のあいだにその中に含まれる分子は，平均的にはその座標を udt, vdt, wdt だけ増大させる．つまりその加速度は平均すると

$$\frac{\partial u}{\partial t} + u\frac{\partial u}{\partial x} + v\frac{\partial u}{\partial y} + w\frac{\partial u}{\partial z}$$

である．

それゆえ

§20 流体動力学的方程式の一般的形式

$$\sum m = \rho dx dy dz$$

をこれらの分子の全質量だとすると,それら分子の横軸方向に測った全運動量は

172) $\quad \left(\dfrac{\partial u}{\partial t} + u \dfrac{\partial u}{\partial x} + v \dfrac{\partial u}{\partial y} + w \dfrac{\partial u}{\partial z} \right) \cdot \rho dx dy dz$

だけ増大する.

この運動量の増大は,部分的には,気体質量全体 $\sum m$ にはたらき,その成分が

$$X \sum m, \quad Y \sum m, \quad Z \sum m$$

であるような外力により引き起こされる.

1種類の気体しか存在しないとき,全運動量は衝突のときの重心運動の保存により,衝突によっては変化させられない.しかしそれは,do への分子の出入りによっては変化させられる.再度,ξ, η, ζ で任意の分子の速度成分を表し,また $\xi = u + \mathfrak{x}, \eta = v + \mathfrak{y}, \zeta = w + \mathfrak{z}$ とおく(方程式 158 を見よ).すると,$\mathfrak{x}, \mathfrak{y}, \mathfrak{z}$ は体積要素 do に対するこの分子の相対速度の成分である.さらに,その速度点が $d\omega$ 内部にある $f d\omega$ 個の分子を単位体積に割り当てると,平行六面体 do の左側の,横軸の負の向きを向いた側面を通って,時間 dt のあいだに,その速度点が $d\omega$ の内部にある分子が

$$\mathfrak{x} f d\omega dt dy dz$$

個入ってくる．これらはその平行六面体に運動量

$$m\mathfrak{x}(u+\mathfrak{x})fd\omega dtdydz$$

を運び込む．$\xi = \overline{\xi} + \mathfrak{x}$ であるゆえに

$$\overline{\mathfrak{x}} = \frac{\int \mathfrak{x}fd\omega}{\int fd\omega} = 0$$

なので，平行六面体 do の左側の側面を通って運び込まれる全運動量は

$$mdydzdt\int \mathfrak{x}^2 fd\omega = P$$

である．ここで積分はすべての体積要素 $d\omega$ にわたって行われるものとする．

$\int fd\omega$ は単位体積あたりの分子の総数である．それゆえ

$$m\int fd\omega = \rho$$

は気体の密度である．量

$$\frac{\int \mathfrak{x}^2 fd\omega}{\int fd\omega}$$

をすべての $\mathfrak{x}^2$ の平均値 $\overline{\mathfrak{x}^2}$ と呼ぼう．したがって，

$$P = \rho\overline{\mathfrak{x}^2}dydzdt$$

である．

§20 流体動力学的方程式の一般的形式

do の反対側にある側面を通っては,運動量

$$-\left[\rho\overline{\mathfrak{x}^2}+\frac{\partial(\rho\overline{\mathfrak{x}^2})}{\partial x}dx\right]dydzdt$$

が運び込まれる.同様にして,平行六面体 do の y 軸に垂直な二つの側面を通って,横軸方向に測った運動量

$$\rho\overline{\mathfrak{x}\mathfrak{y}}dxdzdt$$

および

$$-\left[\rho\overline{\mathfrak{x}\mathfrak{y}}+\frac{\partial(\rho\overline{\mathfrak{x}\mathfrak{y}})}{\partial y}dy\right]dxdzdt$$

が運び込まれる.同じ考察を残った二つの側面についても行い,最後に横軸方向に測った運動量の全増分 172 を,全体として運び込まれた運動量と,外力によって引き起こされた増分の和に等しいとおくと,

173) $\begin{cases} \rho\left(\dfrac{\partial u}{\partial t}+u\dfrac{\partial u}{\partial x}+v\dfrac{\partial u}{\partial y}+w\dfrac{\partial u}{\partial z}\right) \\ =\rho X-\dfrac{\partial(\rho\overline{\mathfrak{x}^2})}{\partial x}-\dfrac{\partial(\rho\overline{\mathfrak{x}\mathfrak{y}})}{\partial y}-\dfrac{\partial(\rho\overline{\mathfrak{x}\mathfrak{z}})}{\partial z} \end{cases}$

が,また y 軸と z 軸についても同様の 2 本の方程式が導かれる.これらの方程式ならびに方程式 171 は,126 と番号のついている一般的な方程式のまったく特殊な事例に過ぎず,またマクスウェルや,その例にならったキルヒホッフによっても,それから導出されている.このことは次のようにして

分かる.

ψ を $x, y, z, \xi, \eta, \zeta, t$ の関数としよう. これは以前に ϕ と表された関数と同じであってもよいし, それと異なっていてもよい. このとき, 量 ψ が時刻 t において体積要素 do の中に含まれているすべての分子について取る値の平均は

174) $$\overline{\psi} = \frac{\int \psi f d\omega}{\int f d\omega}$$

である.

さらに,

$$m do \int f d\omega = \rho do$$

は, ある体積要素 do の中に含まれる第一の種類の気体の全質量であり, その結果

175) $$m \int \psi f d\omega = \rho \overline{\psi}$$

をも得る.

この表記法を用いると,

176) $$m \sum_{\omega, do} \phi = m do \int \phi f d\omega = \rho \overline{\phi} do$$

である.

さらに $\overline{\overline{\psi}}$ で気体のすべての体積要素における ψ の平均値を, m で第一の種類の気体の全質量を表すと,

§20 流体動力学的方程式の一般的形式

$$\overline{\overline{\psi}} = \frac{\iint \psi f do d\omega}{\iint f do d\omega},$$

$$\mathfrak{m} = m \iint f do d\omega$$

であり,それゆえ

$$\overline{\overline{\psi}} = \frac{m}{\mathfrak{m}} \iint \psi f do d\omega$$

である.

したがって

$$H = \frac{\mathfrak{m}}{m}\overline{\overline{lf}} + \frac{\mathfrak{m}_1}{m_1}\overline{\overline{lF}} = \mathfrak{z}\overline{\overline{lf}} + \mathfrak{z}_1\overline{\overline{lF}}$$

と書くことができる.ここで $\mathfrak{z}$ と $\mathfrak{z}_1$ はそれぞれ第一の種類の気体および第二の種類の気体の分子の総数である.

さて以下では,ψ を ξ, η, ζ のみの関数であるとしよう.すると方程式 127 により

$$B_1(\phi) = 0$$

である.

さらに ψ は座標を含んでいないので,方程式 128 と 175 により

$$mB_2(\phi) = -m\left[\frac{\partial}{\partial x}\int \xi\phi f d\omega + \frac{\partial}{\partial y}\int \eta\phi f d\omega\right.$$
$$\left.+ \frac{\partial}{\partial z}\int \zeta\phi f d\omega\right]$$
$$= -\frac{\partial(\rho\overline{\xi\phi})}{\partial x} - \frac{\partial(\rho\overline{\eta\phi})}{\partial y} - \frac{\partial(\rho\overline{\zeta\phi})}{\partial z}$$

となり，X, Y, Z は ξ, η, ζ の関数ではないので，方程式130から

$$mB_3(\phi) = \rho\left[X\overline{\frac{\partial\phi}{\partial\xi}} + Y\overline{\frac{\partial\phi}{\partial\eta}} + Z\overline{\frac{\partial\phi}{\partial\zeta}}\right]$$

が従う．

これらをすべてまとめると，方程式126はこの特殊事例においては

177)
$$\begin{cases}\dfrac{\partial(\rho\overline{\phi})}{\partial t} + \dfrac{\partial(\rho\overline{\xi\phi})}{\partial x} + \dfrac{\partial(\rho\overline{\eta\phi})}{\partial y} + \dfrac{\partial(\rho\overline{\zeta\phi})}{\partial z} \\ \quad -\rho\left[X\overline{\dfrac{\partial\phi}{\partial\xi}} + Y\overline{\dfrac{\partial\phi}{\partial\eta}} + Z\overline{\dfrac{\partial\phi}{\partial\zeta}}\right] = m[B_4(\phi) + B_5(\phi)]\end{cases}$$

と変形される．

この方程式からマクスウェルは摩擦，拡散，熱伝導を計算し，それゆえキルヒホッフはそれをこの理論の基本方程式と呼んでいる．さしあたり $\phi = 1$ とおくと，ただちに連続

の式 171 が得られる．というのも，方程式 134 と 137 から，$B_4(1) = B_5(1) = 0$ が従うからだ．177 から，連続の式に $\overline{\phi}$ をかけたものを引き，158 を代入すると，

178)
$$\begin{cases} \rho\dfrac{\partial\overline{\phi}}{\partial t} + \rho u\dfrac{\partial\overline{\phi}}{\partial x} + \rho v\dfrac{\partial\overline{\phi}}{\partial y} + \rho w\dfrac{\partial\overline{\phi}}{\partial z} + \dfrac{\partial(\rho\overline{\mathfrak{x}\phi})}{\partial x} \\ \quad + \dfrac{\partial(\rho\overline{\eta\phi})}{\partial y} + \dfrac{\partial(\rho\overline{\mathfrak{z}\phi})}{\partial z} - \rho\left(X\dfrac{\overline{\partial\phi}}{\partial\xi} + Y\dfrac{\overline{\partial\phi}}{\partial\eta} + Z\dfrac{\overline{\partial\phi}}{\partial\zeta}\right) \\ = m\left[B_4(\phi) + B_5(\phi)\right] \end{cases}$$

を与える[*11]．

1 種類の気体しかない場合，$B_4(\phi)$ はつねにゼロになる．加えて，上の方程式に

$$\phi = \xi = u + \mathfrak{x}$$

を入れると，重心〔運動の〕原理により

$$\phi + \phi_1 = \phi' + \phi'_1$$

である．したがって，$B_5(\phi)$ もゼロになる．さらに

$$\overline{\mathfrak{x}} = \overline{\eta} = \overline{\mathfrak{z}} = 0, \quad \frac{\partial\phi}{\partial\xi} = 1, \quad \frac{\partial\phi}{\partial\eta} = \frac{\partial\phi}{\partial\zeta} = 0$$

であり，方程式 173 そのものを得る．

6 個の量

179) $\begin{cases} \rho\overline{\mathfrak{x}^2},\ \rho\overline{\mathfrak{y}^2},\ \rho\overline{\mathfrak{z}^2},\ \rho\overline{\mathfrak{y}\mathfrak{z}},\ \rho\overline{\mathfrak{x}\mathfrak{z}},\ \rho\overline{\mathfrak{x}\mathfrak{y}} \text{ を} \\ X_x, Y_y, Z_z, Y_z = Z_y, Z_x = X_z, X_y = Y_x \end{cases}$

で表すと,方程式 173 は

180) $\begin{cases} \rho\left(\dfrac{\partial u}{\partial t} + u\dfrac{\partial u}{\partial x} + v\dfrac{\partial u}{\partial y} + w\dfrac{\partial u}{\partial z}\right) \\ \quad + \dfrac{\partial X_x}{\partial x} + \dfrac{\partial X_y}{\partial y} + \dfrac{\partial X_z}{\partial z} = \rho X \end{cases}$

と変形される.もちろん,同様の2本の方程式が他の2本の座標軸について成立する.

力学的な条件がいま考察したものとはまったく異なっている場合においても,正確に同じ方程式が得られるだろう.任意の体積要素に含まれる分子が,速度成分 u, v, w による運動の他には何の運動もしていないが,そのかわりに固い弾性的な物体におけるのと同様に,気体中で横軸に垂直に面積要素 dS を作ったとき,その左側に(横軸の負の向きを向いて)ある分子が右側にある分子に対して力をおよぼすとする.その成分を $X_x dS, X_y dS, X_z dS$ とする.もちろん,同様のことが他の座標軸に垂直な面積要素についても成り立つとする.

そのような分子力を考慮すると,運動方程式 180 ならびに y 軸と z 軸に関する2本の同様の方程式が既知の仕方で再度得られるだろう.それゆえ気体中では,任意の体積要素は,あたかもこの分子間の力がある面積要素の左右にはたらいて

§20 流体動力学的方程式の一般的形式

いるかのように振る舞う．分子運動を通じてその力が発現される．よく言われるように，その力は気体中の分子運動によって動力学的に説明されるのである．たとえば dS の左側の分子がより大きな速度を持ち，その右側の分子がより小さな速度をもつとき，左側に向かってより遅い分子が，右側に向かってより速い分子が拡散する．dS の右側の体積要素にある分子の平均速度〔の大きさ〕は増大し，左側のそれは減少するが，その効果は，あたかも左側の分子が右側の分子に正の向きの力を，対して右側の分子が左側の分子に反対向きの力をおよぼしているかのように見える．

つまり，分子運動がそのような分子力を発現させる．運動する気体中においては圧力はすべての向きについて厳密に同じではなく，また圧力をおよぼされる面積に対して厳密に垂直でもない．

さて，分子を通さない面積によって囲まれた気体を考え，この気体がその面積の面積要素におよぼす力を求めよう．dS をその面積要素とし，その平面が x 軸に対して垂直であるとする．また，この面積要素は，当該の場所において気体が持つ速度成分 u, v, w でもって運動するとする．そこでの気体の運動が突然乱されることがないとすれば，その速度点が $d\omega$ の中にあるちょうど $\mathfrak{x} f d\omega dt$ 個の分子が，$\mathfrak{x}$ が正のときには時間 dt のあいだに dS に衝突し，$\mathfrak{x}$ が負のときにはそこから跳ね返される．

つまり，時間 dt のあいだにすべての跳ね返された分子に

与えられ，またすべての衝突する分子により持ち去られる，横軸方向に測った運動量は $mdSdt \int \mathfrak{x}^2 f d\omega = \rho \overline{\mathfrak{x}^2} dt \cdot dS$ である．同様に，他の二つの座標方向に測った運動量も $\rho \overline{\mathfrak{x}\mathfrak{y}} dtdS$ と $\rho \overline{\mathfrak{x}\mathfrak{z}} dtdS$ である．それゆえ X_x, Y_x, Z_x も，壁の部分 dS で不連続な運動が生じないとき，その部分が気体におよぼす，それゆえまた逆に気体が dS におよぼす，単位面積あたりの力の成分である．同様にして，気体論からは，壁の任意の向きを向いた面積要素におよぼされる力について，既知の表式を求めることができる．

とくに，気体がある静止した容器中で静止しているという場合については，重心〔運動の〕保存の原理からただちに圧力の法則が従う．たとえばこの原理を，軸が横軸方向と平行な円筒状の容器中で，二つの任意の断面のあいだに含まれている気体に対して適用すると，側面に対する圧力は横軸方向の成分を持たないということが導かれる．終端面とある断面のあいだにある気体に対して適用すると，終端面に対して垂直にかかる単位面積あたりの圧力は，単位断面積を通って運ばれる同じ向きの運動量に等しい，つまり $\rho \overline{\xi^2}$ でなければならないということが導かれる．それはまた，いまの場合には $\overline{\xi^2} = \overline{\eta^2} = \overline{\zeta^2}$ であるから，$\rho(\overline{\xi^2} + \overline{\eta^2} + \overline{\zeta^2})/3$ に等しい．

方程式 147 が変数のすべての値について満たされるすべての場合において，体積要素 do の中にあり，この体積要素について，その気体全体の運動に対する相対速度の成分が範囲

$\mathfrak{x}$ と $\mathfrak{x}+d\mathfrak{x}$, $\mathfrak{y}$ と $\mathfrak{y}+d\mathfrak{y}$, $\mathfrak{z}$ と $\mathfrak{z}+d\mathfrak{z}$ の体積要素の中にある分子の数は

$$do f_0 e^{-hm(\mathfrak{x}^2+\mathfrak{y}^2+\mathfrak{z}^2)} d\mathfrak{x} d\mathfrak{y} d\mathfrak{z}$$

に等しい．ここで f_0 は x, y, z のみの関数である．つまりこの相対運動の確率は，静止した気体中での絶対速度の確率と同じ式により与えられる．ただ，成分 u, v, w を持つ可視的運動が付け加わっているだけである．気体全体のこの並進速度は明らかに，内部状態，つまり気体の温度と圧力には影響をおよぼさない．それらは，静止気体中では ξ, η, ζ により表現されたのと同じ仕方で $\mathfrak{x}, \mathfrak{y}, \mathfrak{z}$ により表現される．つまり，われわれのもとの式に対応して，

181) $\quad p = \overline{\rho\mathfrak{x}^2} = \overline{\rho\mathfrak{y}^2} = \overline{\rho\mathfrak{z}^2}, \quad \overline{\mathfrak{x}\mathfrak{y}} = \overline{\mathfrak{x}\mathfrak{z}} = \overline{\mathfrak{y}\mathfrak{z}} = 0$

である．

後でみるように，何の外力もはたらいていない場合にはいつでも，量

182)
$$\overline{\mathfrak{x}^2} - \overline{\mathfrak{y}^2}, \quad \overline{\mathfrak{x}^2} - \overline{\mathfrak{z}^2}, \quad \overline{\mathfrak{y}^2} - \overline{\mathfrak{z}^2}, \quad \overline{\mathfrak{x}\mathfrak{y}}, \quad \overline{\mathfrak{x}\mathfrak{z}}, \quad \overline{\mathfrak{y}\mathfrak{z}}$$

は衝突の作用によって急速に値ゼロに近付く．外力がこれをさまたげるとしても，その影響があまりにも突然かつ活発におよぼされない限り，これらの量がゼロから顕著に異なるということは決してありえないだろう．さしあたり，気体中で

は標準圧力はすべての向きについてほとんど等しいが，これに対して接線方向の弾性力は非常に小さく，それゆえ方程式 181 が近似的に成り立つことを経験事実として仮定しよう．これにより与えられる値を方程式 173 に代入すると，

$$183) \quad \rho\left(\frac{\partial u}{\partial t}+u\frac{\partial u}{\partial x}+v\frac{\partial u}{\partial y}+w\frac{\partial u}{\partial z}\right)+\frac{\partial p}{\partial x}-\rho X = 0$$

を与える．y 軸と z 軸についても 2 本の同様の方程式が得られる．これは，内部摩擦と熱伝導を考慮しないときの，既知の流体動力学的方程式である．したがってこの方程式は，1 次近似として理解されるべきである．

さて，Φ で x, y, z, t の任意の関数を表そう．$(\partial \Phi/\partial t)dt$ は，この関数の値が空間中の一定の点 A において時間 dt のあいだに受け取る増分である．さてここで，点 A が成分 u, v, w の速度でもって，つまり体積要素 do の中の第一の種類の気体の速度成分でもって運動しているとしよう．この点が，dt のあいだに A から A' に来たとする．いま，関数 Φ が時刻 $t + dt$ において A' で持つ値から，それが時刻 t において A で持っていた値を引き，その差を経過した時間で割ると，

$$\frac{\partial \Phi}{\partial t}+u\frac{\partial \Phi}{\partial x}+v\frac{\partial \Phi}{\partial y}+w\frac{\partial \Phi}{\partial z}$$

が得られる．この値を手短に $d\Phi/dt$ と表そう．すると，連

§20 流体動力学的方程式の一般的形式

続の式と，流体動力学の方程式のうち最初のものを，

184) $$\frac{d\rho}{dt} + \rho\left(\frac{\partial u}{\partial x} + \frac{\partial v}{\partial y} + \frac{\partial w}{\partial z}\right) = 0$$

185)
$$\rho\frac{du}{dt} + \frac{\partial(\rho\overline{\mathfrak{x}^2})}{\partial x} + \frac{\partial(\rho\overline{\mathfrak{x}\mathfrak{y}})}{\partial y} + \frac{\partial(\rho\overline{\mathfrak{x}\mathfrak{z}})}{\partial z} - \rho X = 0$$

という形に書くことができる．

後者の方程式は，1 次近似で

186) $$\rho\frac{du}{dt} + \frac{\partial p}{\partial x} - \rho X = 0$$

ということである．

ところで，完全に厳密に正しい方程式 178 は，

187)
$$\begin{cases} \rho\frac{d\overline{\phi}}{dt} + \frac{\partial(\rho\overline{\mathfrak{x}\phi})}{\partial x} + \frac{\partial(\rho\overline{\mathfrak{y}\phi})}{\partial y} + \frac{\partial(\rho\overline{\mathfrak{z}\phi})}{\partial z} \\ \quad - \rho\left(X\overline{\frac{\partial\phi}{\partial\xi}} + Y\overline{\frac{\partial\phi}{\partial\eta}} + Z\overline{\frac{\partial\phi}{\partial\zeta}}\right) = m[B_4(\phi) + B_5(\phi)] \end{cases}$$

という形に書くこともできる[*12]．

さて，ふたたび，1 種類の気体しか存在しないとしよう．このとき，

187a) $$B_4(\phi) = 0$$

である．ϕ は ξ, η, ζ の完全な関数であるとしよう．すると

187b)
$$\phi(\xi, \eta, \zeta) = \mathfrak{f} + u\frac{\partial \mathfrak{f}}{\partial \mathfrak{x}} + v\frac{\partial \mathfrak{f}}{\partial \mathfrak{y}} + w\frac{\partial \mathfrak{f}}{\partial \mathfrak{z}} + Q_2$$

である．ここで $\mathfrak{f}$ は $\phi(\mathfrak{x}, \mathfrak{y}, \mathfrak{z})$ の略記であり，Q_n は u, v, w に関する次数が n よりも低いような項を含まない，u, v, w の完全な関数を意味する．Q_2 の係数は $\mathfrak{x}, \mathfrak{y}, \mathfrak{z}$ の関数である．方程式 143 により

187c) $\quad B_5(\phi) = B_5(\mathfrak{f}) + uB_5\left(\frac{\partial \mathfrak{f}}{\partial \mathfrak{x}}\right) + \cdots$

である．

さらに，
$$\frac{\partial \phi}{\partial \xi} = \frac{\partial \phi}{\partial u} = \frac{\partial \mathfrak{f}}{\partial \mathfrak{x}} + \frac{\partial Q_2}{\partial u}$$

であるから，

187d) $\qquad \overline{\dfrac{\partial \phi}{\partial \xi}} = \overline{\dfrac{\partial \mathfrak{f}}{\partial \mathfrak{x}}} + Q_1 \quad 等々$

である．

Q_1 の係数は，$\mathfrak{x}, \mathfrak{y}, \mathfrak{z}$ の関数の平均値である．同様の方程式が $\overline{\partial \phi/\partial \eta}$ と $\overline{\partial \phi/\partial \zeta}$ についても導かれる．方程式 187 において，

$$\phi, \quad \overline{\partial \phi/\partial \xi}, \quad \overline{\partial \phi/\partial \eta}, \quad \overline{\partial \phi/\partial \zeta}, \quad B_4(\phi), \quad B_5(\phi)$$

§20 流体動力学的方程式の一般的形式

に 187a から 187d の値を代入すると,

$$\rho \frac{d\overline{\mathfrak{f}}}{dt} + \frac{\partial(\rho\overline{\mathfrak{x}\mathfrak{f}})}{\partial x} + \frac{\partial(\rho\overline{\mathfrak{y}\mathfrak{f}})}{\partial y} + \frac{\partial(\rho\overline{\mathfrak{z}\mathfrak{f}})}{\partial z} - mB_5(\mathfrak{f})$$

$$+ \overline{\frac{\partial \mathfrak{f}}{\partial \mathfrak{x}}} \rho\left(\frac{du}{dt} - X\right) + \rho\left(\frac{\partial u}{\partial x}\overline{\mathfrak{x}\frac{\partial \mathfrak{f}}{\partial \mathfrak{x}}} + \frac{\partial u}{\partial y}\overline{\mathfrak{y}\frac{\partial \mathfrak{f}}{\partial \mathfrak{x}}} + \frac{\partial u}{\partial z}\overline{\mathfrak{z}\frac{\partial \mathfrak{f}}{\partial \mathfrak{x}}}\right)$$

$$+ \overline{\frac{\partial \mathfrak{f}}{\partial \mathfrak{y}}} \rho\left(\frac{dv}{dt} - Y\right) + \rho\left(\frac{\partial v}{\partial x}\overline{\mathfrak{x}\frac{\partial \mathfrak{f}}{\partial \mathfrak{y}}} + \frac{\partial v}{\partial y}\overline{\mathfrak{y}\frac{\partial \mathfrak{f}}{\partial \mathfrak{y}}} + \frac{\partial v}{\partial z}\overline{\mathfrak{z}\frac{\partial \mathfrak{f}}{\partial \mathfrak{y}}}\right)$$

$$+ \overline{\frac{\partial \mathfrak{f}}{\partial \mathfrak{z}}} \rho\left(\frac{dw}{dt} - Z\right) + \rho\left(\frac{\partial w}{\partial x}\overline{\mathfrak{x}\frac{\partial \mathfrak{f}}{\partial \mathfrak{z}}} + \frac{\partial w}{\partial y}\overline{\mathfrak{y}\frac{\partial \mathfrak{f}}{\partial \mathfrak{z}}} + \frac{\partial w}{\partial z}\overline{\mathfrak{z}\frac{\partial \mathfrak{f}}{\partial \mathfrak{z}}}\right)$$

$$= 0$$

が従う.

これにはもちろん, u, v, w の 1 次および高次の項を含む項が付け加わる. しかしこれらは恒等的にゼロにならなければならない. というのも, 空間中の気体全体に対してある一定の速度を与えても, 内部状態は変わらないままだからだ. この速度は, $u = v = w = 0$ となるように選ぶことがつねに可能である. 185 を考慮すると, 前出の方程式を

188)
$$mB_5(\mathfrak{f}) = \rho \frac{d\overline{\mathfrak{f}}}{dt} + \frac{\partial(\rho\overline{\mathfrak{x}\mathfrak{f}})}{\partial x} + \frac{\partial(\rho\overline{\mathfrak{y}\mathfrak{f}})}{\partial y} + \frac{\partial(\rho\overline{\mathfrak{z}\mathfrak{f}})}{\partial z}$$

$$+ \rho\left(\frac{\partial u}{\partial x}\overline{\mathfrak{x}\frac{\partial \mathfrak{f}}{\partial \mathfrak{x}}} + \frac{\partial u}{\partial y}\overline{\mathfrak{y}\frac{\partial \mathfrak{f}}{\partial \mathfrak{x}}} + \frac{\partial u}{\partial z}\overline{\mathfrak{z}\frac{\partial \mathfrak{f}}{\partial \mathfrak{x}}}\right)$$

$$-\overline{\frac{\partial \mathfrak{f}}{\partial \mathfrak{x}}}\left(\frac{\partial(\rho\overline{\mathfrak{x}^2})}{\partial x}+\frac{\partial(\rho\overline{\mathfrak{x}\eta})}{\partial y}+\frac{\partial(\rho\overline{\mathfrak{x}\mathfrak{z}})}{\partial z}\right)$$
$$+\rho\left(\frac{\partial v}{\partial x}\overline{\mathfrak{x}\frac{\partial \mathfrak{f}}{\partial \eta}}+\frac{\partial v}{\partial y}\overline{\eta\frac{\partial \mathfrak{f}}{\partial \eta}}+\frac{\partial v}{\partial z}\overline{\mathfrak{z}\frac{\partial \mathfrak{f}}{\partial \eta}}\right)$$
$$-\overline{\frac{\partial \mathfrak{f}}{\partial \eta}}\left(\frac{\partial(\rho\overline{\mathfrak{x}\eta})}{\partial x}+\frac{\partial(\rho\overline{\eta^2})}{\partial y}+\frac{\partial(\rho\overline{\eta\mathfrak{z}})}{\partial z}\right)$$
$$+\rho\left(\frac{\partial w}{\partial x}\overline{\mathfrak{x}\frac{\partial \mathfrak{f}}{\partial \mathfrak{z}}}+\frac{\partial w}{\partial y}\overline{\eta\frac{\partial \mathfrak{f}}{\partial \mathfrak{z}}}+\frac{\partial w}{\partial z}\overline{\mathfrak{z}\frac{\partial \mathfrak{f}}{\partial \mathfrak{z}}}\right)$$
$$-\overline{\frac{\partial \mathfrak{f}}{\partial \mathfrak{z}}}\left(\frac{\partial(\rho\overline{\mathfrak{x}\mathfrak{z}})}{\partial x}+\frac{\partial(\rho\overline{\eta\mathfrak{z}})}{\partial y}+\frac{\partial(\rho\overline{\mathfrak{z}^2})}{\partial z}\right)$$

のように書くことができる.

ここで $\mathfrak{f}=\mathfrak{x}^2$ とおくと, $\overline{\mathfrak{x}}=0$ なので

189)
$$\begin{cases} mB_5(\mathfrak{x}^2) = \rho\dfrac{d\overline{\mathfrak{x}^2}}{dt} + \dfrac{\partial(\rho\overline{\mathfrak{x}^3})}{\partial x} + \dfrac{\partial(\rho\overline{\mathfrak{x}^2\eta})}{\partial y} + \dfrac{\partial(\rho\overline{\mathfrak{x}^2\mathfrak{z}})}{\partial z} \\ \qquad\qquad + 2\rho\left(\overline{\mathfrak{x}^2}\dfrac{\partial u}{\partial x} + \overline{\mathfrak{x}\eta}\dfrac{\partial u}{\partial y} + \overline{\mathfrak{x}\mathfrak{z}}\dfrac{\partial u}{\partial z}\right) \end{cases}$$

となる.

さらに, $\mathfrak{f}=\mathfrak{x}\eta$ とおけば,

190)
$$\begin{cases} mB_5(\mathfrak{x}\mathfrak{y}) = \rho \dfrac{d(\overline{\mathfrak{x}\mathfrak{y}})}{dt} + \dfrac{\partial(\rho\overline{\mathfrak{x}^2\mathfrak{y}})}{\partial x} + \dfrac{\partial(\rho\overline{\mathfrak{x}\mathfrak{y}^2})}{\partial y} \\ \qquad + \dfrac{\partial(\rho\overline{\mathfrak{x}\mathfrak{y}\mathfrak{z}})}{\partial z} + \rho\Big(\overline{\mathfrak{x}\mathfrak{y}}\dfrac{\partial u}{\partial x} + \overline{\mathfrak{y}^2}\dfrac{\partial u}{\partial y} + \overline{\mathfrak{y}\mathfrak{z}}\dfrac{\partial u}{\partial z} \\ \qquad + \overline{\mathfrak{x}^2}\dfrac{\partial v}{\partial x} + \overline{\mathfrak{x}\mathfrak{y}}\dfrac{\partial v}{\partial y} + \overline{\mathfrak{x}\mathfrak{z}}\dfrac{\partial v}{\partial z}\Big) \end{cases}$$

となる．この方程式は厳密に正しい．

さてふたたび，状態分布がマクスウェルの法則に近似的に対応している，つまり方程式 181 が近似的に成り立っていると前提しよう．さらに，$\overline{\mathfrak{x}^3} = \overline{\mathfrak{x}^2\mathfrak{y}} = \overline{\mathfrak{x}^2\mathfrak{z}} = \cdots = 0$ でもある．というのも，衝突の結果，状態分布はつねに急速にマクスウェル分布に向かうだろうからだ．つまりマクスウェル分布が成立すればゼロになるような任意の平均値は小さくしかありえないだろう．これについては次節で，衝突の作用を考察するときにより詳しく取り上げる．この近似では，方程式 189 は，方程式 186 を考慮すると，

191) $$mB_5(\mathfrak{x}^2) = \rho \dfrac{d\left(\dfrac{p}{\rho}\right)}{dt} + 2p\dfrac{\partial u}{\partial x}$$

と変形される．

さて，同様の方程式を y 軸と z 軸についても作り，3 本の方程式をすべて足し合わせ，そして二つの分子の運動エネルギーは全体としては衝突によって変化させられないので

$$B_5(\mathfrak{x}^2)+B_5(\mathfrak{y}^2)+B_5(\mathfrak{z}^2) = B_5(\mathfrak{x}^2+\mathfrak{y}^2+\mathfrak{z}^2) = 0$$

であることを考慮する．これにより，

$$3\rho\frac{d\left(\dfrac{p}{\rho}\right)}{dt} + 2p\left(\frac{\partial u}{\partial x}+\frac{\partial v}{\partial y}+\frac{\partial w}{\partial z}\right) = 0$$

であること，あるいは連続の式 184 を考慮すれば

$$3\rho\frac{d\left(\dfrac{p}{\rho}\right)}{dt} - \frac{2p}{\rho}\frac{d\rho}{dt} = 3\frac{dp}{dt} - \frac{5p}{\rho}\frac{d\rho}{dt} = 0$$

であることが明らかになる．

積分をすると，体積要素の中に存在する気体をその軌道に沿って追えば，$p\rho^{-5/3} =$ const.，すなわち圧力と密度のあいだの有名なポアソンの関係を与える．熱伝導はここでは無視されている．熱輻射についてはもちろんまったく分からない．比熱比は，われわれが考察している場合では 5/3 である．気体の内部状態は，速度成分 u, v, w で一様に運動している平衡状態にある気体とほとんど等しいので，ボイル–シャルルの法則が成立する．それは $p = r\rho T$ であり，それゆえ $T\rho^{-2/3} =$ const. である．圧縮はつねに断熱的な温度上昇を，拡散はつねに温度の下降をともなう．

注

*1 ［訳注］原文は「直角な平行六面体」(rechtwinkliges

Parallelepiped)となっているが，文脈からみて「直角な」を削除した．

* 2 [訳注] V は "Vermehrung" (増大)の頭文字．
* 3 [原注] b は衝突する二つの分子が，相互作用することなく直線状かつ一様に衝突前の速度でもって並進運動するときに，その空間中の絶対運動において到達するであろう最短距離である．すなわち，相互作用がないという前提のもとで m_1 と m がその最短距離にある場合に，それら二つの点を P_1 と P で表すとき，b は直線 P_1P である．したがって ϵ は，相対速度の向きを通って，ひとつは P_1P と平行に，もうひとつは横軸方向と平行に置かれた二つの平面のあいだの角である．
* 4 [訳注] Maxwell, Phil. Trans. **157**, 49 (1867). Scient. Pap. **1**, 26 に再録．
* 5 [訳注] Kirchhoff, *Vorlesungen über die Theorie der Wärme*(『熱学講義』), p. 173 (1894).
* 6 [原注] ただちに分かるように，この前提のもとでは，気体は，完全に滑らかでその平面上を運動する壁とは何の摩擦も生じさせないだろう．
* 7 [原注] ところで，S が，気体全体を動く任意の閉じた面積を意味するとし，これをどの場所でも望むだけ壁に近い場所に取ることができるとしよう．また，do による積分をこの面積中のすべての体積要素のみにわたって，dS による積分をそのすべての表面要素のみにわたって行うことにしよう．さらに，$K'dt$ で，時間 dt 内に面積 S を通って入ってくるよりも余分に出ていく分子の数を，これに対して $L'dt$ で，面積 S 内部にある分子の数の増大を表すことにし

よう.すると,つねに $K' + L' = 0$ である.しかし K' と L' は,本文中で K と L で表された量と同一ではない.というのは,$(d/dt)\sum_{\omega,o} lf$ の計算においては,時間 dt のあいだの任意の分子の行程を追跡していた,つまり微小時間 dt の始めと終わりにおける和は,つねに同じ分子に関するものであり,これら二つの和の差を dt で割ったからである.つまりわれわれは,体積要素 do は当該の分子とともに移動していくこと,つまり面積 S 内部にはつねに同じ分子がとどまることを前提しているのである.このことは,面積 S が分子とともに運動しないのならば,正しくはない.微小時間 dt の始めと終わりにおける和をつねに同じ空間要素について取りたいのであれば,$(d/dt)\sum_{\omega,o} lf$ は単純に,方程式 120 によって与えられる式の do と $d\omega$ による積分である.ただしここでは,もちろん,ϕ として lf をおくものとする.すると,値 121-125 をすべて代入すれば,

145a)
$$\begin{cases} \dfrac{d}{dt}\sum_{\omega,o} lf \\ = \iint dod\omega \left[\dfrac{\partial f}{\partial t} - lf\left(\xi\dfrac{\partial f}{\partial x} + \eta\dfrac{\partial f}{\partial y} + \zeta\dfrac{\partial f}{\partial z} \right.\right. \\ \left.\left. \qquad + X\dfrac{\partial f}{\partial \xi} + Y\dfrac{\partial f}{\partial \eta} + Z\dfrac{\partial f}{\partial \zeta}\right)\right] \\ \quad + C_4(lf) + C_5(lf) \end{cases}$$

を得る.

$C_4(lf) + C_5(lf)$ は以前と同じ量である.同様に重積分

の第1項も，式145のものと同じであり，つまりはKに等しい．最後の3個の項も，それぞれξ, η, ζによる偏微分で，方程式145の対応する項の形に持ち込むことができる．第5項をξで，第6項をηで，第7項をζで直接積分することにより，それらもただちにゼロへと帰着させることができる．無限大のξ, η, ζについては，$\int_{-\infty}^{+\infty} f d\xi$ が有限なので，flf がゼロにならなければならないからだ．重積分145aの第2項，第3項，第4項の和は，$d(flf - f) = lfdf$ であるから，それぞれ x, y, z で積分することで二つの表面積 $\iint dodSfN - \iint dodSNflf$ を与える．どちらも，いまは固定されていると考えられている面積Sにわたる積分である．前者は，以前Kで表された量であるが，後者は，dt とかけると，量H の定義式144によれば，時間dt のあいだに分子m の運動によって面積S から出ていくよりも余分にそこに入っていく量H の値を表す．つまり，気体内部には，本文中で考察した場合と同様に，量H が新しく生じることはありえない．面積S 内部に含まれる量H の値全体は，この量が外部から面積S内部へと運ばれるよりも少ないか，あるいはたかだかそれと等しい分しか増加しえない．

エントロピーに比例する量 $-H$ は，可視的な運動が外力によって引き起こされるか，あるいはその方向を変化させるか，あるいは他の質量に移されるとき，衝突によって分子運動が生じるのでない限りは，決して変化させられない．はじめにある気体がある容器の半分を，別の気体がもう半分を占めているときでさえ，並進運動の結果生じる混合によっては，エントロピーは変化しない．混合により，たし

かにより確からしい状態は与えられるが，そのかわりに速度分布はより確からしくなくなるのである．これはどちらの気体も特定の方向に平均運動を行うからである．この平均運動が衝突によってなくなって(無秩序な分子運動に変わって)はじめて H が減少する，つまりエントロピーは増大するのである．

*8 〔訳注〕Josiah Willard Gibbs, 1839-1903. アメリカの数学者・物理学者．熱力学および統計力学の体系化で知られる．本文の「クラウジウス-ギブスの法則」とはエントロピー増大の法則を指す．

*9 〔訳注〕原文の "mehr" を "plus" と読み替えた．

*10 〔訳注〕Bryan and Boltzmann, Wiener Sitzungsberichte **103**, 1125 (1894).

*11 〔原注〕キルヒホッフの『熱学講義』〔序文訳注*5〕第15講 §3 をよりよく理解するためには，次のことに注意すべきである．

ϕ は ξ, η, ζ のみの関数であるから，それは158により $\xi+u, \eta+v, \zeta+w$ のある関数となり，また

$$\frac{\partial \phi}{\partial \xi} = \frac{\partial \phi}{\partial u} = \frac{\partial \phi}{\partial \xi}$$

となる．ここでは最後の二つの微分商で，ϕ を $u+\xi, v+\eta, w+\zeta$ の関数とみなしている．つまり，

$$\overline{\frac{\partial \phi}{\partial \xi}} = \overline{\frac{\partial \phi}{\partial u}} = \overline{\frac{\partial \phi}{\partial \xi}}$$

となる．

さてキルヒホッフは，$\phi(u+\xi, v+\eta, w+\zeta)$ で量 u, v, w

を陽にし，$\mathfrak{x}, \mathfrak{y}, \mathfrak{z}$ を含むその係数の平均値を一定に保って u で偏微分することで導出した微分商を $\partial \bar{\phi}/\partial u$ で表している．これらの係数それ自身を，ふたたび u, v, w の関数あるいはそれらの座標による微分商とみなすことは決してゆるされない．また，u, v, w を x, y, z の関数とみなすこともできない．すると，

$$\overline{\frac{\partial \phi}{\partial u}} = \frac{\partial \bar{\phi}}{\partial u}$$

であり，それゆえまた

$$\overline{\frac{\partial \phi}{\partial \xi}} = \frac{\partial \bar{\phi}}{\partial u}$$

でもある．同じことはもちろん，他の二つの座標についても成り立つ．

*12 ［原注］ポアンカレ氏が注意しているように（[Poincaré,] C. r. d. Pariser Acad. Bd. 116. S. 1017. 1893），この方程式においては，ϕ によるその導関数は ξ, η, ζ あるいは $u + \mathfrak{x}, v + \mathfrak{y}, w + \mathfrak{z}$ の関数であって，$u, v, w, \mathfrak{x}, \mathfrak{y}, \mathfrak{z}$ の任意の関数ではありえない．これに対して以下の方程式では，$\mathfrak{f}$ は $\mathfrak{x}, \mathfrak{y}, \mathfrak{z}$ の関数であり，$B_5(\mathfrak{f})$ は，式 137 において $\phi, \phi_1, \phi', \phi'_1$ に $\mathfrak{f} = \phi(\mathfrak{x}, \mathfrak{y}, \mathfrak{z}), \mathfrak{f}_1 = \phi_1(\mathfrak{x}_1, \mathfrak{y}_1, \mathfrak{z}_1)$ などを代入したときに得られる表式である．$\mathfrak{x}', \mathfrak{y}', \mathfrak{z}', \mathfrak{x}'_1, \mathfrak{y}'_1, \mathfrak{z}'_1$ は $\mathfrak{x}, \mathfrak{y}, \mathfrak{z}, \mathfrak{x}_1, \mathfrak{y}_1, \mathfrak{z}_1, b, \epsilon$ の所与の関数なので，これら 8 個の変数に関する積分は難なく実行することができる．

第3章 分子が距離の5乗に逆比例する力で反発する場合

§21 衝突に由来する項の積分の実行

さて,方程式 147 が満たされない場合の計算に移ろう.この場合,衝突後の変数の値 ξ', η', ζ' が,衝突を決定する変数の関数として計算可能であるためには,衝突過程をより詳しく考察しなければならない.

質量 m のある分子(分子 m)が他の質量 m_1 の分子(分子 m_1)と衝突する,すなわち相互作用していると想定しよう.任意の時刻 t において,x, y, z は第一の分子の,x_1, y_1, z_1 は第二の分子の座標であるとする.二つの分子がたがいにおよぼしあう力は,それらを結ぶ結合線 r の向きを向く斥力であり,その強さ $\psi(r)$ は r の何らかの関数であるとする.このとき運動方程式は,よく知られている通り,

191a) $$m_1 \frac{d^2 x_1}{dt^2} = \psi(r) \frac{x_1 - x}{r},$$

$$m \frac{d^2 x}{dt^2} = \psi(r) \frac{x - x_1}{r}$$

である.残りの座標軸についても,4本の同様の方程式が成

り立つ．

　二つの分子の相対運動を求めるため，m_1 を通る座標系をおこう．この座標系は，固定された〔はじめの座標系の〕座標軸に対してその軸がつねに平行なままであるが，つねに分子 m_1 を通るように平行に位置をずらしていくようなものとする．つまり m_1 は任意の時刻における第二の座標系の座標原点である．この第二の座標系に関する分子 m の座標，つまり分子 m_1 に相対的な座標は，

$$\mathfrak{a} = x - x_1, \quad \mathfrak{b} = y - y_1, \quad \mathfrak{c} = z - z_1$$

である．

$$\mathfrak{M} = \frac{mm_1}{m+m_1}, \quad \text{つまり} \quad \frac{1}{\mathfrak{M}} = \frac{1}{m} + \frac{1}{m_1}$$

とおくと，方程式 191a から容易に

$$\mathfrak{M} \frac{d^2 \mathfrak{a}}{dt^2} = \psi(r) \frac{\mathfrak{a}}{r}$$

と求められる．他の 2 本の座標軸についても，2 本の同様の方程式が求められる．また，$r^2 = \mathfrak{a}^2 + \mathfrak{b}^2 + \mathfrak{c}^2$ なので，これらの方程式は，分子 m の質量が $\mathfrak{M}$ に等しく，かつつねに固定されたままの分子 m_1 から力 $\psi(r)$ でもって反発されるときに m が行うであろう中心運動そのものを表している．つまりわれわれは，この中心運動を議論しさえすればよい．これを相対中心運動ないしは中心運動 Z と名付ける．それはいずれにしても m_1 と m の初期速度を通って置かれる平

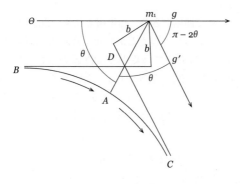

図 7

面で生じる．これをわれわれはすでに §16 (192 頁) で軌道平面と名付けていた．分子 m の初期速度として，ここでは，m が m_1 から遠い距離にあるとき，つまり衝突前に m_1 に相対的に持つ速度を考察しよう．それをわれわれはすでに同節で g と表していた．固定されていると想定される分子 m_1 から引かれた図 7 の直線 g が，その速度の大きさと向きを表すとする．これを反対方向に延長したものを $m\Theta$ ということにする．任意の時刻 t における m の位置を m_1 からの距離 r と，r が $m\Theta$ となす角 β によって決定しよう．衝突の開始から時刻 t までに力 $\psi(r)$ によってなされる仕事は

$$\int_\infty^r \psi(r) dr = -R$$

である.

積分は $r = \infty$ で開始できる. 作用圏より遠い距離ではどのみち $\psi(r) = 0$ だからだ. さしあたり, 分子 m に質量 $\mathfrak{M}$ が付与されることになっている中心運動 Z のみを考察し, m の m_1 に相対的な実際の運動がちょうど同じ仕方で生じることをおさえておこう. この中心運動 Z については, 衝突前の運動エネルギーは $\mathfrak{M}g^2/2$ であり, 時刻 t では

$$\frac{\mathfrak{M}}{2}\left[\left(\frac{dr}{dt}\right)^2 + r^2\left(\frac{d\beta}{dt}\right)^2\right]$$

である.

つまり中心運動 Z について, 運動エネルギーの方程式は

192) $$\frac{\mathfrak{M}}{2}\left[\left(\frac{dr}{dt}\right)^2 + r^2\left(\frac{d\beta}{dt}\right)^2\right] - \frac{\mathfrak{M}g^2}{2} = -R$$

である.

§16 と同様, 相互作用が生じていないとしたとき, つまり二つの分子が衝突する前に運動していたのと同じ直線上をつねに進んだとしたときに, 分子 m が到達するであろう分子 m_1 からの最短距離を b と表そう. つまり分子 m が中心運動 Z において描く軌道は, 図7で示されている, 両側へと無限に続いていく曲線の形状を取る. その二つの漸近線は m_1 からの距離が b である. さらに, 衝突前には分子 m は m_1 に対して相対速度〔の大きさ〕g を持っているから, 衝突前の中

§21 衝突に由来する項の積分の実行

心運動 Z においては，単位時間内に半径ベクトル r によって描かれる面積を 2 倍にしたものは bg に等しい．ところで時刻 t においてはその面積は $r^2 d\beta/dt$ である．それゆえ面積則〔角運動量保存則〕により，

$$193) \qquad r^2 \frac{d\beta}{dt} = bg$$

である．

これと方程式 192 から，よく知られた方法により，

$$d\beta = \frac{d\rho}{\sqrt{1 - \rho^2 - \dfrac{2R}{\mathfrak{M}g^2}}}$$

が従う．ここで $\rho = b/r$ である．はじめ β と ρ は増加するので，平方根がゼロになるまではかならずその正の符号が取られるものとする．いま，積分を実行可能とするため，関数 ψ を，

$$194) \qquad \psi(r) = \frac{K}{r^{n+1}}$$

とおくことで特殊化しよう．

これは，ある分子 m と分子 m_1 のあいだの距離 r における斥力である．同じ距離では，二つの分子 m は K_1/r^{n+1} に，二つの分子 m_1 は K_2/r^{n+1} に等しいとしよう．

このとき，

$$R = \frac{K}{nr^n}, \qquad \frac{2R}{\mathfrak{M}g^2} = \frac{2K(m+m_1)\rho^n}{nmm_1g^2b^n}$$

となる.

それゆえ,

195) $$b = \alpha \left[\frac{K(m+m_1)}{mm_1 g^2} \right]^{\frac{1}{n}}$$

とおくと,

$$d\beta = \frac{d\rho}{\sqrt{1-\rho^2 - \frac{2}{n}\left(\frac{\rho}{\alpha}\right)^n}}$$

となる.

根号の中にある量が取ることのできる値に関する議論をすべて省くため,力はつねに斥力である,つまり $\psi(r)$ がつねに正であると前提しよう.このとき R も,したがって $2\rho^n/n\alpha^n$ も正である.方程式 193 により時間が経過すると β はつねに増加し,平方根も 0 を通過しない限りはその符号を変化させられないので,ρ も

196) $$1-\rho^2 - \frac{2}{n}\left(\frac{\rho}{\alpha}\right)^n = 0$$

になるまで増加しなければならない.この方程式の最小の正の根を $\rho(\alpha)$ と表そう.それは n が所与のとき,α のみの関数でしかありえない.仮定した通り n が正であれば,さらに $\rho^2 + 2\rho^n/n\alpha^n$ はただひとつの正の ρ についてのみ 1 に等しくなりうる.つまり方程式 196 は他に正の根を持たない.$\rho = \rho(\alpha)$ については,運動する物体は m_1 にもっとも近い

軌道上の点 A（近日点）に到達し，その速度は r に垂直である．根号の中にある量は ρ が増大すると負になるであろうが，一定の ρ は斥力の影響下では不可能な円軌道に対応するから，いま ρ はふたたび減少しなければならず，それゆえ平方根はその符号を変化させる．完全な対称性があるため，これまで描かれてきた曲線の（$m_1 A$ を通って軌道平面に垂直に置かれた平面に関して）鏡像となる，合同な曲線枝が描かれる．半径ベクトル $\rho(\alpha) = m_1 A$ と軌道曲線の二つの漸近線の向きのあいだの角は

$$197) \qquad \theta = \int_0^{\rho(\alpha)} \frac{d\rho}{\sqrt{1 - \rho^2 - \dfrac{2}{n}\left(\dfrac{\rho}{\alpha}\right)^n}} = \theta(\alpha)$$

である．

つまりそれは，n が与えられれば α の関数として計算できる．2θ は軌道曲線の二つの漸近線のあいだの角，つまり（m_1 に対する相対運動において）分子 m が衝突前に分子 m_1 に接近していく直線と，それが衝突後に m_1 から離れていく直線のあいだの角である．（前者の直線は衝突前の分子の運動方向とは逆向きであるが，後者の直線は衝突後のそれと同じ向きを向いている．）

衝突前と衝突後の相対速度をその向きによって表している二つの直線 g と g'（図7の直線 DC と，直線 BD を D を超えて延長したもの）のあいだの角は $\pi - 2\theta$ である．

二つの衝突する分子のいずれもが弾性球である場合，

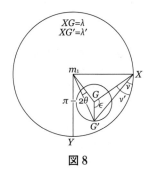

図 8

$m_1 D = \sigma$ が二つの半径の和であるとすると,図 7 には次のような修正のみが生じる.それは,分子 m が m_1 に相対的に,曲線 BAC 上ではなく,直線を折り曲げた線 BDC 上を運動するのであり,$b \leqq \sigma$ について

198) $$\theta = \arcsin \frac{b}{\sigma}$$

となるということである.b の値が大きい場合には $\theta = \pi/2$ である.

さて図 8 に,中心 m_1 で半径 1 の球面を作図しよう.これは m_1 から〔衝突前と衝突後の相対速度〕g および g' に平行に引かれた 2 本の直線と点 G および G' で交わるとする.またそのうちの一方から m_1 を通って固定された横軸に平行に引かれた直線とは点 X で交わるとする.このとき,この球上で最大の円弧 GG' は $\pi - 2\theta$ に等しい.

角 ϵ は §16 では次のようにして定義していた. m_1 を通って平面 E を g に対して垂直に置く. さらに, $m_1 G$ を通って二つの半平面を置き, そのうちの一方が直線 b を, 他方が正の横軸を含むようにする. 前者は軌道平面と名付けていた. このとき ϵ は, これら二つの半平面が平面 E と交わる, 二つの直線の角であった. つまりそれは, その二つの半平面自身のあいだの角, あるいはわれわれの球上の二つの最大円 GX と GG' の角でもある. ただし, ここでつねに最大の円弧が想定されるとし, またそれは π よりも小さい.

球面上の三角形 XGG' から,

199) $\quad \cos(G'X) = \cos(GX)\cos(GG')$
$$+ \sin(GX)\sin(GG')\cos\epsilon$$

が導かれる.

ところでいま

$$\sphericalangle GG' = \pi - 2\theta, \quad g'\cos(G'X) = \xi' - \xi'_1,$$

$$g\cos(GX) = \xi - \xi_1, \quad g\sin(GX) = \sqrt{g^2 - (\xi - \xi_1)^2}$$

である. ここで $GX < \pi$ であるから, 平方根については正の符号が取られるものとする.

それゆえ, 方程式 199 に衝突前と衝突後の相対速度〔の大きさ〕の値 $g = g'$ をかけると,

$$\xi' - \xi'_1 = (\xi - \xi_1)\cos(\pi - 2\theta)$$
$$+ \sqrt{g^2 - (\xi - \xi_1)^2}\sin 2\theta \cos\epsilon$$

が従う.

この方程式に m_1 をかけ,それを方程式

$$m\xi' + m_1\xi'_1 = m\xi + m_1\xi_1$$
$$= (m + m_1)\xi + m_1\xi_1 - m_1\xi$$

に加えると,

200) $$\xi' = \xi + \frac{m_1}{m + m_1}\left[2(\xi_1 - \xi)\cos^2\theta\right.$$
$$\left. + \sqrt{g^2 - (\xi - \xi_1)^2}\sin 2\theta \cos\epsilon\right]$$

がさらに導かれる.

はじめに1種類の気体 m しか存在しないとすると, $m_1 = m$, $K = K_1$ とおかなければならない. すると

201) $$\xi' = \xi + (\xi_1 - \xi)\cos^2\theta$$
$$+ \sqrt{g^2 - (\xi - \xi_1)^2}\sin\theta\cos\theta\cos\epsilon$$

となる.

ふたたび $\xi - u$, $\xi' - u$, $\eta - v$, $\dots$ を $\mathfrak{x}$, $\mathfrak{x}'$, $\mathfrak{y}$, $\dots$ と表すと, $\mathfrak{x}$, $\mathfrak{y}$, $\mathfrak{z}$ について,同じことを述べる方程式

202) $$\mathfrak{x}' = \mathfrak{x} + (\mathfrak{x}_1 - \mathfrak{x})\cos^2\theta$$
$$+ \sqrt{g^2 - (\mathfrak{x} - \mathfrak{x}_1)^2}\sin\theta\cos\theta\cos\epsilon$$

を得る.

$B_5(\mathfrak{x}^2)$ を求めるためには,量

$$(\mathfrak{x}'^2 + \mathfrak{x}_1'^2 - \mathfrak{x}^2 - \mathfrak{x}_1)ff_1 d\omega d\omega_1 gb\,db\,d\epsilon$$

を ϵ に関して 0 から 2π まで積分しなければならない.このとき,軌道曲線全体は不変のままである.それから b に関して積分しなければならないが,ここで $\mathfrak{x}, \mathfrak{y}, \mathfrak{z}, \mathfrak{x}_1, \mathfrak{y}_1, \mathfrak{z}_1$ はまだ一定とみなすものとする.そうしてはじめて,これらの量に関する積分が続く.方程式 201 と 202 は同じことを述べているので,$B_5(\xi^2)$ の表式は,$B_5(\mathfrak{x}^2)$ において,$\mathfrak{x}, \mathfrak{y}, \mathfrak{z}$ を単に ξ, η, ζ と書くことで導かれる.

$\cos\epsilon$ の 1 次を含む項を無視すると,

$$\begin{aligned}\mathfrak{x}'^2 - \mathfrak{x}^2 &= 2(\mathfrak{x}_1\mathfrak{x} - \mathfrak{x}^2)\cos^2\theta + (\mathfrak{x}_1 - \mathfrak{x})^2\cos^4\theta \\ &\quad + \frac{1}{4}\left[g^2 - (\mathfrak{x} - \mathfrak{x}_1)^2\right]\sin^2 2\theta \cos^2\epsilon \\ &= (\mathfrak{x}_1^2 - \mathfrak{x}^2)\cos^2\theta - \mathfrak{p}^2\sin^2\theta\cos^2\theta \\ &\quad + (g^2 - \mathfrak{p}^2)\sin^2\theta\cos^2\theta\cos^2\epsilon\end{aligned}$$

である.ここで座標方向に関する相対速度の成分は,

203)
$$\begin{cases} \mathfrak{p} = \xi - \xi_1 = \mathfrak{x} - \mathfrak{x}_1, \\ \mathfrak{q} = \eta - \eta_1 = \mathfrak{y} - \mathfrak{y}_1, \\ \mathfrak{r} = \zeta - \zeta_1 = \mathfrak{z} - \mathfrak{z}_1 \end{cases}$$

となるように $\mathfrak{p}, \mathfrak{q}, \mathfrak{r}$ で表した.

また,$\mathfrak{x}'^2 - \mathfrak{x}^2$ から,$\mathfrak{x}$ と $\mathfrak{x}_1$ を単純に交換することで生じる $\mathfrak{x}_1'^2 - \mathfrak{x}_1^2$ の表式も作ると,

$$\int_0^{2\pi} \left(\mathfrak{x}'^2 + \mathfrak{x}_1'^2 - \mathfrak{x}^2 - \mathfrak{x}_1^2 \right) d\epsilon \\ = 2\pi \left(g^2 - 3\mathfrak{p}^2 \right) \sin^2\theta \cos^2\theta$$

が従う.

いまのところは1種類の気体しか考察していないので,$m_1 = m, K = K_1$ とおくべきである. そこで 195 によれば,

204)
$$b = \left(\frac{2K_1}{m} \right)^{\frac{1}{n}} g^{-\frac{2}{n}} \alpha$$

を得る. $\mathfrak{x}, \mathfrak{y}, \mathfrak{z}, \mathfrak{x}_1, \mathfrak{y}_1, \mathfrak{z}_1$, したがって g もまた,いまわれわれが取り組んでいる b と ϵ に関する積分においては一定とみなされているので,ここから

205)
$$db = \left(\frac{2K_1}{m} \right)^{\frac{1}{n}} g^{-\frac{2}{n}} d\alpha$$

が導かれる. したがって,

205a)
$$\begin{cases} \int_0^\infty \int_0^{2\pi} \left(\mathfrak{x}'^2 + \mathfrak{x}_1'^2 - \mathfrak{x}^2 - \mathfrak{x}_1^2\right) b\, db\, d\epsilon \\ = 2\pi \left(g^2 - 3\mathfrak{p}^2\right)\left(\frac{2K_1}{m}\right)^{\frac{2}{n}} g^{-\frac{4}{n}} \int_0^\infty \sin^2\theta \cos^2\theta\, \alpha\, d\alpha \end{cases}$$

である.

これを $B_5(\mathfrak{x}^2)$ の表式に代入すると,その積分記号のもとに $g^{1-(4/n)}$ を得る.つまり n はかならず正でなければならないから,これは一般には g の負または分数次であり,このことが積分をきわめて困難にする.ただ $n=4$ についてのみ g は完全に消え,積分の実行が比較的容易になる.二つの分子間の斥力を $=K/r^{n+1}$ とおいていたので,このことは,二つの分子それぞれが距離の5乗に逆比例する力で反発するということを意味する.すると,後で見るように,摩擦係数,拡散係数,熱伝導係数の温度依存性の法則を得る.これは多原子分子気体(水蒸気,炭酸)については経験とよく一致するようだが,もっとも低級な気体(酸素,水素,窒素)についてはそうではない.この作用法則について推論できるもとになるような現象は他にはほとんど知られていない.それゆえわれわれには,気体分子が本当に,そのあいだに距離の5乗に逆比例する斥力がはたらいている質点のように振る舞うのだと主張しようというつもりはまったくない.ここでは単に力学的モデルだけが問題となっているのだから,はじめにマクスウェルにより導入された作用法則を仮定する.これ

については計算がもっとも簡単なのである[*1]. さらにこの法則の仮定のもとでは，斥力は距離が短くなるにつれて急速に増大し，分子の運動は，完全なかすり衝突の場合――もっともこれはほとんど考慮されないが――の他には，分子が弾性球であるときに生じる運動とあまり変わらなくなる．これを図示するため，マクスウェルはその論文に[*2]，ある非常に直観的な図[*3]を添えた〔図 A〕．その中では，多数の分子の中心の軌道が示されており，それらはある固定された分子に対して平行な向きに，分子の平均速度でもって飛行しており，またその固定された分子によってマクスウェルの法則に従う形で反発されている．これらの軌道を，弾性球の法則から導かれる軌道と比較するためには，次のようなやり方を取ることができる．マクスウェルの図に，中心が S で，半径がマクスウェルにより点線で描かれた線，つまり二つの直接たがいに向かって飛行している分子の中心がマクスウェルの法則により接近することのできる最短距離である円が描き込まれたと考える．いま分子が弾性球であり，その直径がその最短距離であれば，そしてふたたびひとつの分子を固定し，他の分子をそれに向かって平行な向きに加速した（もちろん同時にではなく，それらがたがいに干渉しないように順番に，であるが）と考えれば，マクスウェルの図は次のように修正されるであろう．固定された分子の中心は，ふたたび S にある．運動する分子の中心はマクスウェルの図にあるのと同じ向きからやって来るが，描き込まれた円から，非常に小さな弾性

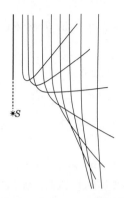

〔**図A** 訳者による補足図〕

球のように跳ね返される,というふうに.

弾性球の法則から得られる軌道は,新しいマクスウェルの法則から導かれる軌道とはたしかに定量的には異なるが,定性的にはさほど異ならないということが分かる.

それゆえ以下では,マクスウェルに従って $n=4$ とおく.このとき方程式 205a により,

206) $$\int_0^\infty \int_0^{2\pi} (\mathfrak{r}'^2 + \mathfrak{r}_1'^2 - \mathfrak{r}^2 - \mathfrak{r}_1^2) gb\,db\,d\epsilon$$
$$= \sqrt{\frac{K_1}{2m}} \cdot \frac{A_2}{g} \cdot (g^2 - 3\mathfrak{p}^2)$$

が導かれる.ここで

207) $$A_2 = 4\pi \int_0^\infty \sin^2\theta \cos^2\theta\alpha \cdot d\alpha$$

はある数値である[*4].

すなわち，式197により，

$$\theta = \int_0^{\rho(\alpha)} \frac{d\rho}{\sqrt{1-\rho^2 - \frac{1}{2}\frac{\rho^4}{\alpha^4}}}$$

である．

この上限は，根号の中にある量がゼロになるような唯一の正の値である．つまり θ は完全楕円積分により表現でき，α の関数である．積分207はマクスウェルにより機械的二乗法を使って評価され，そこでは

209) $$A_2 = 1.3682\cdots$$

が得られた〔式208は原注*4を見よ〕．

さて，式137により，

210) $$B_5(\mathfrak{x}^2) = \frac{1}{2}\iint\int_0^\infty\int_0^{2\pi}(\mathfrak{x}'^2 + \mathfrak{x}_1'^2 - \mathfrak{x}^2 - \mathfrak{x}_1^2)ff_1 gb d\omega d\omega_1 db d\epsilon$$

を得ていた．

206を代入すると，

211)

$$B_5(\mathfrak{r}^2) = \frac{1}{2}\sqrt{\frac{K_1}{2m}} A_2 \iint (g^2 - 3\mathfrak{p}^2) f f_1 d\omega d\omega_1$$

を与える.

すなわち,

$$\begin{aligned}g^2 - 3\mathfrak{p}^2 &= \eta^2 + \eta_1^2 + \zeta^2 + \zeta_1^2 - 2\xi^2 - 2\xi_1^2 \\ &\quad - 2\eta\eta_1 - 2\zeta\zeta_1 + 4\xi\xi_1 \\ &= \mathfrak{y}^2 + \mathfrak{y}_1^2 + \mathfrak{z}^2 + \mathfrak{z}_1^2 - 2\mathfrak{r}^2 - 2\mathfrak{r}_1^2 \\ &\quad - 2\mathfrak{y}\mathfrak{y}_1 - 2\mathfrak{z}\mathfrak{z}_1 + 4\mathfrak{r}\mathfrak{r}_1\end{aligned}$$

である.

$d\omega_1$ に関する積分では ξ, η, ζ あるいは $\mathfrak{r}, \mathfrak{y}, \mathfrak{z}$ が, $d\omega$ に関する積分では ξ_1, η_1, ζ_1 あるいは $\mathfrak{r}_1, \mathfrak{y}_1, \mathfrak{z}_1$ が積分記号の前に出せる. 式 175 により,

212) $\quad \int \eta^2 f d\omega = \frac{\rho}{m}\overline{\eta^2}, \quad \int \eta f d\omega = \frac{\rho}{m}\overline{\eta},$

$\quad \int \mathfrak{y}^2 f do = \frac{\rho}{m}\overline{\mathfrak{y}^2}$ 等々

である.

ところで二つの衝突する分子は同質のものであるから, あるいは定積分においては積分される変数はどのように表してもよいからと言ってもよいが,

$$\int \eta_1^2 f_1 d\omega_1 = \int \eta^2 f d\omega = \frac{\rho}{m}\overline{\eta^2} \quad \text{等々}$$

でもある.そして $\overline{\mathfrak{x}} = \overline{\mathfrak{y}} = \overline{\mathfrak{z}} = 0$ でもあるから,

213)
$$\begin{cases} B_5(\mathfrak{x}^2) = \sqrt{\dfrac{K_1}{2m^5}}\,A_2\rho^2\,(\overline{\eta^2}+\overline{\zeta^2}-2\overline{\xi^2}-\overline{\eta}\cdot\overline{\eta} \\ \qquad\qquad -\overline{\zeta}\cdot\overline{\zeta}+2\overline{\xi}\cdot\overline{\xi}) \\ \qquad = \sqrt{\dfrac{K_1}{2m^5}}\,A_2\rho^2\,(\overline{\mathfrak{y}^2}+\overline{\mathfrak{z}^2}-2\overline{\mathfrak{x}^2}) \\ \qquad = \sqrt{\dfrac{K_1}{2m^5}}\,A_2\rho^2\,(\overline{\mathfrak{c}^2}-3\overline{\mathfrak{x}^2}) \end{cases}$$

となる.$\mathfrak{c} = \sqrt{\mathfrak{x}^2+\mathfrak{y}^2+\mathfrak{z}^2}$ は体積要素の中のすべての分子の平均運動に相対的な,ある分子の全速度である.

量 $B_5(\mathfrak{x}\mathfrak{y})$ は,マクスウェルが座標変換により計算している.新しい x 軸と y 軸が,古い x 軸と y 軸を xy 平面において角 λ だけ回転したことによって生じたと考えよう.すると,この新しい座標軸に関する量を対応する大文字で表すことにすれば,

$$\mathfrak{x} = \mathfrak{X}\cos\lambda - \mathfrak{Y}\sin\lambda, \quad \mathfrak{y} = \mathfrak{Y}\cos\lambda + \mathfrak{X}\sin\lambda,$$
$$\mathfrak{p} = \mathfrak{P}\cos\lambda - \mathfrak{Q}\sin\lambda \quad \text{等々}$$

となる.

これらの値を方程式 206 に代入すると,$\cos^2\lambda$,$\cos\lambda\sin\lambda$,

§21 衝突に由来する項の積分の実行

$\sin^2\lambda$ がかかった項を得る. $\lambda = 0$ とおけば,はじめの〔$\cos^2\lambda$ がかかった〕項はそれぞれ等しくなければならないことが分かる. $\lambda = \pi/2$ とおけば,最後の〔$\sin^2\lambda$ がかかった〕項はそれぞれ等しくなければならないことが分かる. したがって等号の左右にある $\sin\lambda\cos\lambda$ がかかった項も,それぞれ等しくなければならない. それらを等しいとおくと,

$$\int_0^\infty \int_0^{2\pi} (\mathfrak{X}'\mathfrak{Y}' + \mathfrak{X}_1'\mathfrak{Y}_1' - \mathfrak{X}\mathfrak{Y} - \mathfrak{X}_1\mathfrak{Y}_1) gb\,db\,d\epsilon$$
$$= -3\sqrt{\frac{K_1}{2m}} A_2 \mathfrak{P}\mathfrak{Q}$$

を与える.

さて,新しい座標軸はもとのものと同様にまったく任意であるから,大文字のかわりにふたたび小文字で書いてよい. すると,表式 206 におけるのとまったく同様に積分を行えば,

214)
$$\begin{cases} B_5(\mathfrak{x}\mathfrak{y}) = \dfrac{1}{2} \iiint_0^\infty \int_0^{2\pi} (\mathfrak{x}'\mathfrak{y}' + \mathfrak{x}_1'\mathfrak{y}_1' \\ \qquad\qquad - \mathfrak{x}\mathfrak{y} - \mathfrak{x}_1\mathfrak{y}_1) gbff_1\,d\omega\,d\omega_1\,db\,d\epsilon \\ \qquad = -3\sqrt{\dfrac{K_1}{2m^5}} A_2 \rho^2 \left(\overline{\xi\eta} - \overline{\xi}\cdot\overline{\eta}\right) \\ \qquad = -3\sqrt{\dfrac{K_1}{2m^5}} \rho^2 A_2 \overline{\mathfrak{x}\mathfrak{y}} \end{cases}$$

が導かれる.

§22 緩和時間. 内部摩擦により修正された動力学的方程式. 球関数による B_5 の計算

さて,これらの値を一般的方程式187に代入しなければならない.そこでまず,特殊でまったく理想的な場合を考察しよう.ただ1種類の気体のみが無限の空間全体を満たしているとする.外力は存在しないとする.任意の体積要素 do の中にあり,その速度成分が ξ と $\xi+d\xi$, η と $\eta+d\eta$, ζ と $\zeta+d\zeta$ のあいだの範囲にあるような分子の数は時刻 $t=0$ で $f(\xi,\eta,\zeta,o)dod\xi d\eta d\zeta$ に等しく,またここで関数 f はすべての体積要素について同じものであるとする.任意の後続の時刻 t について,この数は $f(\xi,\eta,\zeta,t)dod\xi d\eta d\zeta$ に等しいとする.すべての体積要素が同じ状況下にあるので,$f(\xi,\eta,\zeta,t)$ もすべての体積要素について同じ値を取る.a, h, u, v, w を定数として,

$$f(\xi,\eta,\zeta,o) = ae^{-hm[(\xi-u)^2+(\eta-v)^2+(\zeta-w)^2]}$$

であれば,マクスウェルの状態分布が支配しつつも,他方で〔全体としては〕一定の速度成分 u, v, w で空間中を運動する気体を得るだろう.このとき

$$\overline{(\xi-u)^2} = \overline{(\eta-v)^2} = \overline{(\zeta-w)^2},$$

$$\overline{(\xi-u)(\eta-v)} = \overline{(\xi-u)(\zeta-w)} = \overline{(\eta-v)(\zeta-w)} = 0$$

となり,状態分布は,気体〔全体〕の流動を無視すれば,時間

により変化することはないだろう. $f(\xi, \eta, \zeta, o)$ が ξ, η, ζ の何らかの他の関数であれば, 初期時刻にはマクスウェルのものとは異なるが, やはり任意の体積要素において同じ速度分布が支配的になる. これは時間とともに変化するが, 気体の可視的運動の成分

$$u = \overline{\xi} = \frac{\int \xi f d\omega}{\int f d\omega}, \quad v = \overline{\eta} = \frac{\int \eta f d\omega}{\int f d\omega},$$

$$w = \overline{\zeta} = \frac{\int \zeta f d\omega}{\int f d\omega}$$

は重心〔運動の〕原理により, 時間とともに変化することはもちろんない. ふたたび $\xi - u = \mathfrak{x}, \eta - v = \mathfrak{y}, \zeta - w = \mathfrak{z}$ とおくと, いま一般に

$$\overline{\mathfrak{x}^2 - \mathfrak{y}^2}, \quad \overline{\mathfrak{x}^2 - \mathfrak{z}^2}, \quad \overline{\mathfrak{y}^2 - \mathfrak{z}^2}, \quad \overline{\mathfrak{x}\mathfrak{y}}, \quad \overline{\mathfrak{x}\mathfrak{z}}, \quad \overline{\mathfrak{y}\mathfrak{z}}$$

はゼロとは異なる. そこで, これらの量が時間とともにどのように変化するかを問題にしよう. まず, どの量も x, y, あるいは z の関数ではないので, 188から

215) $$\rho \frac{\partial \overline{\mathfrak{f}}}{\partial t} = m B_5(\mathfrak{f})$$

が導かれる.

さて, $\mathfrak{f} = \mathfrak{x}^2$ あるいは $\mathfrak{f} = \mathfrak{x}\mathfrak{y}$ とおくと, 213 と 214 の助けを借りれば

$$\frac{d\overline{\mathfrak{x}^2}}{dt} = \sqrt{\frac{K_1}{2m^3}}A_2\rho\left(\overline{\mathfrak{c}^2}-3\overline{\mathfrak{x}^2}\right),$$

$$\frac{d\overline{\mathfrak{x}\mathfrak{y}}}{dt} = -3\sqrt{\frac{K_1}{2m^3}}A_2\rho\overline{\mathfrak{x}\mathfrak{y}}$$

が従う.

これらの方程式のうち最初のものと同様にして,

$$\frac{d\overline{\mathfrak{y}^2}}{dt} = \sqrt{\frac{K_1}{2m^3}}A_2\rho\left(\overline{\mathfrak{c}^2}-3\overline{\mathfrak{y}^2}\right)$$

であり,それゆえ

$$\frac{d\left(\overline{\mathfrak{x}^2}-\overline{\mathfrak{y}^2}\right)}{dt} = -3\sqrt{\frac{K_1}{2m^3}}A_2\rho\left(\overline{\mathfrak{x}^2}-\overline{\mathfrak{y}^2}\right)$$

が従う.

すべて〔の量が〕x, y, z からは独立なので,t による微分商は通常の意味で捉えてよい.さらにすべての体積要素は同様に振る舞うので,どの体積のどの側面を通っても,その反対側の側面から出ていくのと同じだけの分子が入ってくる.つまり密度 ρ は一定のままでなければならない.したがって,これらの方程式を積分すると,時刻ゼロにおける値をまだ空いている場所にぶら下げた添字ゼロによって示せば,

$$\overline{\mathfrak{x}^2}-\overline{\mathfrak{y}^2} = \left(\overline{\mathfrak{x}_0^2}-\overline{\mathfrak{y}_0^2}\right)e^{-3\sqrt{\frac{K_1}{2m^3}}A_2\rho t},$$

$$\overline{\mathfrak{x}\mathfrak{y}} = (\overline{\mathfrak{x}\mathfrak{y}})_0 \, e^{-3\sqrt{\frac{K_1}{2m^3}} A_2 \rho t}$$

を与える.

ρ をかけると,記法 179 を考慮すれば

$$X_x - Y_y = \left(X_x^0 - Y_y^0\right) e^{-3\sqrt{\frac{K_1}{2m^3}} A_2 \rho t},$$

$$X_y = X_y^0 e^{-3\sqrt{\frac{K_1}{2m^3}} A_2 \rho t}$$

を与える.

同様の方程式は他の座標軸についても,もちろん導かれる.つまりいま考察している簡単な特殊例においては,二つの異なる方向への垂直圧力の差(たとえば $X_x - Y_y$)も接線方向への力(たとえば X_y)も,単純に時間が経てば等比級数的に減少する.それらが e 倍小さくなるのにかかる時間は,すべてについて同じで,

216) $$\frac{1}{3A_2\rho}\sqrt{\frac{2m^3}{K_1}} = \tau$$

に等しい.マクスウェルはこれを緩和時間と名付けている[*5].われわれは後で,それがきわめて短いことを見るだろう.

———

さて,ふたたび完全に一般的な場合へと戻ろう.一般には,もはや $\rho\overline{\mathfrak{x}^2} = \rho\overline{\mathfrak{y}^2} = \rho\overline{\mathfrak{z}^2}$ とはならないだろうが,これ

らの量はなお近似的には等しい．それゆえこれらの量の，これらにほとんど等しいある量からの差を計算することができる．そのような量として，これらの量の算術平均を選ぼう．それは，方程式181が妥当するために必要な無視のもとでは，そこで p と表された量に等しいので，ふたたび p で表すことにしよう．つまり，

$$217) \qquad p = \frac{\rho}{3}(\overline{\mathfrak{x}^2} + \overline{\mathfrak{y}^2} + \overline{\mathfrak{z}^2}) = \frac{\rho}{3}\overline{\mathfrak{c}^2}$$

とおく．

方程式189の右辺を $\mathfrak{r}$ と表し，左辺の $B_5(\mathfrak{x}^2)$ に値213を代入すると，ただちに

$$218) \qquad \overline{\mathfrak{c}^2} - 3\overline{\mathfrak{x}^2} = \frac{1}{A_2\rho^2}\sqrt{\frac{2m^3}{K_1}}\mathfrak{r}$$

が導かれる．

二つの量 $\overline{\mathfrak{c}^2} = \overline{\mathfrak{x}^2} + \overline{\mathfrak{y}^2} + \overline{\mathfrak{z}^2}$ と $3\overline{\mathfrak{x}^2}$ の小さな差をすぐに求めよう．この差と，それゆえ上式218の右辺もまた，われわれにとっては1次のオーダーの小ささである．したがって，その右辺においては，最大の程度の大きさをもつ項のみ保持すればよい．大きさが小さな項は，$\overline{\mathfrak{c}^2} - 3\overline{\mathfrak{x}^2}$ より小さい程度の大きさでもある．つまり，表式 $\mathfrak{r}$ において，

$$\rho\overline{\mathfrak{x}^2} = \rho\overline{\mathfrak{y}^2} = \rho\overline{\mathfrak{z}^2} = p,$$
$$\overline{\mathfrak{x}\mathfrak{y}} = \overline{\mathfrak{x}\mathfrak{z}} = \overline{\mathfrak{y}\mathfrak{z}} = \overline{\mathfrak{x}^3} = \overline{\mathfrak{x}\mathfrak{y}^2} = \overline{\mathfrak{x}\mathfrak{z}^2} = 0$$

§22 緩和時間．内部摩擦により修正された……

とおくことができる．

このとき

$$\mathfrak{r} = \rho \frac{d\left(\dfrac{p}{\rho}\right)}{dt} + 2p\frac{\partial u}{\partial x}$$

となることはすでに見た（方程式 191 を見よ）．$\overline{\mathfrak{r}^2}$ と，それから X_x，さらにその瞬間的な状態への依存性を求めたい．それゆえ時間に関して取られた微分商を含む項を消去する必要が残っている．これは容易である．というのも，同程度の精度で，

$$\rho \frac{d\left(\dfrac{p}{\rho}\right)}{dt} = -\frac{2p}{3}\left(\frac{\partial u}{\partial x} + \frac{\partial v}{\partial y} + \frac{\partial w}{\partial z}\right)$$

であることを求めていたからだ．

つまり，1 次近似で

$$\mathfrak{r} = \frac{2p}{3}\left(2\frac{\partial u}{\partial x} - \frac{\partial v}{\partial y} - \frac{\partial w}{\partial z}\right)$$

である．

さて $\mathfrak{r}$ のそれ以降の項は，$\overline{\mathfrak{c}^2} - 3\overline{\mathfrak{r}^2}$ にわずかな程度の大きさをもつ項だけ寄与するが，これは無視しよう．したがって，218 により

$$\overline{\mathfrak{c}^2} - 3\overline{\mathfrak{r}^2} = \frac{2p}{3A_2\rho^2}\sqrt{\frac{2m^3}{K_1}}\left(2\frac{\partial u}{\partial x} - \frac{\partial v}{\partial y} - \frac{\partial w}{\partial z}\right)$$

である．つまり，$\rho\overline{\mathfrak{r}^2} = 3p$ とおいていたので，

$$X_x = \rho\overline{\mathfrak{r}^2} = p - \frac{2p}{9A_2\rho}\sqrt{\frac{2m^3}{K_1}}\left(2\frac{\partial u}{\partial x} - \frac{\partial v}{\partial y} - \frac{\partial w}{\partial z}\right)$$

である．

さて，方程式 190 に $B_5(\mathfrak{r}\mathfrak{y})$ の値 214 を代入しよう．この方程式の右辺では，以前と同じ理由から，$\rho\overline{\mathfrak{r}^2} = \rho\overline{\mathfrak{y}^2} = \rho\overline{\mathfrak{z}^2} = p$ と，また横棒の下で $\mathfrak{r}, \mathfrak{y}, \mathfrak{z}$ の奇数次を含む平均値はゼロに等しいとおくことができる．これにより，

$$218a)\qquad \overline{\mathfrak{r}\mathfrak{y}} = -\frac{p}{3A_3\rho^2}\sqrt{\frac{2m^3}{K_1}}\left(\frac{\partial v}{\partial x} + \frac{\partial u}{\partial y}\right)$$

が分かる．

それゆえ略記のために，

$$219)\qquad \frac{p}{3A_3\rho}\sqrt{\frac{2m^3}{K_1}} = p\tau = \mathfrak{R}$$

とおくと，以下の決まった値

220)

$$X_x = \rho\overline{\mathfrak{r}^2} = p - \frac{2\mathfrak{R}}{3}\left(2\frac{\partial u}{\partial x} - \frac{\partial v}{\partial y} - \frac{\partial w}{\partial z}\right),$$

$$Y_y = \rho\overline{\mathfrak{y}^2} = p - \frac{2\mathfrak{R}}{3}\left(2\frac{\partial v}{\partial y} - \frac{\partial u}{\partial x} - \frac{\partial w}{\partial z}\right),$$

§22 緩和時間. 内部摩擦により修正された……

$$Z_z = \rho\overline{\mathfrak{z}^2} = p - \frac{2\mathfrak{R}}{3}\left(2\frac{\partial w}{\partial z} - \frac{\partial u}{\partial x} - \frac{\partial v}{\partial y}\right),$$

$$X_y = Y_x = \rho\overline{\mathfrak{x}\mathfrak{y}} = -\mathfrak{R}\left(\frac{\partial v}{\partial x} + \frac{\partial u}{\partial y}\right),$$

$$X_z = Z_x = \rho\overline{\mathfrak{x}\mathfrak{z}} = -\mathfrak{R}\left(\frac{\partial w}{\partial x} + \frac{\partial u}{\partial z}\right),$$

$$Y_z = Z_y = \rho\overline{\mathfrak{y}\mathfrak{z}} = -\mathfrak{R}\left(\frac{\partial v}{\partial z} + \frac{\partial w}{\partial y}\right)$$

を得る.

これらの方程式はもちろん完全に厳密なものではない.しかしそれらは方程式 $X_x = Y_y = Z_z = p$, $X_y = Y_x = X_z = Z_x = Y_z = Z_y = 0$ よりも一段厳密である.これらの値を運動方程式 185 に代入すると

221)
$$\begin{cases}
\rho\dfrac{du}{dt} + \dfrac{\partial p}{\partial x} - \mathfrak{R}\left[\Delta u + \dfrac{1\partial}{3\partial x}\left(\dfrac{\partial u}{\partial x} + \dfrac{\partial v}{\partial y} + \dfrac{\partial w}{\partial z}\right)\right] \\
\quad - \rho X = 0, \\
\rho\dfrac{dv}{dt} + \dfrac{\partial p}{\partial y} - \mathfrak{R}\left[\Delta v + \dfrac{1\partial}{3\partial y}\left(\dfrac{\partial u}{\partial x} + \dfrac{\partial v}{\partial y} + \dfrac{\partial w}{\partial z}\right)\right] \\
\quad - \rho Y = 0, \\
\rho\dfrac{dw}{dt} + \dfrac{\partial p}{\partial z} - \mathfrak{R}\left[\Delta w + \dfrac{1\partial}{3\partial z}\left(\dfrac{\partial u}{\partial x} + \dfrac{\partial v}{\partial y} + \dfrac{\partial w}{\partial z}\right)\right] \\
\quad - \rho Z = 0
\end{cases}$$

を与える.

ここで $\mathfrak{R}$ は定数とみなされていたが，このことも厳密に正しいわけではない．というのは，$\mathfrak{R}$ は温度の関数であり，これは圧縮や稀薄化により変化するからである．しかし，まさに $\mathfrak{R}$ の温度依存性こそがいまだ議論の余地のあるものであり，またあまり活発に運動していない気体は，ほとんど非圧縮性流体のように，つまり顕著に圧縮されることも稀薄化されることもなく運動するので，この無視は重大な問題ではない．方程式 221 はよく知られた，内部摩擦により修正された流体動力学的方程式[*6]である．p を定数，$X = Y = Z = 0, v = w = 0, u = ay$ とおくとこの方程式は満足される．つまり可能な運動がひとつ得られる．このとき気体中の xz 平面に平行な任意の層は速度 ay で自身と平行に，すなわち x 方向に運動する．a は単位長さだけ離れて並んでいるそのような二つの層の速度差である．これらの層のひとつはもちろん人為的に固定され，もうひとつの層は一定の運動状態に人為的に保たれなければならない．これらの層の単位面積に対する接線方向の力は，式 220 によれば値 $a\mathfrak{R}$ を持つ．つまり $\mathfrak{R}$ は，われわれが §12 で摩擦係数と名付けた量である．式 219 からはそれが p/ρ，つまり絶対温度に比例すること，他方で温度が与えられたときには圧力と密度から独立であることが導かれる．後者は，分子が弾性球である場合にもあてはまる．しかしこのとき，$\mathfrak{R}$ は絶対温度の平方根に比例する．$\mathfrak{R}$ の数値からは，もちろんいまは，平均自由行程は計算できない．衝突の終了が厳密に定義さ

§22 緩和時間．内部摩擦により修正された……

れていないからだ．それはただ，分子の質量 m と，力の法則の定数 K_1 のあいだのある方程式を与えるのみである．それはまた，緩和時間 $\tau = \mathfrak{R}/p$ の計算も可能にする．これについては，§12 で窒素について使われた $\mathfrak{R}$ の値から，76 cm の気圧計状態[*7]かつ 15℃ でおよそ $\tau = 2 \cdot 10^{-10}$ 秒であることが導かれる．

さて，$B_5(\mathfrak{x}^3)$，$B_5(\mathfrak{x}\mathfrak{y}^2)$ 等々の計算へと移ろう．表式 201 の次数を 3 乗にまで高め，それから $B_5(\mathfrak{x}^2)$ の計算で行ったように積分を実行することは，難しくない．すると，そのときと同じ座標変換が $B_5(\mathfrak{x}\mathfrak{y}^2)$ と $B_5(\mathfrak{x}\mathfrak{z}^2)$ の値を与え，さらに関数記号の中で $\mathfrak{x}, \mathfrak{y}, \mathfrak{z}$ に関する 3 次のオーダーの項を含む残りの B_5 は対称性により従う．$B_5(\mathfrak{x}\mathfrak{y}\mathfrak{z})$ は空間的な座標変換により求めなければならなかった．しかしここでは別の道を進んでみよう．それはマクスウェルがその生涯最後の数か月に，論文「稀薄気体における張力について」[*8]に付け加えた，角括弧で示されている三つの注で示唆したものである．

方程式

$$\frac{\partial^2 p}{\partial x^2} + \frac{\partial^2 p}{\partial y^2} + \frac{\partial^2 p}{\partial z^2} = 0$$

を満たす x, y, z の n 次の任意の完全関数 p を，n 次の(体)球関数〔体球調和関数〕と名付ける．ここで $x = \cos\lambda$，$y = \sin\lambda\cos\nu$，$z = \sin\lambda\sin\nu$ とおくと，それは n 次の球面関

数〔球面調和関数〕$p^{(n)}(\lambda, \nu)$ になる．さらに，

$$222) \qquad (1-2\mu x+x^2)^{-1/2}$$

の展開により生じるベキ級数の x^n の係数を $P^{(n)}(\mu)$（帯球関数〔帯球調和関数〕，1変数の球関数）で表そう．いま，G および G' を極座標 λ, ν および λ', ν' をもつ球面上の二つの任意の点とし，G_i が同じ球面上の $n+1$ 個の任意の他の点の代表であるとする．G_i の極座標が λ_i と ν_i であるとしよう．すると，

$$223) \qquad p^{(n)}(\lambda', \nu') = \sum_{i=1}^{i=2n+1} c_i P^{(n)}(s_i')$$

である*9．ここで s_i' は球面角 $G'G_i$ の余弦である．c_i はいずれも決定可能な定数係数である．いま，点 G と G_i を一定にしておこう．これに対して G' は球面角 GG' がつねに一定に保たれるように円を描くものとする．その余弦を μ とする．最後に ϵ で，大円 GG' と，G を通って引かれる固定された一定の大円の角を表そう．すると，まず

$$\frac{1}{2\pi}\int_0^{2\pi} p^{(n)}(\lambda', \nu')\,d\epsilon = \sum_{i=1}^{i=2n+1} \frac{c_i}{2\pi}\int_0^{2\pi} P^{(n)}(s_i')\,d\epsilon$$

である．

さらに，

$$\int_0^{2\pi} P^{(n)}(s_i')d\epsilon = 2\pi P^{(n)}(\mu) \cdot P^{(n)}(s_i)$$

である[*10]. ここで s_i は球面角 GG_i の余弦である. つまり,

$$\int_0^{2\pi} p^{(n)}(\lambda', \nu')d\epsilon = 2\pi P^{(n)}(\mu) \cdot \sum_{i=1}^{i=2n+1} c_i P^{(n)}(s_i)$$

を得る.

ところで最後の和は方程式 223 と同様に, 値 $p^{(n)}(\lambda, \nu)$ を取る. つまり最終的な式

224) $$\int_0^{2\pi} p^{(n)}(\lambda', \nu')d\epsilon = 2\pi P^{(n)}(\mu) \cdot p^{(n)}(\lambda, \nu)$$

が得られる[*11].

さて, まずはこの特殊な場合についてこの定理を B_5 の計算に適用し, はじめに再度 $B_5(\mathfrak{xy})$ を計算しよう.

以前と同様, $\xi, \eta, \zeta, \xi_1, \eta_1, \zeta_1, \xi', \eta', \zeta', \xi_1', \eta_1', \zeta_1'$ を二つの分子の衝突前と衝突後の速度成分とする. $\mathfrak{x}, \mathfrak{y}, \mathfrak{z}, \mathfrak{x}_1, \mathfrak{y}_1, \mathfrak{z}_1, \mathfrak{x}', \mathfrak{y}', \mathfrak{z}', \mathfrak{x}_1', \mathfrak{y}_1', \mathfrak{z}_1'$ は, 体積要素の中に含まれるすべての分子 m の平均運動に相対的な速度とする. つまり, u, v, w を体積要素の中に含まれるすべての分子 m の平均速度の成分とするとき, $\xi - \mathfrak{x} = u, \eta - \mathfrak{y} = v, \cdots$ である. さらに, 衝突前と衝突後それぞれにおいて,

$$\mathfrak{p} = \xi - \xi_1 = \mathfrak{x} - \mathfrak{x}_1, \quad \mathfrak{q} = \eta - \eta_1 = \mathfrak{y} - \mathfrak{y}_1,$$
$$\mathfrak{r} = \zeta - \zeta_1 = \mathfrak{z} - \mathfrak{z}_1,$$

$$\mathfrak{p}' = \xi' - \xi_1' = \mathfrak{x}' - \mathfrak{x}_1', \quad \mathfrak{q}' = \eta' - \eta_1' = \mathfrak{y}' - \mathfrak{y}_1',$$
$$\mathfrak{r}' = \zeta' - \zeta_1' = \mathfrak{z}' - \mathfrak{z}_1'$$

を,衝突前に速度成分 ξ, η, ζ を持っていた分子の,速度成分 ξ_1, η_1, ζ_1 を持っていた他の分子に対する相対速度 g および g' の成分とする.後者の分子をふたたび分子 m_1 と名付けるが,それはやはり同様に質量 m を持つ.最後にいま,

$$\mathfrak{u} = \mathfrak{x} + \mathfrak{x}_1 = \mathfrak{x}' + \mathfrak{x}_1', \quad \mathfrak{v} = \mathfrak{y} + \mathfrak{y}_1 = \mathfrak{y}' + \mathfrak{y}_1',$$
$$\mathfrak{w} = \mathfrak{z} + \mathfrak{z}_1 = \mathfrak{z}' + \mathfrak{z}_1'$$

で,二つの衝突する分子からなる系の重心が,体積要素の中に含まれるすべての分子 m の平均運動に対して相対運動しているときの速度成分の2倍を表す.これは衝突前と衝突後とで等しい.すると

$$4\mathfrak{x}\mathfrak{y} = \mathfrak{p}\mathfrak{q} + \mathfrak{u}\mathfrak{q} + \mathfrak{v}\mathfrak{p} + \mathfrak{u}\mathfrak{v},$$
$$4\mathfrak{x}_1\mathfrak{y}_1 = \mathfrak{p}\mathfrak{q} - \mathfrak{u}\mathfrak{q} - \mathfrak{v}\mathfrak{p} + \mathfrak{u}\mathfrak{v},$$
$$4\mathfrak{x}'\mathfrak{y}' = \mathfrak{p}'\mathfrak{q}' + \mathfrak{u}\mathfrak{q}' + \mathfrak{v}\mathfrak{p}' + \mathfrak{u}\mathfrak{v},$$
$$4\mathfrak{x}_1'\mathfrak{y}_1' = \mathfrak{p}'\mathfrak{q}' - \mathfrak{u}\mathfrak{q}' - \mathfrak{v}\mathfrak{p}' + \mathfrak{u}\mathfrak{v}$$

であり,それゆえ

225) $\quad 2(\mathfrak{x}'\mathfrak{y}' + \mathfrak{x}_1'\mathfrak{y}_1' - \mathfrak{x}\mathfrak{y} - \mathfrak{x}_1\mathfrak{y}_1) = \mathfrak{p}'\mathfrak{q}' - \mathfrak{p}\mathfrak{q}$

である.

§22 緩和時間. 内部摩擦により修正された……

さて,ふたたび m_1 のまわりに半径 1 の球を作図しよう. m_1 を通って横軸および相対速度 g と g' それぞれに対して平行な直線が,この球と点 X, G, G' で交わるとする(270 頁図 8). λ, ν および λ', ν' を,点 G および G' の極座標とする(すなわち λ と λ' はそれぞれ角 Xm_1G と Xm_1G' であり,ν と ν' は xy 平面と平面 Gm_1X および $G'm_1X$ がなす角である). $\mathfrak{p}, \mathfrak{q}, \mathfrak{r}$ と $\mathfrak{p}', \mathfrak{q}', \mathfrak{r}'$ は座標方向への g および g' の射影であるから,

$$\mathfrak{p} = g\cos\lambda, \quad \mathfrak{q} = \sin\lambda\cos\nu, \quad \mathfrak{r} = g\sin\lambda\sin\nu,$$
$$\mathfrak{p}' = g\cos\lambda', \quad \mathfrak{q}' = \sin\lambda'\cos\nu', \quad \mathfrak{r}' = g\sin\lambda'\sin\nu'$$

であり,それゆえ

$$\mathfrak{p}\mathfrak{q} = g^2 p^{(2)}(\lambda, \nu), \quad \mathfrak{p}'\mathfrak{q}' = g^2 p^{(2)}(\lambda', \nu')$$

である.ここで $p^{(2)}(\lambda, \nu)$ は球面関数 $\cos\lambda\sin\lambda\cos\nu$ である.以前と同様に,ϵ で球面三角 XGG' を,$\pi - 2\theta$ で角 Gm_1G' を表す.すると,球関数について先に引き合いに出された定理により,

$$226) \quad \int_0^{2\pi} p^{(2)}(\lambda', \nu')d\epsilon = 2\pi p^{(2)}(\lambda, \nu) \cdot P^{(2)}(\mu)$$

である.ここで $\mu = \cos(\pi - 2\theta)$ である. 222 を展開することで,

$$P^{(2)}(\mu) = \frac{3}{2}\mu^2 - \frac{1}{2} = \frac{3}{2}\cos^2(2\theta) - \frac{1}{2}$$

$$= 1 - 6\sin^2\theta\cos^2\theta$$

と求められる.

したがって,

$$\int_0^{2\pi} (\mathfrak{x}'\mathfrak{y}' + \mathfrak{x}'_1\mathfrak{y}'_1 - \mathfrak{x}\mathfrak{y} - \mathfrak{x}_1\mathfrak{y}_1)d\epsilon$$
$$= -\pi g^2 p^{(2)}(\lambda, \nu) \cdot 6\sin^2\theta\cos^2\theta$$
$$= -6\pi\mathfrak{p}\mathfrak{q}\sin^2\theta\cos^2\theta$$

となる.

ここから, 方程式208 〔原注*4〕を考慮すると,

$$\int_0^\infty gbdb \int_0^{2\pi} (\mathfrak{x}'\mathfrak{y}' + \mathfrak{x}'_1\mathfrak{y}'_1 - \mathfrak{x}\mathfrak{y} - \mathfrak{x}_1\mathfrak{y}_1)d\epsilon$$
$$= -3A_2\sqrt{\frac{K_1}{2m}}\mathfrak{p}\mathfrak{q},$$
$$B_5(\mathfrak{x}\mathfrak{y}) = \iiint \int_0^\infty \int_0^{2\pi} (\mathfrak{x}'\mathfrak{y}' + \mathfrak{x}'_1\mathfrak{y}'_1 $$
$$- \mathfrak{x}\mathfrak{y} - \mathfrak{x}_1\mathfrak{y}_1)gbff_1 d\omega d\omega_1 dbd\epsilon$$
$$= -\frac{3}{2}A_2\sqrt{\frac{K_1}{2m}}\iint \mathfrak{p}\mathfrak{q} ff_1 d\omega d\omega_1$$

が従い, さらにこれから最終的には, 式212により,

$$B_5(\mathfrak{x}\mathfrak{y}) = -3A_2\rho^2\sqrt{\frac{K_1}{2m^5}}\overline{\mathfrak{x}\mathfrak{y}}$$

が分かる.

さて,方程式 226 は任意の 2 次の球関数について成り立つので,一般に

$$B_5[\mathfrak{p}^{(2)}(\mathfrak{x},\mathfrak{y})] = -3A_2\rho^2\sqrt{\frac{K_1}{2m^5}}\,\overline{\mathfrak{p}^{(2)}(\mathfrak{x},\mathfrak{y})}$$

たとえば $\quad B_5(\mathfrak{x}^2-\mathfrak{y}^2) = -3A_2\rho^2\sqrt{\dfrac{K_1}{2m^5}}\,(\overline{\mathfrak{x}^2}-\overline{\mathfrak{y}^2})$

が従う.

f は x, y, z の関数ではなく,$X = Y = Z = 0$ なので(そして壁の影響は無視できるので),方程式 188 から

227) $$\rho\frac{d\overline{\mathfrak{f}}}{dt} = mB_5(\mathfrak{f})$$

が導かれる.

それゆえ $\mathfrak{f}$ が任意の 2 次の球関数であれば,一般に

228) $$\overline{\mathfrak{f}} = \overline{\mathfrak{f}_0}\,e^{-3A_2\rho\sqrt{\frac{K_1}{2m^3}}\,t}$$

が導かれる.

つまり,

229) $$\frac{1}{\tau} = \frac{\mathfrak{R}}{\mathfrak{p}} = 3A_2\rho\sqrt{\frac{K_1}{2m^3}}$$

は,$\mathfrak{x}, \mathfrak{y}, \mathfrak{z}$ の 2 次の球関数すべてについての緩和時間の逆数,すなわち衝突の作用のみによってそのような球関数の平均値がもとの値の e 分の 1 にまで減少する時間の逆数である.ちなみにこれをわれわれは,すでに他の方法で求めてい

たのであった.

さて，3次の球関数，たとえば $\mathfrak{x}^3 - 3\mathfrak{x}\mathfrak{y}^2$ へと移ろう. 225 と同様に，

$$4[\mathfrak{x}'^3 + \mathfrak{x}_1'^3 - \mathfrak{x}^3 - \mathfrak{x}_1^3 - 3(\mathfrak{x}'\mathfrak{y}'^2 + \mathfrak{x}_1'\mathfrak{y}_1'^2 - \mathfrak{x}\mathfrak{y}^2 - \mathfrak{x}_1\mathfrak{y}_1^2)]$$
$$= 3\mathfrak{u}(\mathfrak{p}'^2 - \mathfrak{q}'^2 - \mathfrak{p}^2 + \mathfrak{q}^2) - 6\mathfrak{v}(\mathfrak{p}'\mathfrak{q}' - \mathfrak{p}\mathfrak{q})$$

と求められる.

つまり，角括弧の中の表式を Φ と表すと，球関数の定理により，

$$\int_0^{2\pi} \Phi d\epsilon = \frac{3\pi}{2}(\mathfrak{u}\mathfrak{p}^2 - \mathfrak{u}\mathfrak{q}^2 - 2\mathfrak{v}\mathfrak{p}\mathfrak{q})\frac{3}{2}(\mu^2 - 1)$$

である.

さて，$\mu^2 - 1 = -4\sin^2\theta\cos^2\theta$ である. さらに $\mathfrak{u} = \mathfrak{x} + \mathfrak{x}_1$, $\mathfrak{v} = \mathfrak{y} + \mathfrak{y}_1$, $\mathfrak{p} = \mathfrak{x} - \mathfrak{x}_1$, $\mathfrak{q} = \mathfrak{y} - \mathfrak{y}_1$ とおいて式212を適用し，$\overline{\mathfrak{x}} = \overline{\mathfrak{y}} = \overline{\mathfrak{z}} = 0$ であることを考えると，方程式208〔原注*4〕を考慮すれば，

230)
$$\begin{cases} B_5(\mathfrak{x}^3 - 3\mathfrak{x}\mathfrak{y}^2) = \frac{1}{2}\iiint_0^\infty \int_0^{2\pi} \Phi f f_1 g b d\omega d\omega_1 db d\epsilon \\ \qquad = -\frac{9}{2}A_2\rho^2\sqrt{\frac{K_1}{2m^5}}(\overline{\mathfrak{x}^3 - 3\mathfrak{x}\mathfrak{y}^2}) \\ \qquad = -\frac{3p\rho}{2m\mathfrak{R}}(\overline{\mathfrak{x}^3 - 3\mathfrak{x}\mathfrak{y}^2}) \end{cases}$$

である.

§22 緩和時間. 内部摩擦により修正された……

同じことは, 任意の 3 次の球関数について成り立つ. 一般に,

231) $\qquad B_5[p^{(3)}(\mathfrak{x}, \mathfrak{y}, \mathfrak{z})] = -\dfrac{3p\rho}{2m\mathfrak{R}} \overline{p^{(3)}(\mathfrak{x}, \mathfrak{y}, \mathfrak{z})}$

である.

それゆえ 3 次の球関数の緩和時間の逆数は

$$\frac{3}{2}\frac{p}{\mathfrak{R}}$$

である.

$\mathfrak{x}, \mathfrak{y}, \mathfrak{z}$ の任意の 3 次の完全関数は, 3 次の球関数と, 定数がかかった三つの関数 $\mathfrak{x}(\mathfrak{x}^2+\mathfrak{y}^2+\mathfrak{z}^2)$, $\mathfrak{y}(\mathfrak{x}^2+\mathfrak{y}^2+\mathfrak{z}^2)$, $\mathfrak{z}(\mathfrak{x}^2+\mathfrak{y}^2+\mathfrak{z}^2)$ の和として表すことができる. これら三つの関数は, 1 次の球関数と表式 $\mathfrak{x}^2+\mathfrak{y}^2+\mathfrak{z}^2$ の積である. それゆえ, これら三つの積の緩和時間も求めなければならない.

$$\begin{aligned} 2[\mathfrak{x}'(\mathfrak{x}'^2+\mathfrak{y}'^2+\mathfrak{z}'^2)+\mathfrak{x}_1'(\mathfrak{x}_1'^2+\mathfrak{y}_1'^2+\mathfrak{z}_1'^2) \\ -\mathfrak{x}(\mathfrak{x}^2+\mathfrak{y}^2+\mathfrak{z}^2)-\mathfrak{x}_1(\mathfrak{x}_1^2+\mathfrak{y}_1^2+\mathfrak{z}_1^2)] \\ = \mathfrak{u}(\mathfrak{p}'^2-\mathfrak{p}^2)+\mathfrak{v}(\mathfrak{p}'\mathfrak{q}'-\mathfrak{p}\mathfrak{q})+\mathfrak{w}(\mathfrak{p}'\mathfrak{r}'-\mathfrak{p}\mathfrak{r}) \end{aligned}$$

である.

つまり角括弧の中の表式を Ψ で表すと,

$$\begin{aligned} \int_0^{2\pi} \Psi d\epsilon \\ = +\left[\frac{\mathfrak{u}}{6}(2\mathfrak{p}^2-\mathfrak{q}^2-\mathfrak{r}^2)+\frac{\mathfrak{v}}{2}\mathfrak{p}\mathfrak{q}+\frac{\mathfrak{w}}{2}\mathfrak{p}\mathfrak{r}\right]3\pi(\mu^2-1) \end{aligned}$$

である.

231a)
$$\begin{cases} \int_0^\infty gbdb \int_0^{2\pi} d\epsilon \Psi \\ = -\frac{1}{2}[\mathfrak{u}(2\mathfrak{p}^2 - \mathfrak{q}^2 - \mathfrak{r}^2) + 3\mathfrak{v}\mathfrak{p}\mathfrak{q} + 3\mathfrak{w}\mathfrak{p}\mathfrak{r}]A_2\sqrt{\frac{2K_1}{m}} \end{cases}$$

であり,それゆえ

232)
$$\begin{cases} B_5\left[\mathfrak{r}(\mathfrak{r}^2 + \mathfrak{\eta}^2 + \mathfrak{z}^2)\right] \\ = \frac{1}{2}\iiint_0^\infty \int_0^{2\pi} \Psi f f_1 gbd\omega d\omega_1 dbd\epsilon \\ = -2A_2\rho^2 \sqrt{\frac{K_1}{2m^5}} \, (\overline{\mathfrak{r}^3} + \overline{\mathfrak{r}\mathfrak{\eta}^2} + \overline{\mathfrak{r}\mathfrak{z}^2}) \\ = -\frac{2p\rho}{3m\mathfrak{R}} \, (\overline{\mathfrak{r}^3} + \overline{\mathfrak{r}\mathfrak{\eta}^2} + \overline{\mathfrak{r}\mathfrak{z}^2}) \end{cases}$$

である.

つまり,

233) $\quad B_5\left[(\mathfrak{r}^2 + \mathfrak{\eta}^2 + \mathfrak{z}^2)p^{(1)}(\mathfrak{r}, \mathfrak{\eta}, \mathfrak{z})\right]$
$$= -\frac{2p\rho}{3m\mathfrak{R}} \, \overline{(\mathfrak{r}^2 + \mathfrak{\eta}^2 + \mathfrak{z}^2)p^{(1)}(\mathfrak{r}, \mathfrak{\eta}, \mathfrak{z})}$$

である.

$\mathfrak{r}^2 + \mathfrak{\eta}^2 + \mathfrak{z}^2$ と 1 次の球関数の積の緩和時間の逆数は

$$\frac{2}{3}\frac{p}{\mathfrak{R}}$$

である.

§23 熱伝導. 第二の近似計算法

さて,方程式 188 で $\mathfrak{f} = \mathfrak{x}^3$ とおき,まずはふたたび最大のオーダーの大きさを持つ量のみを保持することにしよう. つまり,一定の速度で流れており, $\overline{\mathfrak{x}^3} = \overline{\mathfrak{\eta} \mathfrak{x}^2} = \overline{\mathfrak{x}^2 \mathfrak{z}} = 0$ 等々となるような気体に対して成り立つ状態分布からのずれを無視するのである. これにより,方程式 188 から,

$$mB_5(\mathfrak{x}^3) = \frac{\partial(\rho \overline{\mathfrak{x}^4})}{\partial x} - 3\overline{\mathfrak{x}^2} \cdot \frac{\partial(\rho \overline{\mathfrak{x}^2})}{\partial x}$$

を得る.

いまの近似計算は, ξ, η, ζ のかわりに $\mathfrak{x}, \mathfrak{y}, \mathfrak{z}$ と書くと,ふたたびあたかもマクスウェルの状態分布が成立しているかのように関連する項を計算することになるので,式 49 を適用することも,同様にしてその中の ξ, η, ζ のかわりに $\mathfrak{x}, \mathfrak{y}, \mathfrak{z}$ と書けば可能である. つまり,

$$\rho \overline{\mathfrak{x}^4} = 3\rho \left(\overline{\mathfrak{x}^2}\right)^2 = 3\frac{p^2}{\rho}, \quad \rho \overline{\mathfrak{x}^2} = p$$

である. したがって

$$mB_5(\mathfrak{x}^3) = 3p \frac{\partial \left(\dfrac{p}{\rho}\right)}{\partial x}$$

である.

方程式 188 で $\mathfrak{f} = \mathfrak{x} \mathfrak{y}^2$ とおくと,同様の無視をすれば

$$mB_5(\mathfrak{x}\mathfrak{y}^2) = \frac{\partial(\rho\overline{\mathfrak{x}^2\mathfrak{y}^2})}{\partial x} - \overline{\mathfrak{y}}^2\frac{\partial(\rho\overline{\mathfrak{x}^2})}{\partial x}$$

が従う.

さて,

$$\overline{\mathfrak{x}^2\mathfrak{y}^2} = \overline{\mathfrak{x}^2}\cdot\overline{\mathfrak{y}^2} = \frac{p^2}{\rho^2}$$

なので,

$$mB_5(\mathfrak{x}\mathfrak{y}^2) = p\frac{\partial\left(\dfrac{p}{\rho}\right)}{\partial x}$$

となる.

同様に,

$$mB_5(\mathfrak{x}\mathfrak{z}^2) = p\frac{\partial\left(\dfrac{p}{\rho}\right)}{\partial x}$$

であり, それゆえ

$$mB_5(\mathfrak{x}^3 - 3\mathfrak{x}\mathfrak{y}^2) = 0,$$

$$mB_5(\mathfrak{x}^3 + \mathfrak{x}\mathfrak{y}^2 + \mathfrak{x}\mathfrak{z}^2) = 5p\frac{\partial\left(\dfrac{p}{\rho}\right)}{\partial x}$$

である. そして方程式 230 と 232 により,

234) $\quad \overline{\mathfrak{x}^3} - 3\overline{\mathfrak{x}\mathfrak{y}^2} = \overline{\mathfrak{x}^3} - 3\overline{\mathfrak{x}\mathfrak{z}^2} = 0,$

$$\rho(\overline{\mathfrak{x}^3} + \overline{\mathfrak{x}\mathfrak{y}^2} + \overline{\mathfrak{x}\mathfrak{z}^2}) = -\frac{15\mathfrak{R}}{2}\frac{\partial\left(\dfrac{p}{\rho}\right)}{\partial x}$$

である.

これより,

235)
$$\begin{cases}
\overline{\mathfrak{x}^3} = -\dfrac{9}{2}\dfrac{\mathfrak{R}}{\rho}\dfrac{\partial\left(\dfrac{p}{\rho}\right)}{\partial x}, \quad \overline{\mathfrak{x}\mathfrak{y}^2} = \overline{\mathfrak{x}\mathfrak{z}^2} = -\dfrac{3}{2}\dfrac{\mathfrak{R}}{\rho}\dfrac{\partial\left(\dfrac{p}{\rho}\right)}{\partial x}, \\
\text{同様にして} \\
\overline{\mathfrak{y}^3} = -\dfrac{9}{2}\dfrac{\mathfrak{R}}{\rho}\dfrac{\partial\left(\dfrac{p}{\rho}\right)}{\partial y}, \quad \overline{\mathfrak{x}^2\mathfrak{y}} = \overline{\mathfrak{y}\mathfrak{z}^2} = -\dfrac{3}{2}\dfrac{\mathfrak{R}}{\rho}\dfrac{\partial\left(\dfrac{p}{\rho}\right)}{\partial y}, \\
\overline{\mathfrak{z}^3} = -\dfrac{9}{2}\dfrac{\mathfrak{R}}{\rho}\dfrac{\partial\left(\dfrac{p}{\rho}\right)}{\partial z}, \quad \overline{\mathfrak{x}^2\mathfrak{z}} = \overline{\mathfrak{y}^2\mathfrak{z}} = -\dfrac{3}{2}\dfrac{\mathfrak{R}}{\rho}\dfrac{\partial\left(\dfrac{p}{\rho}\right)}{\partial z}
\end{cases}$$

が導かれる.

これらの値は,方程式 189 と 190 を解く際の近似を,これまでになされたよりも一段階進めるために用いることができる.

まず,方程式 189 に,y 軸と z 軸に関して成立する同様の方程式を加えよう.いま $B_5(\mathfrak{x}^2) + B_5(\mathfrak{y}^2) + B_5(\mathfrak{z}^2) = 0$ である.方程式 234 と,それから循環的な交換によって生じる 2 本の方程式,ならびに連続の式 184 を考慮し,最後になお残る $\rho\overline{\mathfrak{x}^2} = X_x$, $\rho\overline{\mathfrak{x}\mathfrak{y}} = X_y$ 等々に値 220 を代入すると,

236)

$$\begin{cases}
\dfrac{3\rho}{2}\dfrac{d\left(\dfrac{p}{\rho}\right)}{dt} \\
= \dfrac{p}{\rho}\dfrac{d\rho}{dt} + \dfrac{15}{4}\left[\dfrac{\partial}{\partial x}\left(\mathfrak{R}\dfrac{\partial\left(\dfrac{p}{\rho}\right)}{\partial x}\right)\right. \\
\left. + \dfrac{\partial}{\partial y}\left(\mathfrak{R}\dfrac{\partial\left(\dfrac{p}{\rho}\right)}{\partial y}\right) + \dfrac{\partial}{\partial z}\left(\mathfrak{R}\dfrac{\partial\left(\dfrac{p}{\rho}\right)}{\partial z}\right)\right] \\
+ \mathfrak{R}\left[2\left(\dfrac{\partial u}{\partial x}\right)^2 + 2\left(\dfrac{\partial v}{\partial y}\right)^2 + 2\left(\dfrac{\partial w}{\partial z}\right)^2\right. \\
\left. - \dfrac{2}{3}\left(\dfrac{\partial u}{\partial x} + \dfrac{\partial v}{\partial y} + \dfrac{\partial w}{\partial z}\right)^2 + \left(\dfrac{\partial v}{\partial z} + \dfrac{\partial w}{\partial y}\right)^2\right. \\
\left. + \left(\dfrac{\partial u}{\partial z} + \dfrac{\partial w}{\partial x}\right)^2 + \left(\dfrac{\partial u}{\partial y} + \dfrac{\partial v}{\partial x}\right)^2\right]
\end{cases}$$

が導かれる.$3p/\rho = \overline{\mathfrak{x}^2} + \overline{\mathfrak{y}^2} + \overline{\mathfrak{z}^2}$ は,体積要素 do の中に含まれる分子の熱運動の平均二乗速度である.われわれはここで熱運動が,do の中に含まれる気体質量の,速度成分 u, v, w を持つ可視的運動に対する分子の相対運動を意味するものとする.ρdo は do の中に含まれるすべての分子の質量である.つまり

$$\frac{3}{2}\rho do \cdot \frac{d\left(\dfrac{p}{\rho}\right)}{dt} dt$$

は，仕事単位で測った熱の増分，すなわち時間 dt のあいだの，do の中に含まれるすべての分子の熱運動の運動エネルギーの増分である．ところでここでは，体積要素 do は空間中に固定されたままであってはならず，〔do 中の〕任意の点が速度成分 u, v, w で運動することにより引き起こされる変形と並進運動を，時間 dt のあいだに空間中で行わなければならない．〔u, v, w〕それ自身は x, y, z の関数である．つまり，do の中には，分子運動により引き起こされる交換を除いては，同じ分子がとどまる．するとこれらにより加えられる熱量は，伝導され，また内部摩擦により生み出された量として計算されるだろう．

99 頁では，時間 dt のあいだに気体中に向かって行われる圧縮の仕事について，値 $-pd\Omega = -pkd(1/\rho)$ を求めていた．われわれの場合では $k = \rho do, d(1/\rho) = -(1/\rho^2)(d\rho/dt)dt$ である．したがって，方程式 236 の項

$$\frac{p}{\rho}\frac{d\rho}{dt}dt do$$

は，外部からの圧力 p により時間 dt のあいだに do に伝えられる仕事，つまり圧力 p により生み出される圧縮熱を表している．まったく同様の考察を行って，弾性体の変形の際の仕事を計算し，方程式 236 の最後の，微分記号の外側で因

子 $\mathfrak{R}$ がついている項にさらに $dodt$ をかけたとすると，それは方程式 220 により与えられる力 $X_x, X_y, \ldots$ を得るために圧力 p に加えなければならない追加の力により，時間 dt のあいだに do の中へなされる全仕事を表すことが分かる[*12]. するとこの項は，内部摩擦により生じる熱に対応している. つまり方程式 236 の最後から 2 番目の，因子 15/4 がついている項は，$dodt$ をかければ，熱伝導により体積要素の中へと導き入れられる，仕事単位で測った熱を表すのでなければならない. 体積要素を辺 $dxdydz$ の平行六面体と考え，x 軸を左から右へ，y 軸を奥から前へ，z 軸を下から上へ引き，T で温度を，$\mathfrak{L}$ で熱伝導係数を表すと，経験的に（少なくとも近似的に）確証されている旧来のフーリエの熱伝導理論により，

$$\mathfrak{L}\frac{\partial T}{\partial x}dydzdt, \quad \mathfrak{L}\frac{\partial T}{\partial y}dxdzdt, \quad \mathfrak{L}\frac{\partial T}{\partial z}dxdydt$$

は，平行六面体からそれぞれ左，奥，下へと出ていく熱量

$$\left[\mathfrak{L}\frac{\partial T}{\partial x} + \frac{\partial}{\partial x}\left(\mathfrak{L}\frac{\partial T}{\partial x}\right)dx\right]dydzdt,$$

$$\left[\mathfrak{L}\frac{\partial T}{\partial y} + \frac{\partial}{\partial y}\left(\mathfrak{L}\frac{\partial T}{\partial y}\right)dy\right]dxdzdt,$$

$$\left[\mathfrak{L}\frac{\partial T}{\partial z} + \frac{\partial}{\partial z}\left(\mathfrak{L}\frac{\partial T}{\partial z}\right)dz\right]dxdydt$$

であり，また反対側から入ってくる熱量である. それゆえ熱伝導により時間 dt のあいだに平行六面体 do の中に引き起

こされる熱の増分は

237)
$$\left[\frac{\partial}{\partial x}\left(\mathfrak{L}\frac{\partial T}{\partial x}\right)+\frac{\partial}{\partial y}\left(\mathfrak{L}\frac{\partial T}{\partial y}\right)+\frac{\partial}{\partial z}\left(\mathfrak{L}\frac{\partial T}{\partial z}\right)\right]dodt$$

である.

方程式 236 の因子 15/4 がかかっている項は，どのみち小さなものである．それゆえここでは高次のオーダーの小さな項は無視することができ，この気体を，あたかも u, v, w は一定だが，$\mathfrak{x}, \mathfrak{y}, \mathfrak{z}$ はマクスウェルの速度分布則により決定されているかのように扱うことができる．するとその内部状態は $\mathfrak{x}, \mathfrak{y}, \mathfrak{z}$ のみによって決定され，§7 と §8 の式を，静止した気体に対するのと同様に適用することができる．r をわれわれの気体の気体定数，R を標準気体の気体定数，m/μ を後者の気体分子の質量とすると，式 52 により

$$\frac{p}{\rho}=rT=\frac{R}{\mu}T$$

である.

したがって，方程式 236 の因子 15/4 がかかっている項と $dodt$ の積は，

$$\frac{15}{4}\frac{R}{\mu}\left[\frac{\partial}{\partial x}\left(\mathfrak{R}\frac{\partial T}{\partial x}\right)+\frac{\partial}{\partial y}\left(\mathfrak{R}\frac{\partial T}{\partial y}\right)+\frac{\partial}{\partial z}\left(\mathfrak{R}\frac{\partial T}{\partial z}\right)\right]dodt$$

のように書ける.

これは,

$$\tag{238} \mathfrak{L} = \frac{15}{4}\frac{R\mathfrak{R}}{\mu}$$

とおけば,経験的な表式 237 と完全に一致する.

熱単位から独立にするため,R のかわりに比熱を導入しよう.分子内運動は仮定しなかったので,ここで方程式 54 の量 β はゼロに等しい.つまりこの方程式は

$$\gamma_v = \frac{3}{2}\frac{R}{\mu}$$

を与え,それゆえ

$$\tag{239} \mathfrak{L} = \frac{5}{2}\gamma_v \mathfrak{R}$$

である[*13].

この値は,式 93 で与えられるものに比べて 5/2 倍であり,観察に比べて式 93 の値が小さすぎるのとほぼ同じだけ大きすぎる.いま置かれている前提(たとえば $\beta = 0$)が明らかに満たされない場合における数値的一致は,正当な仕方では期待できない.R と,μ,それゆえ γ_v もまた定数であるから,$\mathfrak{L}$ は $\mathfrak{R}$ と同じ仕方で温度と圧力に依存する.

このようにして,いわゆる記述的理論も受け入れてきた式すべてにわれわれは到達したのであるが,ただ,摩擦を表す項が,記述的理論においては任意のままであるのに対し,ここではある特定の値を取るという点が異なる.記述的理論においては $(p - X_x)\cdot(3/2\mathfrak{R})$ は

$$3\frac{\partial u}{\partial x} - \epsilon\left(\frac{\partial u}{\partial x} + \frac{\partial v}{\partial y} + \frac{\partial w}{\partial z}\right)$$

に等しいが,対してここではそれは

$$3\frac{\partial u}{\partial x} - \left(\frac{\partial u}{\partial x} + \frac{\partial v}{\partial y} + \frac{\partial w}{\partial z}\right)$$

に等しい.つまり記述的理論では,$X_x - p$ の表式において,圧縮に依存する表式

$$\frac{\partial u}{\partial x} + \frac{\partial v}{\partial y} + \frac{\partial w}{\partial z}$$

に対して $\partial u/\partial x$ の係数とは独立なある係数がかかっているが,現在の理論では前者の係数は後者の係数よりもちょうど3倍である.同じことは Y_y と Z_z についても成り立つ.後者の係数は,現在の理論でも記述的理論でも,Y_z の表式における

$$\frac{\partial w}{\partial y} + \frac{\partial v}{\partial z}$$

の係数の2倍,つまり実験的に決定可能な摩擦係数の2倍でなければならない.

われわれの理論の観点からは,これらの式はすべて近似式である.近似をさらに進めることには何の困難もない.そのようにして拡張された方程式は,われわれの仮説に多くの恣意的なものが含まれている以上,たしかにすべての点で経験と一致するということはないだろうが,しかし実験に取りかからなければならないような状況では,おそらく有用な道標

となるだろう．その実験的検証は困難ではあるが，完全に見込みがないわけでもないだろう．そしてそれにより，もとの流体動力学的方程式を超える事実が与えられることが期待される．どのようにして近似をさらに進めるかをごく手短に示すために，方程式 189 と 190 に，いま求められた値を代入してみよう．これらの値から，方程式 214, 235, 220, 52, 238 によれば，

239a)
$$\begin{cases} X_y = \rho\overline{\mathfrak{x}\mathfrak{y}} \\ \quad = -\frac{\mathfrak{R}}{p}\Bigg[\rho\frac{d\overline{\mathfrak{x}\mathfrak{y}}}{dt} + X_y\frac{\partial u}{\partial x} + Y_y\frac{\partial u}{\partial y} + Y_z\frac{\partial u}{\partial z} \\ \qquad + X_x\frac{\partial v}{\partial x} + X_y\frac{\partial v}{\partial y} + X_z\frac{\partial v}{\partial z} \\ \qquad - \frac{2}{5}\frac{\partial}{\partial x}\left(\mathfrak{L}\frac{\partial T}{\partial y}\right) - \frac{2}{5}\frac{\partial}{\partial y}\left(\mathfrak{L}\frac{\partial T}{\partial x}\right) \\ \qquad + \frac{\partial(\rho\overline{\mathfrak{x}\mathfrak{y}\mathfrak{z}})}{\partial z}\Bigg] \end{cases}$$

が導かれる．

方程式 188 に $\mathfrak{f} = \mathfrak{x}\mathfrak{y}\mathfrak{z}$ と代入すると，いま要求される精度ではゼロになってしまう項のみを得る．つまりいま，

$$mB_5(\mathfrak{x}\mathfrak{y}\mathfrak{z}) = -\frac{3p}{2\mathfrak{R}}\rho\overline{\mathfrak{x}\mathfrak{y}\mathfrak{z}}$$

はゼロに等しいとおくことができる．つまり

$$\frac{\partial(\rho\overline{\mathfrak{x}\eta\mathfrak{z}})}{\partial z}=0$$

でもある. $X_x, X_y, \ldots$ については,値 220 の右辺を代入できる. さらに 218a によれば

$$\frac{d\overline{\mathfrak{x}\eta}}{dt}=-\frac{d}{dt}\left[\frac{\mathfrak{R}}{\rho}\left(\frac{\partial v}{\partial x}+\frac{\partial u}{\partial y}\right)\right]$$

であり, ここでは最大のオーダーの大きさをもつ項のみが必要なので,

$$\begin{aligned}\frac{d\overline{\mathfrak{x}\eta}}{dt}=&-\frac{\mathfrak{R}}{\rho}\left(\frac{\partial v}{\partial x}+\frac{\partial u}{\partial y}\right)\left(\frac{\partial u}{\partial x}+\frac{\partial v}{\partial y}+\frac{\partial w}{\partial z}\right)\\&+\frac{\mathfrak{R}}{\rho}\frac{\partial}{\partial x}\left(\frac{1}{\rho}\frac{\partial p}{\partial y}-X\right)\\&+\frac{\mathfrak{R}}{\rho}\frac{\partial}{\partial y}\left(\frac{1}{\rho}\frac{\partial p}{\partial x}-Y\right)\\&-\frac{1}{\rho}\left(\frac{\partial v}{\partial x}+\frac{\partial u}{\partial y}\right)\frac{d\mathfrak{R}}{dt}\end{aligned}$$

である.

同様にして $X_x, X_z, \ldots$ も計算できよう. するとかなり複雑な表式を得るだろう. それは, はじめマクスウェルの電気理論においてそうだったのとちょうど同じように, とくに大陸の物理学者にとってはきっと異様に思われるだろう[*14]. 〔しかし〕この方程式のさらに多くの項がいつかは役割を果さないとも限らないのではないだろうか. ここでは, すでにマクスウェルが考察した以下のような特殊例のみ指摘してお

こう. 1. 気体中に全体的な運動も外力もない場合，つまり到るところで $u = v = w = X = Y = Z = 0$ である場合. 2. 任意の定常な熱流が生じている場合. このとき t による微分商もゼロになるので, 239a により

$$X_y = Y_x = \frac{2}{5} \frac{\mathfrak{R}}{p} \left[\frac{\partial}{\partial x} \left(\mathfrak{L} \frac{\partial T}{\partial y} \right) + \frac{\partial}{\partial y} \left(\mathfrak{L} \frac{\partial T}{\partial x} \right) \right]$$

となる. 同じ特殊例においては，方程式 189 が

$$Y_y + Z_z - 2X_x = \frac{3\mathfrak{R}}{p} \left[\frac{\partial(\rho\overline{\mathfrak{x}^3})}{\partial x} + \frac{\partial(\rho\overline{\mathfrak{x}^2\mathfrak{y}})}{\partial y} + \frac{\partial(\rho\overline{\mathfrak{x}^2\mathfrak{z}})}{\partial z} \right]$$

を与える. つまり方程式 235 を考慮すれば

$$2X_x - Y_y - Z_z = \frac{6\mathfrak{R}}{5p} \left[3\frac{\partial}{\partial x} \left(\mathfrak{L} \frac{\partial T}{\partial x} \right) + \frac{\partial}{\partial y} \left(\mathfrak{L} \frac{\partial T}{\partial y} \right) \right. \\ \left. + \frac{\partial}{\partial z} \left(\mathfrak{L} \frac{\partial T}{\partial z} \right) \right]$$

であり，それゆえ, $X_x + Y_y + Z_z = 3p$ なので,

$$X_x = p + \frac{2\mathfrak{R}}{5p} \left[3\frac{\partial}{\partial x} \left(\mathfrak{L} \frac{\partial T}{\partial x} \right) + \frac{\partial}{\partial y} \left(\mathfrak{L} \frac{\partial T}{\partial y} \right) \right. \\ \left. + \frac{\partial}{\partial z} \left(\mathfrak{L} \frac{\partial T}{\partial z} \right) \right] \\ = p + \frac{4\mathfrak{R}}{5} \frac{\partial}{\partial x} \left(\mathfrak{L} \frac{\partial T}{\partial x} \right)$$

である. というのは，定常な熱流については

$$\frac{\partial}{\partial x} \left(\mathfrak{L} \frac{\partial T}{\partial x} \right) + \frac{\partial}{\partial y} \left(\mathfrak{L} \frac{\partial T}{\partial y} \right) + \frac{\partial}{\partial z} \left(\mathfrak{L} \frac{\partial T}{\partial z} \right) = 0$$

だからである．それゆえこの場合，

$$\frac{\partial X_x}{\partial x} + \frac{\partial Y_y}{\partial y} + \frac{\partial Z_z}{\partial z} = 0$$

でもある．つまり，気体内部の体積要素は平衡状態にある．しかし，定常熱流においては圧力はすべての場所で等しいだろうというよく知られた見解(上で引用したキルヒホッフの『熱学講義』〔序文訳注*5〕の最後の頁を見よ．その他の点では，そこでもとの熱伝導理論について言われていることはまったく正しい)は誤りであることが明らかになる．圧力は点ごとに変化し，同じひとつの場所であっても異なる向きでは異なり，また圧力をかけられる面に対して厳密に垂直でもないのである．

それゆえある固体全体が熱伝導性の気体によって囲まれているとき，その固体は一般には運動状態に入る．その表面に対しては，どこでも同じ圧力がかかるわけではないからだ．マクスウェルがここにラジオメーター現象の原因を認めているのは，おそらく正しい[*15]．また，気体がある固体の壁に接しているとき，この壁が静止している気体に対して有限の接線力をおよぼすことができないならば，気体は静止したままではいられない．気体内部の圧力差によって生み出されるこれらの運動を，より暖かい気体と冷たい気体の密度の差の結果として，重力の作用により生じる運動と混同してはならない．後者の運動はラジオメーターにおいては何の役割も果たしていない．ラジオメーターにおいては回転軸は垂直だか

らだ．またわれわれの式は後者の運動とは関係ない．われわれは $X = Y = Z = 0$ とおいているからだ．

これまでわれわれは，マクスウェルにより考案され，キルヒホッフ他によっても同様に適用された天才的方法に従ってきた．その本質は，速度分布を決定する関数 $f(x, y, z, \xi, \eta, \zeta, t)$ の計算から完全に独立になされるということにある．まさにこの関数の計算から出発するという点において，逆向きの道をたどる方法が別にある．この方法はまったく注意を引いてこなかったが，私はここでそれに簡単に踏み込んでみたい．われわれはエントロピーの計算のために，まさにその関数 f を必要とするだろうからだ．

その出発点は一般的方程式114であるが，われわれはただ1種類の気体しか扱っていないので，最後から2番目の項はゼロになる．いま，以前に用いられた定数 a, h, u, v, w のかわりに

$$e^a, \frac{k}{m}, u_0, v_0, w_0$$

と書くと，a, k, u_0, v_0, w_0 が定数である限りにおいて，

240) $\qquad f = e^{a - k[(\xi - u_0)^2 + (\eta - v_0)^2 + (\zeta - w_0)^2]}$

とおけば方程式が満たされることが分かる．このとき，u_0, v_0, w_0 は気体全体の速度成分である．

さて，k, a, u_0, v_0, w_0 が，x, y, z, t の関数であるとしよ

う.しかし,その変化(すなわちこれらの変数に関する微分商)は非常に小さく,方程式114を再度満たすためには,小さな修正項しか表式240に加える必要はないとしよう.これをあるベキ級数の形で表そう.a, k, u_0, v_0, w_0 は任意なので,それらの値をつねに,ベキ級数の ξ, η, ζ がかかった項がゼロになるように選ぶことができる.それゆえこれらの項は,一般性を損なうことなく落とすことができる.また,ξ^2, η^2, ζ^2 の係数も,それらの和がゼロに等しくなるように選ぶことができる.変数

241) $\quad \mathfrak{x}_0 = \xi - u_0, \quad \mathfrak{y}_0 = \eta - v_0, \quad \mathfrak{z}_0 = \zeta - w_0$

を導入し,また

242)
$$\begin{cases} f = f^{(0)}\Big(1 + b_{11}\mathfrak{x}_0^2 + b_{22}\mathfrak{y}_0^2 + b_{33}\mathfrak{z}_0^2 + b_{12}\mathfrak{x}_0\mathfrak{y}_0 \\ \qquad + b_{13}\mathfrak{x}_0\mathfrak{z}_0 + b_{23}\mathfrak{y}_0\mathfrak{z}_0 + c_1\mathfrak{x}_0\mathfrak{c}_0^2 + c_2\mathfrak{y}_0\mathfrak{c}_0^2 + c_3\mathfrak{z}_0\mathfrak{c}_0^2\Big) \end{cases}$$

とおこう〔以下で説明されるように,$\mathfrak{c}_0^2 = \mathfrak{x}_0^2 + \mathfrak{y}_0^2 + \mathfrak{z}_0^2$ である〕.ここで

243) $\qquad f^{(0)} = e^{a - k(\mathfrak{x}_0^2 + \mathfrak{y}_0^2 + \mathfrak{z}_0^2)}$

であり,また

244) $\qquad b_{11} + b_{22} + b_{33} = 0$

である．そこで方程式 114 の左辺は

$$\mathfrak{l} = \frac{\partial f}{\partial t} + (\mathfrak{x}_0 + u_0)\frac{\partial f}{\partial x} + (\mathfrak{y}_0 + v_0)\frac{\partial f}{\partial y}$$
$$+ (\mathfrak{z}_0 + w_0)\frac{\partial f}{\partial z} + X\frac{\partial f}{\partial \mathfrak{x}_0} + Y\frac{\partial f}{\partial \mathfrak{y}_0} + Z\frac{\partial f}{\partial \mathfrak{z}_0}$$

と変形される[16]．

いずれにしても微分商はすべて小さいので，この中で f と $f^{(0)}$ は交換できる．すると，$\mathfrak{x}_0^2 + \mathfrak{y}_0^2 + \mathfrak{z}_0^2$ を $\mathfrak{c}_0^2$ と，$\partial/\partial t + u_0 \partial/\partial x + v_0 \partial/\partial y + w_0 \partial/\partial z$ を d_0/dt と書くと，

245)

$$\frac{1}{f^{(0)}}\mathfrak{l} = \frac{d_0 a}{dt} - \mathfrak{c}_0^2 \frac{d_0 k}{dt} + \mathfrak{x}_0\left[\frac{\partial a}{\partial x} + 2k\left(\frac{d_0 u_0}{dt} - X\right)\right]$$
$$+ \mathfrak{y}_0\left[\frac{\partial a}{\partial y} + 2k\left(\frac{d_0 v_0}{dt} - Y\right)\right]$$
$$+ \mathfrak{z}_0\left[\frac{\partial a}{\partial z} + 2k\left(\frac{d_0 w_0}{dt} - Z\right)\right]$$
$$+ 2k\left[\mathfrak{x}_0^2 \frac{\partial u_0}{\partial x} + \mathfrak{y}_0^2 \frac{\partial v_0}{\partial y} + \mathfrak{z}_0^2 \frac{\partial w_0}{\partial z}\right.$$
$$+ \mathfrak{y}_0\mathfrak{z}_0\left(\frac{\partial v_0}{\partial z} + \frac{\partial w_0}{\partial y}\right)$$
$$+ \mathfrak{x}_0\mathfrak{z}_0\left(\frac{\partial w_0}{\partial x} + \frac{\partial u_0}{\partial z}\right)$$

$$+ \mathfrak{x}_0 \mathfrak{y}_0 \left(\frac{\partial u_0}{\partial y} + \frac{\partial v_0}{\partial x} \right) \Bigg]$$

$$- \mathfrak{c}_0^2 \left(\mathfrak{x}_0 \frac{\partial k}{\partial x} + \mathfrak{y}_0 \frac{\partial k}{\partial y} + \mathfrak{z}_0 \frac{\partial k}{\partial z} \right)$$

と求められる.

ところで方程式 114 の右辺は,係数 b を小さいとみなし,それゆえその積と 2 乗を無視すると,

$$\mathfrak{r} = \iint_0^\infty \int_0^{2\pi} f^{(0)} f_1^{(0)} d\omega_1 g b db d\epsilon \Big[b_{11} \left(\mathfrak{x}'^2 + \mathfrak{x}_1'^2 - \mathfrak{x}^2 - \mathfrak{x}_1^2 \right) + b_{22} \left(\mathfrak{y}'^2 + \mathfrak{y}_1'^2 - \mathfrak{y}^2 - \mathfrak{y}_1^2 \right) \cdots \Big]$$

と変形される.

添字であふれることを避けるため,量 $\mathfrak{x}, \mathfrak{y}, \mathfrak{z}$ においては,方程式 246 に到るまで添字ゼロを落とす.すなわち,それらが量 u, v, w ではなく,量 u_0, v_0, w_0 と対応する ξ, η, ζ の差から生じたものであることはとくに明示しない.$f^{(0)}$ と $f_1^{(0)}$ においては,同様に,u, v, w ではなく u_0, v_0, w_0 が ξ, η, ζ から引かれているように見えるので,以前とまったく同様に,

$$U = \int_0^\infty g b db \int_0^{2\pi} d\epsilon (\mathfrak{x}' \mathfrak{y}' + \mathfrak{x}_1' \mathfrak{y}_1' - \mathfrak{x} \mathfrak{y} - \mathfrak{x}_1 \mathfrak{y}_1)$$
$$= -3 A_2 \sqrt{\frac{K_1}{2m}} (\mathfrak{x} \mathfrak{y} - \mathfrak{x} \mathfrak{y}_1 - \mathfrak{x}_1 \mathfrak{y} + \mathfrak{x}_1 \mathfrak{y}_1)$$

と求められる．

これより，

$$\int f_1^{(0)} d\omega_1 U = -3A_2 \sqrt{\frac{K_1}{2m^3}} \rho \mathfrak{x} \mathfrak{y}$$

である．

同じことは積 $\mathfrak{x}\mathfrak{z}$ と $\mathfrak{y}\mathfrak{z}$ についても成り立つ．いま

$$\int \mathfrak{x}_1^2 f_1^{(0)} d\omega_1 = \int \mathfrak{y}_1^2 f_1^{(0)} d\omega_1 = \int \mathfrak{z}_1^2 f_1^{(0)} d\omega_1$$

かつ $b_{11} + b_{22} + b_{33} = 0$

であるから，$b_{11}\mathfrak{x}^2 + b_{22}\mathfrak{y}^2 + b_{33}\mathfrak{z}^2$ は2次の球関数の和として表現できることが導かれ，

$$\iint \int_0^\infty \int_0^{2\pi} f_1^{(0)} gb d\omega_1 db d\epsilon (b_{11}\mathfrak{X} + b_{22}\mathfrak{Y} + b_{33}\mathfrak{Z})$$
$$= -\frac{3}{2} A_2 \rho \sqrt{\frac{2K_1}{m^3}} (b_{11}\mathfrak{x}^2 + b_{22}\mathfrak{y}^2 + b_{33}\mathfrak{z}^2)$$

となる．ここで略記のために $\mathfrak{x}'^2 + \mathfrak{x}_1'^2 - \mathfrak{x}^2 - \mathfrak{x}_1^2$ を $\mathfrak{X}$ と書いた．$\mathfrak{Y}$ と $\mathfrak{Z}$ も同様の意味である．

さらに

$$\mathfrak{X}_1 = \mathfrak{x}'\mathfrak{c}'^2 + \mathfrak{x}_1'\mathfrak{c}_1'^2 - \mathfrak{x}\mathfrak{c}^2 - \mathfrak{x}_1\mathfrak{c}_1^2,$$
$$\mathfrak{Y}_1 = \mathfrak{y}'\mathfrak{c}'^2 + \mathfrak{y}_1'\mathfrak{c}_1'^2 - \mathfrak{y}\mathfrak{c}^2 - \mathfrak{y}_1\mathfrak{c}_1^2,$$
$$\mathfrak{Z}_1 = \mathfrak{z}'\mathfrak{c}'^2 + \mathfrak{z}_1'\mathfrak{c}_1'^2 - \mathfrak{z}\mathfrak{c}^2 - \mathfrak{z}_1\mathfrak{c}_1^2$$

とおくと，前節の原理により（方程式231aをみよ），同様に

§23 熱伝導. 第二の近似計算法

して

$$\int_0^\infty gb\,db \int_0^{2\pi} d\epsilon\, \mathfrak{X}_1$$
$$= -A_2\sqrt{\frac{K_1}{2m}} \cdot [2(\mathfrak{r}^2 - \mathfrak{r}_1^2)(\mathfrak{r} - \mathfrak{r}_1)$$
$$- (\mathfrak{r} + \mathfrak{r}_1)(\mathfrak{y} - \mathfrak{y}_1)^2 - (\mathfrak{r} + \mathfrak{r}_1)(\mathfrak{z} - \mathfrak{z}_1)^2$$
$$+ 3(\mathfrak{y}^2 - \mathfrak{y}_1^2)(\mathfrak{r} - \mathfrak{r}_1) + 3(\mathfrak{z}^2 - \mathfrak{z}_1^2)(\mathfrak{r} + \mathfrak{r}_1)]$$

と求められる.

$$\iint \int_0^\infty \int_0^{2\pi} f_1^{(0)} d\omega_1 gb\,db\,d\epsilon (c_1 \mathfrak{X}_1 + c_2 \mathfrak{Y}_1 + c_3 \mathfrak{Z}_1)$$
$$= -2A_2\rho \sqrt{\frac{K_1}{2m^3}} \Big[(c_1\mathfrak{r} + c_2\mathfrak{y} + c_3\mathfrak{z})\mathfrak{c}^2$$
$$- \frac{5}{2k}(c_1\mathfrak{r} + c_2\mathfrak{y} + c_3\mathfrak{z}) \Big]$$

であり, それゆえ最終的には

246)

$$\begin{cases} \dfrac{\mathfrak{r}}{f^{(0)}} = -3A_2\rho\sqrt{\dfrac{K_1}{2m^3}} \Big\{ b_{11}\mathfrak{r}_0^2 + b_{22}\mathfrak{y}_0^2 + b_{33}\mathfrak{z}_0^2 \\ \quad + b_{23}\mathfrak{y}_0\mathfrak{z}_0 + b_{13}\mathfrak{r}_0\mathfrak{z}_0 + b_{12}\mathfrak{r}_0\mathfrak{y}_0 \\ \quad + \dfrac{2}{3}\mathfrak{c}_0^2(c_1\mathfrak{r}_0 + c_2\mathfrak{y}_0 + c_3\mathfrak{z}_0) \\ \quad - \dfrac{5}{3k}(c_1\mathfrak{r}_0 + c_2\mathfrak{y}_0 + c_3\mathfrak{z}_0) \Big\} \end{cases}$$

である.

方程式 114 は恒等的に満たされなければならない. つまり

表式 245 と 246 は $\mathfrak{x}_0, \mathfrak{y}_0, \mathfrak{z}_0$ のすべての値について等しくなければならない．はじめに，$\mathfrak{x}_0, \mathfrak{y}_0, \mathfrak{z}_0$ のない項は等しくなければならない．つまり

247) $$\frac{d_0 a}{dt} = 0$$

でなければならない．

$b_{11} + b_{22} + b_{33} = 0$ なので，$\mathfrak{x}_0, \mathfrak{y}_0, \mathfrak{z}_0$ に関する 2 次のオーダーの項は

248)

$$\frac{d_0 k}{dt} + \frac{2k}{3}\left(\frac{\partial u_0}{\partial x} + \frac{\partial v_0}{\partial y} + \frac{\partial w_0}{\partial z}\right) = 0,$$

$$b_{11} = \frac{2k}{9A_2\rho}\sqrt{\frac{2m^3}{K_1}}\left(\frac{\partial v_0}{\partial y} + \frac{\partial w_0}{\partial z} - 2\frac{\partial u_0}{\partial x}\right),$$

$$b_{22} = \frac{2k}{9A_2\rho}\sqrt{\frac{2m^3}{K_1}}\left(\frac{\partial u_0}{\partial x} + \frac{\partial w_0}{\partial z} - 2\frac{\partial v_0}{\partial y}\right),$$

$$b_{33} = \frac{2k}{9A_2\rho}\sqrt{\frac{2m^3}{K_1}}\left(\frac{\partial u_0}{\partial x} + \frac{\partial v_0}{\partial y} - 2\frac{\partial w_0}{\partial z}\right),$$

$$b_{23} = -\frac{2k}{3A_2\rho}\sqrt{\frac{2m^3}{K_1}}\left(\frac{\partial v_0}{\partial z} + \frac{\partial w_0}{\partial y}\right),$$

$$b_{13} = -\frac{2k}{3A_2\rho}\sqrt{\frac{2m^3}{K_1}}\left(\frac{\partial w_0}{\partial x} + \frac{\partial u_0}{\partial z}\right),$$

$$b_{12} = -\frac{2k}{3A_2\rho}\sqrt{\frac{2m^3}{K_1}}\left(\frac{\partial u_0}{\partial y} + \frac{\partial v_0}{\partial x}\right),$$

$$c_1 = \frac{1}{2A_2\rho}\sqrt{\frac{2m^3}{K_1}}\frac{\partial k}{\partial x},$$

$$c_2 = \frac{1}{2A_2\rho}\sqrt{\frac{2m^3}{K_1}}\frac{\partial k}{\partial y},$$

$$c_3 = \frac{1}{2A_2\rho}\sqrt{\frac{2m^3}{K_1}}\frac{\partial k}{\partial z}$$

を与える.

$\mathfrak{x}_0, \mathfrak{y}_0, \mathfrak{z}_0$ の 1 乗を含む項を等しいとおき, c_1, c_2, c_3 の求められた値を考慮すれば, 最終的に

$$249)\begin{cases}\dfrac{d_0 u_0}{dt} - X + \dfrac{1}{2k}\dfrac{\partial a}{\partial x} - \dfrac{5}{4k^2}\dfrac{\partial k}{\partial x}\\[4pt] = \dfrac{d_0 v_0}{dt} - Y + \dfrac{1}{2k}\dfrac{\partial a}{\partial y} - \dfrac{5}{4k^2}\dfrac{\partial k}{\partial y}\\[4pt] = \dfrac{d_0 w_0}{dt} - Z + \dfrac{1}{2k}\dfrac{\partial a}{\partial z} - \dfrac{5}{4k^2}\dfrac{\partial k}{\partial z}\\[4pt] = 0\end{cases}$$

を与える.

$b_{11} + b_{22} + b_{33} = 0$ であり, $\mathfrak{x}_0, \mathfrak{y}_0, \mathfrak{z}_0$ の奇数乗を含む項はどれも積分ではゼロになるから, $d\xi d\eta d\zeta$ と $d\mathfrak{x}_0 d\mathfrak{y}_0 d\mathfrak{z}_0$ をそれぞれ $d\omega$ と $d\omega_0$ と書けば,

$$\iiint_{-\infty}^{+\infty} f d\omega = \iiint_{-\infty}^{+\infty} f^{(0)} d\omega_0$$

が従う．したがって，近似をこれ以上進めないならば，いまさらなる修正を行わずとも

$$\rho = m\sqrt{\frac{\pi^3}{k^3}} e^a$$

が気体の密度である．同様に，

$$\int (\mathfrak{x}_0^2 + \mathfrak{y}_0^2 + \mathfrak{z}_0^2) f d\omega = \int (\mathfrak{x}_0^2 + \mathfrak{y}_0^2 + \mathfrak{z}_0^2) f^{(0)} d\omega_0$$

である．

したがって，速度成分 u_0, v_0, w_0 を持つ点に対する分子の相対運動の平均二乗速度は $3/2k$ に等しい．

これに対して，u_0, v_0, w_0 は，体積要素 do の中に存在する気体の，近似的な可視的速度の成分に過ぎない．すなわちそのようなものとして，われわれは量 $\overline{\xi}, \overline{\eta}, \overline{\zeta}$ を定義したのだった．そこで $\overline{\xi} = u_0 + \overline{\mathfrak{x}_0}$ であり，さらに

$$\overline{\mathfrak{x}_0} = \frac{\int \mathfrak{x}_0 f d\omega}{\int f d\omega} = c_1 \frac{\int \mathfrak{x}_0^2 \mathfrak{c}_0^2 f^{(0)} d\omega_0}{\int f^{(0)} d\omega_0} = \frac{5c_1}{2k}$$

である．

それゆえ気体の可視的運動の厳密な成分 $\overline{\xi}, \overline{\eta}, \overline{\zeta}$ を u, v, w で，この可視的運動に対する分子の相対運動のそれを $\mathfrak{x}, \mathfrak{y}, \mathfrak{z}$ で表すと，いまわれわれが目指している精度を考

慮すれば,

$$u = u_0 + \frac{5c_1}{2k}, \quad v = v_0 + \frac{5c_2}{2k}, \quad w = w_0 + \frac{5c_3}{2k},$$
$$\mathfrak{x} = \mathfrak{x}_0 - \frac{5c_1}{2k}, \quad \mathfrak{y} = \mathfrak{y}_0 - \frac{5c_2}{2k}, \quad \mathfrak{z} = \mathfrak{z}_0 - \frac{5c_3}{2k}$$

を得る.

さらに,

$$\begin{aligned} p &= \frac{\rho}{3}\left(\overline{\mathfrak{x}^2} + \overline{\mathfrak{y}^2} + \overline{\mathfrak{z}^2}\right) \\ &= \frac{\rho}{3}\left(\overline{\mathfrak{x}_0^2} + \overline{\mathfrak{y}_0^2} + \overline{\mathfrak{z}_0^2} - \frac{25}{4}\frac{c_1^2 + c_2^2 + c_3^2}{k^2}\right) \\ &= \rho\left(\frac{1}{2k} - \frac{25}{12}\frac{c_1^2 + c_2^2 + c_3^2}{k^2}\right) \end{aligned}$$

である.

それゆえ 1 次近似で,

$$u = u_0, \quad v = v_0, \quad w = w_0,$$
$$\frac{d_0}{dt} = \frac{d}{dt}, \quad k = \frac{\rho}{2p} = \frac{1}{2rT}$$
$$a = l\left(\frac{\rho}{m}\sqrt{\frac{k^3}{\pi^3}}\right) = l\left(\frac{\rho^{5/2}p^{-3/2}}{m\sqrt{8\pi^3}}\right) = l\left(\frac{\rho T^{-3/2}}{m\sqrt{8\pi^3 r^3}}\right)$$

が得られる.

したがって, 方程式 247 により,

$$p\rho^{-5/3} = \text{const.} \quad \text{すなわち} \quad \rho T^{-3/2} = \text{const.}$$

つまりポアソンの法則である．さらに

$$\frac{1}{2k} = \frac{p}{\rho}, \quad \frac{\partial a}{\partial x} = \frac{5}{2\rho}\frac{\partial \rho}{\partial x} - \frac{3}{2p}\frac{\partial p}{\partial x},$$

$$\frac{1}{k}\frac{\partial k}{\partial x} = \frac{1}{\rho}\frac{\partial \rho}{\partial x} - \frac{1}{p}\frac{\partial p}{\partial x}$$

であり，それゆえ

$$\frac{1}{2k}\left(\frac{\partial a}{\partial x} - \frac{5}{2k}\frac{\partial k}{\partial x}\right) = \frac{1}{\rho}\frac{\partial p}{\partial x}$$

である．

したがって，方程式 249 は

$$\frac{du}{dt} - X + \frac{1}{\rho}\frac{\partial p}{\partial x} = \frac{dv}{dt} - Y + \frac{1}{\rho}\frac{\partial p}{\partial y}$$
$$= \frac{dw}{dt} - Z + \frac{1}{\rho}\frac{\partial p}{\partial z}$$
$$= 0$$

を与える．

近似をもう一歩進めようとすれば，それ自身としては小さな項に上述の代入を行うことができる．すると，

$$X_y = \rho\overline{\mathfrak{x}\mathfrak{y}} = \rho\frac{\int \mathfrak{x}_0\mathfrak{y}_0 f d\omega_0}{\int f^{(0)} d\omega_0} = \rho b_{12}\frac{\int \mathfrak{x}_0^2\mathfrak{y}_0^2 f^{(0)} d\omega_0}{\int f^{(0)} d\omega_0}$$

$$= \frac{\rho b_{12}}{4k^2} = \frac{p b_{12}}{2k}$$
$$= -\frac{p}{3A_2\rho}\sqrt{\frac{2m^3}{K_1}}\left(\frac{\partial v}{\partial z}+\frac{\partial w}{\partial y}\right)$$
$$= -\Re\left(\frac{\partial v}{\partial z}+\frac{\partial w}{\partial y}\right)$$

と求められる.

同様にして方程式 220 の残りのものが導かれる. 近似の程度をさらに高めることには何の困難もない.

§24 方程式 147 が満たされないときのエントロピー. 拡散

われわれはこれまで，式 147 が満たされるという制約条件のもとでのみ量 H を計算してきた．これをいま，f が式 242 によって与えられる，つまり気体中に内部摩擦と熱伝導が生じているという一般的な仮定のもとで計算しよう．単純気体を前提する．つまり，

$$H = \iint flf\, do\, d\omega$$

である．f は式 242 によって与えられるので，その方程式の丸括弧の中にある表式を $1+A$ と表せば，

$$lf = a - k(\mathfrak{x}_0^2 + \mathfrak{y}_0^2 + \mathfrak{z}_0^2) + A - \frac{A^2}{2}$$

と近似される．

さて，体積要素 do の中に含まれる気体についてのみ，H の表式を作ることにしよう．そのようにして求められた値に $-RM$ をかけ，do で割る．このようにして作られた量を

$$J = -RM \int flf d\omega$$

とする．すると Jdo は，do の中に含まれる気体のエントロピーである．

さて，f と lf に上の値を代入すると，第一に，係数 b と c を含まない項を得る．これは同じエネルギー(熱)量を持ち，空間中で同じ並進運動をしている do 中の気体においてマクスウェルの速度分布則が支配しているとした場合に，その気体に割り当てられるエントロピーを do で割ったものである．それは §19 と同様に計算することができ，同所で示されたように，定数を無視すれば値

$$\frac{R\rho}{\mu} l(T^{3/2}\rho^{-1})$$

を得る．第二に，係数 b と c に関して線形な項を得る．これらはしかし，全体としてはゼロになる．というのは，数 a, b, c のうちひとつが奇数であれば

$$\int \mathfrak{x}_0^a \mathfrak{y}_0^b \mathfrak{z}_0^c e^{-k(\mathfrak{x}_0^2 + \mathfrak{y}_0^2 + \mathfrak{z}_0^2)} d\omega_0 = 0$$

なので，$b_{12}, b_{13}, b_{23}, c_1, c_2, c_3$ の係数もゼロになる．対して 3 個の数 a, b, c がすべて偶数のとき，この積分は $\mathfrak{x}_0, \mathfrak{y}_0, \mathfrak{z}_0$ の循環的な交換によってはその値を変えない．つ

まり b_{11}, b_{22}, b_{33} は同じ係数を持ち,

$$b_{11} + b_{22} + b_{33} = 0$$

であるから,関連する項の和はやはりゼロになるのである.

われわれはより高次のオーダーの項は無視しているので,J の表式には,b と c の係数に関する 2 次のオーダーの項が残る.それらの和は

$$\begin{aligned} J_1 = -\frac{R\rho}{2\mu} \Big(& b_{11}^2 \overline{\mathfrak{x}_0^4} + b_{22}^2 \overline{\mathfrak{y}_0^4} + b_{33}^2 \overline{\mathfrak{z}_0^4} + 2b_{11}b_{22} \overline{\mathfrak{x}_0^2 \mathfrak{y}_0^2} \\ & + 2b_{11}b_{33} \overline{\mathfrak{x}_0^2 \mathfrak{z}_0^2} + 2b_{22}b_{33} \overline{\mathfrak{y}_0^2 \mathfrak{z}_0^2} \\ & + b_{12}^2 \overline{\mathfrak{x}_0^2 \mathfrak{y}_0^2} + b_{13}^2 \overline{\mathfrak{x}_0^2 \mathfrak{z}_0^2} + b_{23}^2 \overline{\mathfrak{y}_0^2 \mathfrak{z}_0^2} \\ & + c_1^2 \overline{\mathfrak{x}_0^2 \mathfrak{c}_0^4} + c_2^2 \overline{\mathfrak{y}_0^2 \mathfrak{c}_0^4} + c_3^2 \overline{\mathfrak{z}_0^2 \mathfrak{c}_0^4} \Big) \end{aligned}$$

である.

もちろん,表式 242 に付け加えられるべきであって,しかもわれわれが計算しなかったその次の項も同じオーダーの大きさである.しかし,それらもまた,積分を実行すればゼロになるということは,確からしくないことではない.

さてわれわれは

$$\overline{\mathfrak{x}_0^4} = \overline{\mathfrak{y}_0^4} = \overline{\mathfrak{z}_0^4} = \frac{3}{4k^2}, \quad \overline{\mathfrak{x}_0^2} = \overline{\mathfrak{y}_0^2} = \overline{\mathfrak{z}_0^2} = \frac{1}{2k}$$

と求めていたので,容易に

$$\overline{\mathfrak{x}_0^2 \mathfrak{c}_0^4} = \overline{\mathfrak{y}_0^2 \mathfrak{c}_0^4} = \overline{\mathfrak{z}_0^2 \mathfrak{c}_0^4} = \frac{1}{3} \overline{\mathfrak{c}_0^6} = \frac{35}{8k^3}$$

328　第3章　分子が距離の5乗に逆比例する……

と分かる．

つまり，

$$\frac{1}{2k} = \frac{RT}{\mu}$$

なので，

$$J_1 = -\frac{R^3 T^2 \rho}{2\mu^3}\Big\{ 3\left(b_{11}^2 + b_{22}^2 + b_{33}^2\right) \\ + 2\left(b_{11}b_{22} + b_{11}b_{33} + b_{22}b_{33}\right) + b_{12}^2 + b_{13}^2 + b_{23}^2 \\ + \frac{5\cdot 7\cdot 9}{16}\frac{\mathfrak{R}^2 \mu}{Rp^2 T^3}\left[\left(\frac{\partial T}{\partial x}\right)^2 + \left(\frac{\partial T}{\partial y}\right)^2 + \left(\frac{\partial T}{\partial z}\right)^2\right]\Big\}$$

である．

b に値を代入し，

$$\frac{\partial u}{\partial x} + \frac{\partial v}{\partial y} + \frac{\partial w}{\partial z}$$

を θ と書けば，体積要素 do の中に含まれる単純気体の全エントロピーについて，値

250)

$$J do$$

$$= \frac{R\rho do}{2\mu} l(T^{3/2}\rho^{-1}) - \frac{4\mathfrak{R}^2 R^3 T^2 \rho do}{p^2 \mu^3}\Big\{ 2\left(\frac{\partial u}{\partial x} - \frac{1}{3}\theta\right)^2$$

$$
\begin{aligned}
&+2\left(\frac{\partial v}{\partial y}-\frac{1}{3}\theta\right)^2+2\left(\frac{\partial w}{\partial z}-\frac{1}{3}\theta\right)^2\\
&+\left(\frac{\partial v}{\partial z}+\frac{\partial w}{\partial y}\right)^2+\left(\frac{\partial w}{\partial x}+\frac{\partial u}{\partial z}\right)^2+\left(\frac{\partial v}{\partial x}+\frac{\partial u}{\partial y}\right)^2\\
&+\frac{5\cdot 7\cdot 9}{64}\frac{\mu}{RT^3}\left[\left(\frac{\partial T}{\partial x}\right)^2+\left(\frac{\partial T}{\partial y}\right)^2+\left(\frac{\partial T}{\partial z}\right)^2\right]\Bigg\}\\
&=\frac{R\rho do}{2\mu}l(T^{3/2}\rho^{-1})\\
&-\frac{4\mathfrak{R}^2 R^3 T^2 \rho do}{p^2\mu^3}\Bigg\{2\left[\left(\frac{\partial u}{\partial x}\right)^2+\left(\frac{\partial v}{\partial y}\right)^2\right.\\
&\left.+\left(\frac{\partial w}{\partial z}\right)^2\right]-\frac{2}{3}\left(\frac{\partial u}{\partial x}+\frac{\partial v}{\partial y}+\frac{\partial w}{\partial z}\right)^2\\
&+\left(\frac{\partial v}{\partial z}+\frac{\partial w}{\partial y}\right)^2+\left(\frac{\partial w}{\partial x}+\frac{\partial u}{\partial z}\right)^2\\
&+\left(\frac{\partial u}{\partial y}+\frac{\partial v}{\partial x}\right)^2\\
&+\frac{5\cdot 7\cdot 9}{64}\frac{\mu}{RT^3}\left[\left(\frac{\partial T}{\partial x}\right)^2+\left(\frac{\partial T}{\partial y}\right)^2+\left(\frac{\partial T}{\partial z}\right)^2\right]\Bigg\}
\end{aligned}
$$

を得る.

u, v, w の x, y, z による微分商を含むすべての項はまとめて, レイリー卿[*17]が内部摩擦の散逸関数と名付けたものである. 最後の3個の項はまとめて, ラディスラウス・ナタンソン[*18]氏により, 熱伝導の散逸関数と名付けられたもので

ある.

エネルギー論は異なるエネルギー形態を質的に異なったものとみなしており,運動エネルギーと熱のあいだの中間の形を取るエネルギーというものは,エネルギー論にとっては異質である[*19]. したがって,ある物体に含まれる異なるエネルギーの性質の重ね合わせという,しばしば強調される原理〔もエネルギー論にとっては異質である〕.この原理は静的な状態について,またエネルギーの諸形態がある程度厳格に分かれているような完全に定常な可視的運動について成り立つ.これに対して,上の方程式が正しいならば,内部摩擦と熱伝導が生じる場合には,体積要素の中に含まれる気体のエントロピーは,その気体が同じ温度かつ同じ速度で一定に運動している場合と同じではないだろう.そこではいわば,一部は可視的運動エネルギーとみなせるが,一部はすでに熱運動に移行しており,それゆえエントロピーの表式に入り込むが,その仕方は静的な現象の法則からは予測できないような運動エネルギーを得るであろう.外力によってある完全弾性体を変形させると,それがもとの形に戻るときには,押し込まれたエネルギー全体をふたたび仕事の形で得る.外力によって気体中に内部摩擦を生じさせると,費やされた仕事は熱エネルギーに変わる.これは,外力をかけるのをやめた後,なお非常に長い時間を緩和時間として経過させたときに完全に果たされる.しかし外力が作用しているあいだは,われわれの方程式が正しい場合,エントロピーはどの瞬間においても,可

§24 方程式147が満たされないときの……

視的運動に関して失われてしまったエネルギーが通常の熱であるような場合のエントロピーよりも，いくらか小さい．このエネルギーは通常の熱と可視的エネルギーの中間に位置し，その一部はなお仕事に変換可能である．というのは，マクスウェルの速度分布則がまだ完全に厳密には成立していないからだ．エネルギーの散逸に関する，純粋に力学的なモデルとのこの厳格なアナロジーは，私にはとくに注目に値するように思われる．

さて，2種類の気体が存在するとしよう．m を第一の種類の気体分子の，m_1 を第二の種類の気体分子の質量とする．ある体積要素の中に存在する第一の種類の気体分子すべての速度成分 ξ の平均値 u を，この体積要素の中の第一の種類の気体の全速度の x 成分と名付ける．それは，同じ体積要素の中の他方の種類の気体分子すべての速度成分 ξ_1 の平均値 u_1 と必ずしも等しくはない．u_1 は，体積要素 do の中の第二の種類の気体の運動全体の x 成分と呼ぶことができよう．v, w, v_1, w_1 も同様の意味を持つ．ρ と ρ_1 を，2種類の気体の成分密度とする．すなわち，ρ は do の中に含まれている第一の種類の気体分子すべての質量を do で割ったものであり，ρ_1 も同様である．p と p_1 を分圧とする．すなわち，それぞれの種類の気体が，他方の種類の気体が存在しないとしたならば単位面積におよぼすであろう圧力である．$P = p + p_1$ を全圧とする．最後に，$\xi, \eta, \mathfrak{z}$ と $\xi_1, \eta_1, \mathfrak{z}_1$ を，

それぞれの種類に属するある気体分子の速度成分の，当該の種類の気体の全速度成分に対する超過分としよう．つまり，

$$\xi = u+\mathfrak{x}, \quad \eta = v+\mathfrak{y}, \quad \zeta = w+\mathfrak{z},$$
$$\xi_1 = u_1+\mathfrak{x}_1, \quad \eta_1 = v_1+\mathfrak{y}_1, \quad \zeta_1 = w_1+\mathfrak{z}_1$$

である．このときどちらの種類の気体にも，1種類の気体しか存在しないと仮定したときよりも前にわれわれが証明した連続の式が成り立つ．つまり，

251)
$$\begin{cases} \dfrac{\partial \rho}{\partial t} + \dfrac{\partial(\rho u)}{\partial x} + \dfrac{\partial(\rho v)}{\partial y} + \dfrac{\partial(\rho w)}{\partial z} = 0, \\ \dfrac{\partial \rho_1}{\partial t} + \dfrac{\partial(\rho_1 u_1)}{\partial x} + \dfrac{\partial(\rho_1 v_1)}{\partial y} + \dfrac{\partial(\rho_1 w_1)}{\partial z} = 0 \end{cases}$$

である．

さて，体積要素 do が時間 dt のあいだ，この体積要素中にある第一の種類の気体の全速度成分 u, v, w でもって運動していると考えよう．任意の量 Φ が時刻 $t+dt$ において，その新しい位置にある体積要素の中で取る値と，時刻 t においてその古い位置にある体積要素の中で取る値の差を dt で割ったものを $d\Phi/dt$ と表そう．そうすると，

$$\frac{d\Phi}{dt} = \frac{\partial \Phi}{\partial t} + u\frac{\partial \Phi}{\partial x} + v\frac{\partial \Phi}{\partial y} + w\frac{\partial \Phi}{\partial z}$$

となる．

§24 方程式 147 が満たされないときの……

$$\frac{d_1\Phi}{dt} = \frac{\partial\Phi}{\partial t} + u_1\frac{\partial\Phi}{\partial x} + v_1\frac{\partial\Phi}{\partial y} + w_1\frac{\partial\Phi}{\partial z}$$

も同様の意味である.

後者の量を構成するにあたっては，体積要素は速度成分 u_1, v_1, w_1 で運動していると考える．すると，2 本の連続の式は

$$252) \quad \begin{cases} \dfrac{d\rho}{dt} + \rho\left(\dfrac{\partial u}{\partial x} + \dfrac{\partial v}{\partial y} + \dfrac{\partial w}{\partial z}\right) = 0, \\ \dfrac{d_1\rho_1}{dt} + \rho_1\left(\dfrac{\partial u_1}{\partial x} + \dfrac{\partial v_1}{\partial y} + \dfrac{\partial w_1}{\partial z}\right) = 0 \end{cases}$$

のように書くこともできる.

マクスウェルの速度分布則からのずれは無視する．すると，

$$p = \rho\overline{\mathfrak{x}^2} = \rho\overline{\mathfrak{y}^2} = \rho\overline{\mathfrak{z}^2}, \quad \overline{\mathfrak{x}\mathfrak{y}} = \overline{\mathfrak{x}\mathfrak{z}} = \overline{\mathfrak{y}\mathfrak{z}} = 0,$$
$$p_1 = \rho_1\overline{\mathfrak{x}_1^2} = \rho_1\overline{\mathfrak{y}_1^2} = \rho_1\overline{\mathfrak{z}_1^2}, \quad \overline{\mathfrak{x}_1\mathfrak{y}_1} = \overline{\mathfrak{x}_1\mathfrak{z}_1} = \overline{\mathfrak{y}_1\mathfrak{z}_1} = 0$$

である.

分子の平均運動エネルギーも同様に，2 種類の気体についてはわずかしか異なりえない．つまり，ほぼ

$$\frac{m}{2}\left(\overline{\xi^2} + \overline{\eta^2} + \overline{\zeta^2}\right) = \frac{m_1}{2}\left(\overline{\xi_1^2} + \overline{\eta_1^2} + \overline{\zeta_1^2}\right)$$

である.

いまの近似の程度では，〔2 種類の〕気体がたがいに拡散しあう小さな速度成分 u, v, w の 2 乗はもっぱら $\xi^2, \eta^2, \ldots$

に対して無視できるので,

$$m(\overline{\mathfrak{x}^2+\mathfrak{y}^2+\mathfrak{z}^2}) = m_1(\overline{\mathfrak{x}_1^2+\mathfrak{y}_1^2+\mathfrak{z}_1^2})$$

でもある.

この量をふたたび(式 51a) $3RMT$ に等しいとおき, T を do の中で支配的な温度と名付ける. ここで M は任意の第三の気体(標準気体)の分子の質量であり, R は温度尺度に応じて選ばれる定数(標準気体の気体定数)である. はじめに考察された二つの気体はそれぞれ静止した気体のように振る舞うので,

253)
$$p = r\rho T = \frac{R}{\mu}\rho T, \quad p_1 = r_1\rho_1 T = \frac{R}{\mu_1}\rho_1 T_1$$

である. ここで r と r_1 ははじめの二つの気体の気体定数であり, $\mu = m/M$, $\mu_1 = m_1/M$ である.

さて, 方程式 187 で $\phi = \xi = u + \mathfrak{x}$ とおこう. すると

$$\overline{\phi} = u, \quad \rho\overline{\mathfrak{x}\phi} = \rho\overline{\mathfrak{x}^2} = p, \quad \overline{\mathfrak{y}\phi} = \overline{\mathfrak{z}\phi} = 0,$$

$$\overline{\frac{\partial\phi}{\partial\xi}} = 1, \quad \overline{\frac{\partial\phi}{\partial\eta}} = \overline{\frac{\partial\phi}{\partial\zeta}} = 0$$

となる. $B_5(\phi) = 0$ である. つまり

254)
$$\rho\frac{du}{dt} + \frac{\partial p}{\partial x} - \rho X = mB_4(\xi)$$

が明らかになる. ここで方程式 132 により

§24 方程式 147 が満たされないときの……

$$B_4(\xi) = \iiint_0^\infty \int_0^{2\pi} (\xi' - \xi) f F_1 d\omega d\omega_1 g b db d\epsilon$$

である．いま（方程式 200 を見よ）

$$\xi' - \xi = \frac{m_1}{m + m_1} \Big[2(\xi_1 - \xi) \cos^2\theta \\ + \sqrt{g^2 - (\xi - \xi_1)^2} \sin 2\theta \cos\epsilon \Big]$$

であるから，

$$\int_0^{2\pi} (\xi' - \xi) d\epsilon = \frac{4\pi m_1}{m + m_1} (\xi_1 - \xi) \cos^2\theta,$$

$$\int_0^\infty gbdb \int_0^{2\pi} (\xi' - \xi) d\epsilon \\ = \frac{m_1}{m + m_1} (\xi_1 - \xi) g \int_0^\infty 4\pi \cos^2\theta b db$$

である．

さらに，

$$b = \left[\frac{K(m + m_1)}{mm_1} \right]^{\frac{1}{n}} g^{-\frac{2}{n}} \cdot \alpha,$$

$$db = \left[\frac{K(m + m_1)}{mm_1} \right]^{\frac{1}{n}} g^{-\frac{2}{n}} d\alpha$$

とおき（方程式 195），続いて $n = 4$ とする．つまり，

$$\int_0^\infty \int_0^{2\pi} (\xi' - \xi) g b db d\epsilon$$

$$= m_1(\xi_1-\xi)\sqrt{\frac{K}{mm_1(m+m_1)}} \int_0^\infty 4\pi \cos^2\theta \alpha d\alpha$$

となる.

マクスウェルはこの定積分を A_1 で表し,

255) $$A_1 = 2.6595$$

と求めた[*20].

さらに,

256) $$A_3 = A_1 \sqrt{\frac{K}{mm_1(m+m_1)}}$$

とおくと,

$$\int_0^\infty \int_0^{2\pi} (\xi'-\xi)gbdbd\epsilon = m_1 A_3(\xi_1-\xi)$$

を得る.

ここからさらに,

$$mB_4(\xi) = A_3 \Big[m\int f d\omega \cdot m_1 \int \xi_1 F_1 d\omega_1 \\ - m\int \xi f d\omega \cdot m_1 \int F_1 d\omega_1 \Big]$$

が従う.

さて,式 175 によれば

$$m \int f d\omega = \rho, \quad m \int \xi f d\omega = \rho\overline{\xi} = \rho u$$

であり，また明らかに第二の種類の気体についても同じことが成り立つので，

$$m_1 \int F_1 d\omega_1 = \rho_1, \quad m_1 \int \xi_1 F_1 d\omega_1 = \rho_1 u_1$$

である．それゆえ

$$mB_4(\xi) = A_3 \rho \rho_1 (u_1 - u)$$

であり，式 254 は

257) $\quad \rho \dfrac{du}{dt} + \dfrac{\partial p}{\partial x} - \rho X + A_3 \rho \rho_1 (u - u_1) = 0$

となる．同様にして，第二の種類の気体について，

257a)
$$\rho_1 \dfrac{du_1}{dt} + \dfrac{\partial p_1}{\partial x} - \rho_1 X_1 + A_3 \rho \rho_1 (u_1 - u) = 0$$

が得られる．

これは，われわれにはなじみの深い流体動力学の方程式である．摩擦と熱伝導は，われわれが認めた無視のもとでは効いてこない．最後の項のみが，2種類の気体の相互作用に帰せられる．つまりこの相互作用は，認められている無視のもとでは，あたかも，do の中に存在する第一の種類の気体に外部からおよぼされる力 $X \cdot \rho do$ に，項 $-A_3 \rho \rho_1 (u - u_1) do$ が付け加わったかのような場合と厳

密に同じ効果を持つ．この事態は，まるで，その気体がそれにはたらく他の力の影響を受けずとも，その運動のあいだに第二の種類の気体によってなおこの抵抗を受けているかのようにイメージできる．同じ大きさで反対向きにはたらく抵抗を，do 中に存在する第二の種類の気体は受ける．同じことは y 軸と z 軸についても成り立つので，この抵抗は 2 種類の気体の成分密度，それらの相対速度 $\sqrt{(u-u_1)^2 + (v-v_1)^2 + (w-w_1)^2}$，体積要素の体積 do，そして定数 A_3 の積に等しい．それはこの相対速度の向きを向いており，その相対運動に向かって，それぞれの種類の気体にはたらく．方程式 187 で $\phi = \xi^2 + \eta^2 + \zeta^2$ とおくと，いまの無視を認めれば，はじめ $m\left(\overline{\mathfrak{x}^2} + \overline{\mathfrak{y}^2} + \overline{\mathfrak{z}^2}\right) = m_1\left(\overline{\mathfrak{x}_1^2} + \overline{\mathfrak{y}_1^2} + \overline{\mathfrak{z}_1^2}\right)$ であったならば

$$\frac{d}{dt}(\overline{\mathfrak{x}^2} + \overline{\mathfrak{y}^2} + \overline{\mathfrak{z}^2}) = 0$$

と求められる．つまり温度は拡散現象によっては何も変化しない．

これらの方程式を，ロシュミット教授による気体の拡散実験[21]に対してのみ適用してみよう．この実験は次のように行われた．垂直の円筒状の容器が薄い仕切りで二つの部分に分けられている．下方の空間は重い気体で，上方の気体は軽い気体で満たされている．圧力と温度は二つの気体で同じにされ，また全体的な運動がすべて止まったとき，即座に仕切りが可能なかぎり静かに取り除かれる．気体がある程度の時

間拡散したあとで，仕切りがふたたび差し込まれ，そこで容器の二つの部分の内容が分析される．ここでまず，重力の影響は無視することができる．つまり $X = Y = Z = 0$ とおくことができる．さらにこの運動はもっぱら円筒の軸の向きに生じる．つまり，この円筒の軸の向きを横軸の向きに選ぶと，

$$v = w = \frac{\partial}{\partial y} = \frac{\partial}{\partial z} = 0$$

である．最後にその運動は，どの場所でもほとんど定常とみなせる，つまり du/dt が無視できるほどゆるやかに生じる．

このことは，次のようにしても動機づけを与えられる．われわれは緩和時間の逆数について，

$$\frac{1}{\tau} = 3A_2 \rho \sqrt{\frac{K_1}{2m^3}}$$

を，さらに方程式 256 により，

$$A_3 \rho_1 = A_1 \rho_1 \sqrt{\frac{K_1}{mm_1(m+m_1)}}$$

を得ていた．A_1 は A_2 の 2 倍よりは小さい数である．ρ は ρ_1 と同程度の大きさ，m は m_1 と同程度の大きさであろう．二つの分子 m の相互作用と，分子 m の分子 m_1 に対する相互作用をあらわす力の法則の二つの定数 K_1 と K は同程度の大きさであると前提する．するとつまり，方程式 257

において，最初の項と最後の項の大きさの比は du/dt と $(u-u_1)/\tau$ の比と同じである．この比はゼロに等しいとおくことができる．拡散現象がゆるやかだと，u が増分 $u-u_1$ を受け取るのにかかる時間 τ_1 は緩和時間 τ に対してきわめて長くなければならないからだ．ところで du/dt は明らかに $(u-u_1)/\tau_1$ の大きさのオーダーである．それゆえ方程式 257 では最初の項も無視でき，

$$258) \qquad \frac{\partial p}{\partial x} = A_3 \rho \rho_1 (u - u_1)$$

を得る．同様に，

$$259) \qquad \frac{\partial p_1}{\partial x} = A_3 \rho \rho_1 (u_1 - u)$$

である．ところで二つの連続の式からは，

$$260) \qquad \frac{\partial \rho}{\partial t} + \frac{\partial (\rho u)}{\partial x} = \frac{\partial \rho_1}{\partial t} + \frac{\partial (\rho_1 u_1)}{\partial x} = 0$$

が導かれる．

温度 T は，実験全体を通じて一定に保たれるとする．つまり，方程式 253 によれば，p は ρ に，p_1 は ρ_1 に比例し，方程式 260 も

$$261) \qquad \frac{\partial p}{\partial t} + \frac{\partial (pu)}{\partial x} = \frac{\partial p_1}{\partial t} + \frac{\partial (p_1 u_1)}{\partial x} = 0$$

と書くことができる．

$p + p_1 = P$ とおき，P が全圧になるようにすると，258 と 259 から

§24 方程式 147 が満たされないときの……

$$\frac{\partial P}{\partial x} = 0$$

が従う．さらに 261 からは

$$\frac{\partial P}{\partial t} + \frac{\partial (pu + p_1 u_1)}{\partial x} = 0$$

であり，この方程式をもう一度 x で微分すると，

$$\frac{\partial^2 (pu + p_1 u_1)}{\partial x^2} = 0$$

である．つまり，

$$pu + p_1 u_1 = C_1 x + C_2$$

である．

ところでいま，円筒状の筒の頂面においても底面においても，気体が流入したり流出したりすることはない．それゆえ頂面の横座標についても底面の横座標についても $u = u_1 = 0$ であり，それゆえ $pu + p_1 u_1 = 0$ でもある．

ここから，$C_1 = C_2 = 0$ と

262) $$pu + p_1 u_1 = 0$$

が導かれる．この方程式を用いて方程式 258 から u_1 を消去すると，

$$\frac{\partial p}{\partial x} = -A_3 \frac{\rho \rho_1}{p p_1} P \cdot pu,$$

つまり 253 によれば，

263)
$$\frac{\partial p}{\partial x} = -\frac{A_3 \mu \mu_1 P}{R^2 T^2} pu$$

が導かれる.つまり,再度 x で微分し,方程式 261 を考慮すれば,

$$\frac{\partial p}{\partial t} = \mathfrak{D} \frac{\partial^2 p}{\partial x^2}$$

が従う.ここで

$$\mathfrak{D} = \frac{R^2 T^2}{A_3 \mu \mu_1 P}$$

である.

この方程式は,フーリエが熱伝導について確立したものと同じ形をしている.つまり,どちらの自然現象も同じ法則に従うのである.われわれの特殊事例においては,拡散は,円筒状の気体のかわりに一様な金属の円筒が存在し,その上半分がはじめは温度 100℃ を,下半分がはじめは温度ゼロを持ち,またその表面全体を通っては,伝導によっても放射によっても熱が入ってきたり出ていくことはない場合とちょうど同じように生じる.$\mathfrak{D}$ は拡散係数という.それは絶対温度 T の 2 乗に比例し,全圧 P に逆比例する.それは混合比からは独立である.つまり拡散のあいだ,すべての時刻において,容器のすべての断面について一定である.分子が弾性球のように振る舞うのであれば,$\mathfrak{D}$ は T の 3/2 乗に比例し,混合比に依存するだろう.P への依存性はそのままだろう.

拡散係数 $\mathfrak{D}$ の簡単な定義は次のようにして得られる.方

程式 263 に $-\mu\mathfrak{D}/RT$ をかけると,

$$\rho u = -\frac{R^2T^2}{A_3\mu\mu_1 P}\frac{\partial\rho}{\partial x} = -\mathfrak{D}\frac{\partial\rho}{\partial x}$$

を得る.

ρu は明らかに,単位時間内に単位断面積を通っていく気体の全質量である.これは当該の気体の成分密度の,容器の軸方向に関する勾配 $\partial\rho/\partial x$ に比例する.その比例係数がまさに拡散係数である.

距離の 5 乗に〔逆〕比例する斥力という立場に一貫して立つことにすると,力の定数 K_1 と K_2 から K について手掛かりを得ることはできない.つまり,第一と第二の種類の気体の性質からは,二つの気体の相互作用について何の手掛かりも得られない.しかしこの事情は,たとえば斥力が圧縮性のエーテル雰囲気[*22]によって伝達されると考えることで変わる.このときある分子 m のエーテル雰囲気に直径 s を,分子 m_1 のそれに直径 s_1 を割り当てることができる.二つの分子 m の中心は,衝突に際して平均的には距離 s まで接近する.それゆえこれらの分子のうちひとつを固定し,他方が分子の平均運動エネルギー $\mathfrak{l}$ でもってそれに向かってまっすぐ飛行していると考えると,後者の速度は距離 s で使い果たされるだろう.このことは,

$$264)\qquad \mathfrak{l} = \int_s^\infty \frac{K_1 dr}{r^5} = \frac{K_1}{4s^4}$$

を与える.同様に,

$$\mathfrak{l} = \frac{K_2}{4s_1^4}$$

が従う．

ところである分子 m_1 は分子 m に対して平均的には，二つのエーテル雰囲気の半径の和 $(s+s_1)/2$ に等しい距離にまで接近するだろう．それゆえふたたび，一方の分子を固定し，他方の分子が，すべての分子の共通の平均運動エネルギーでもってそれに向かってまっすぐ飛行していると考えると，その速度は距離 $(s+s_1)/2$ で使い果たされるだろう．このことは，

$$\mathfrak{l} = \frac{4K}{(s+s_1)^4}$$

を与える．

これらの式から，

$$2\sqrt[4]{K} = \sqrt[4]{K_1} + \sqrt[4]{K_2}$$

が従う．さて，

$$\begin{aligned}A_3 &= A_1 \sqrt{\frac{K}{mm_1(m+m_1)}} \\ &= \frac{A_1}{M^{3/2}} \sqrt{\frac{K}{\mu\mu_1(\mu+\mu_1)}} \\ &= \frac{A_1}{4M^{3/2}} \frac{\left(\sqrt[4]{K_1} + \sqrt[4]{K_2}\right)^2}{\sqrt{\mu\mu_1(\mu+\mu_1)}}\end{aligned}$$

であった(方程式 256)．第一の気体の摩擦係数は，

§24 方程式 147 が満たされないときの……

$$\mathfrak{R} = \frac{p}{3A_2\rho}\sqrt{\frac{2m^3}{K_1}} = \frac{RTM^{3/2}}{3A_2}\sqrt{\frac{2\mu}{K_1}}$$

であった(方程式 219)．同様に，第二の気体の摩擦係数は，

$$\mathfrak{R}_1 = \frac{RTM^{3/2}}{3A_2}\sqrt{\frac{2\mu_1}{K_2}}$$

であり，それゆえ

$$\sqrt{K_1} = \frac{RTM^{3/2}}{3A_2}\frac{\sqrt{2\mu}}{\mathfrak{R}}, \quad \sqrt{K_2} = \frac{RTM^{3/2}}{3A_2}\frac{\sqrt{2\mu_1}}{\mathfrak{R}_1},$$

$$A_3 = \frac{A_1 RT}{6\sqrt{2}\,A_2\sqrt{\mu\mu_1(\mu+\mu_1)}}\left(\frac{\sqrt[4]{\mu}}{\sqrt{\mathfrak{R}}} + \frac{\sqrt[4]{\mu_1}}{\sqrt{\mathfrak{R}_1}}\right)^2$$

265)

$$\mathfrak{D} = \frac{6\sqrt{2}\,A_2 RT}{A_1 P}\sqrt{\frac{\mu+\mu_1}{\mu\mu_1}}\cdot\frac{1}{\left(\frac{\sqrt[4]{\mu}}{\sqrt{\mathfrak{R}}} + \frac{\sqrt[4]{\mu_1}}{\sqrt{\mathfrak{R}_1}}\right)^2}$$

である．

この式は，二つの気体の分子量と摩擦係数から，その拡散係数を計算することを可能にする．それは近似的に経験と一致する．それが厳密に正しいであろうとはまったく考えられないことは確かである．しかしそれは，同じ目的のためにこれまで発展させられてきたものの中では，まだしももっとも合理的に基礎づけられていると言ってよいだろう．

式 264 で

$$\mathfrak{l} = \frac{m}{2}\overline{c^2}$$

とおくと,

$$K_1 = 2ms^4\overline{c^2}$$

となり,それゆえ

$$\mathfrak{R} = \frac{pm}{3A_2\rho s^2\sqrt{\overline{c^2}}}$$

である.いま

$$\frac{p}{\rho} = \frac{1}{3}\overline{c^2}$$

であり,それゆえ

$$\mathfrak{R} = \frac{m\sqrt{\overline{c^2}}}{9A_2s^2} = 0.0812\frac{m\sqrt{\overline{c^2}}}{s^2}$$

である.

式 91 によれば,

$$\mathfrak{R} = knmc\lambda$$

であった.ここで

$$\lambda = \frac{1}{\pi ns^2\sqrt{2}}$$

である.さらに式 89 によれば,

§24 方程式 147 が満たされないときの……

$$c = \bar{c} = \sqrt{\frac{8}{3\pi}}\sqrt{\overline{c^2}}$$

のとき,

$$k = 0.350271$$

であった. つまり,

$$\mathfrak{R} = 0.350271 \frac{2}{\pi\sqrt{3\pi}} \frac{m\sqrt{\overline{c^2}}}{s^2} = 0.0726 \frac{m\sqrt{\overline{c^2}}}{s^2}$$

であった. 数値係数はわずかしか違わないことが分かる.

ただ,平均自由行程の概念と衝突数だけは,距離の 5 乗に逆比例する斥力の理論とは適合しない.これらが定義できるためには,新しく恣意的な仮定をしなければならないだろう.たとえば,二つの分子の遭遇は,その相対速度が 1°よりも大きい角だけ回転したときには衝突とみなされ,それ以外の場合には衝突には数え入れられないと定めなければならないだろう.

拡散の計算においても,近似の程度をさらに高めることは二つの拡散する気体のエントロピーを計算するのと同じように,たいへん興味のあることであろう.近似の程度を高める場合,おそらく,拡散のあいだに温度と全圧のゆらぎが生じるであろうが,拡散を計算することには,確立された原理に従えば何の困難もない.新しい散逸関数,すなわち拡散係数を,二つの拡散する気体のエントロピーを決定することで計

算することも同様に容易だろう．しかし，このことにはこれ以上深入りしないことにしたい．

注

* *1 ［原注］距離の5乗に比例する引力という仮定も，同様の計算の単純化を可能にする(Wien. Sitzungsber. Bd. 89. S. 714. Mai 1884 を見よ)．けれどもこのとき，かなり強い作用が生じる距離に比べてまだ短い距離については，力が，引力が有限なままであるか斥力に移行するという他の法則に従う仮定をしなければならない．そうでなければ，分子は衝突するとき，もはや有限の時間内には離れなくなってしまうからだ．これに対して，本文中では，5乗に逆比例する斥力をつねに仮定しよう．
* *2 ［原注］[Maxwell,] Phil. Mag. 4. ser. vol. 35. p. 145; Scient. Pap. II. p. 42.
* *3 ［訳注］読者の便のため，本訳書には当該の図を転載した(Maxwell, Scient. Pap. **2**, 42)．
* *4 ［原注］同様にして容易に

$$208)\quad 2\pi \int_0^\infty gbdb \sin^2\theta \cos^2\theta = A_2 \sqrt{\frac{K_1}{2m}}$$

と求められる．
* *5 ［訳注］第2章訳注*4の文献を見よ．
* *6 ［訳注］ナヴィエ-ストークス方程式．ただし体積粘性(第二粘性係数)が落とされている．
* *7 ［訳注］水銀気圧計の高さが76 cmに達するような状態，すなわち海面上の標準大気圧状態のこと．

* 8 ［原注］[Maxwell,] Phil. Trans. of A. Roy. Soc. I, 1879 [Phil. Trans. **170**, 231 (1879)]. Scient. Pap. II, S. 681.
* 9 ［原注］Heine, Handbuch der Kugelfunctionen. 2. Aufl. S. 322.
* 10 ［原注］Heine, a. a. O. S. 313.
* 11 ［原注］マクスウェルの命題のこの証明はゲーゲンバウアー〔Leopold Gegenbauer, 1849-1903. オーストリアの数学者. 超球多項式に関する業績がある〕教授に負う.
* 12 ［原注］Kirchhoff, Vorles. über Theorie der Wärme. Teubner. 1894. S. 118 を見よ.
* 13 ［原注］単なる計算間違いにより，マクスウェル(Phil. Mag. 4. ser. vol. 35. März 1868. S. 216, Scient. Pap. II. S. 77 Formel 149)は $\mathfrak{L}$ を上の値のわずか 2/3 と求めたが，これについて私はすでに Sitzungsber. d. Wien. Ac. II. Abth. Bd. 66. 1872. S. 332 で注意した. ポアンカレは同じ注意を C. r. d. Paris. Acad. Bd. 116. S. 1020. 1893 で行った.
* 14 ［訳注］「はじめに」訳注*5 も見よ.
* 15 ［訳注］第 1 章訳注*66 に挙げたマクスウェルによる論文を見よ.
* 16 ［訳注］$\mathfrak{l}$ は "lebendige Kraft"（運動エネルギー）の頭文字.
* 17 ［訳注］Lord Rayleigh, John William Strutt, 1842-1919. イギリスの物理学者. アルゴンの発見の他, 流体力学の研究などでも知られる. 1904 年にノーベル物理学賞を受賞. 本文で言及されている結果については Proc.

London Math. Soc. **4**, 357 (1873)および Phil. Mag. **36**, 354 (1893)を見よ.
* 18 ［訳注］Ladislaus Natanson, 1864-1937. ポーランドの物理学者. 本文で言及されている結果については Rozprawy Krakow **7**, 273; **9**, 171 (1895)および Phil. Mag. **39**, 455, 501 (1895)を見よ.
* 19 ［訳注］「はじめに」訳注*2 も見よ.
* 20 ［訳注］第2章訳注*4 を見よ.
* 21 ［訳注］Loschmidt, Wiener Sitzungsberichte **61**, 367; **62**, 468 (1870).
* 22 ［訳注］エーテルとは，当時想定されていた，宇宙空間全体を満たす電磁作用の媒質である. 19世紀後半にはエーテル雰囲気，すなわち物体をとりまくエーテルの流体力学的考察によって，物体間にはたらく重力の起源を与える試みがなされた.

上巻解説

ルートヴィヒ・ボルツマン(Ludwig E. Boltzmann, 1844-1906)は,今日の大学で物理学,とくに統計力学と呼ばれる分野に触れるならば,かならずその名前を聞くことになる物理学者である.その名が冠された成果の中でも,多数の気体分子がそれぞれどれほどの速度を持つのか,その確率を決定するマクスウェル–ボルツマン分布や,マクロな物質が持つエントロピー S と,そのミクロな状態が取りうる状態の数 W の関係を定めるボルツマンの原理 $S = k \log W$ はとりわけ有名だろう.ここに現れる定数 k はボルツマン定数と呼ばれる(ただし後述するように,ボルツマン自身はこの表式を書き下してはいない).物理学の外でも,たとえば近年急激な勢いで発展している機械学習においては,マクスウェル–ボルツマン分布によってその確率的な振舞いが定義されたニューラルネットワーク,すなわちボルツマン・マシンが深層学習の一手法として知られている(なお,ボルツマン・マシンを考案したジェフリー・ヒントン(Geoffrey Hinton, 1947-)は 2024 年のノーベル物理学賞を受賞した).

ボルツマンは 1860 年代後半から継続的に気体運動論ならびに統計力学の研究に取り組んだ.1896 年に第 I 部,1898 年に第 II 部が出版された『気体論講義』(*Vorlesun-*

gen über Gastheorie, J. A. Barth, Leipzig)はボルツマンの気体論研究の集大成と言える本であり，本書はその第Ⅰ部の全訳である．その構成を素描すると，まず「はじめに」では，物質が分子からなるという気体論の基本的な物質観を提示し，その描像にもとづいた気体の圧力の計算を行う．気体分子それ自体についてはさまざまな描像が可能である．第1章では分子が弾性球であるとの仮定のもと，それら分子の衝突過程の考察を通じて気体の諸性質を論じる．具体的には，マクスウェルの速度分布則，H 定理，ボイル-シャルルの法則，アヴォガドロの法則，比熱，そして伝導や粘性などの輸送現象などである．第2章では分子が距離に応じた引力または斥力をおよぼす力の中心であるとの仮定を採用し(弾性球モデルはその特殊例に位置づけられる)，やはり分子の衝突過程の考察を通じて，量 H と気体の速度分布関数の関係を詳しく扱う．第3章では，さまざまな計算を可能にするために，その力がとくに分子中心からの距離の5乗に逆比例する場合に注目する．

　ボルツマンの成果が物理学や機械学習などの広範な分野に浸透している現在，本書でボルツマンが語る内容は，科学史家や物理学者のみならず，広く統計的方法全般に関心のある人にとって歴史的に興味深いものであろう．翻訳および訳注の作成にあたっては，科学史家ブラッシュ(Stephen G. Brush)による英訳 *Lectures on Gas Theory* (University of California Press, Berkeley and Los Angeles, 1964)

および物理学者若野省己による邦訳『気体論の講義』(丸善出版, 2020)も適宜参照した.

ボルツマンの生涯

以下, この解説では, ボルツマンの生涯と気体運動論の歴史を概観し, 本書の出自を見ていこう. ボルツマンの生涯については, とくに指示がない限り, ボルツマンの書簡集に付された伝記記述 [3] に依拠した. この書簡集をもとにした一般向けの伝記 [9] は邦訳で読むことができる.

ルートヴィヒ・エードゥアルト・ボルツマンは 1844 年 2 月 20 日, オーストリアのヴィーンに生まれ, カトリックの洗礼を受けた. 父親ルートヴィヒ・ゲオルクは税務官, 母親カタリーナは食料品雑貨商の家の出だった. 一家はまもなくヴェルス, さらにリンツに移り, ボルツマンは同地で少年時代を過ごした. ギムナージウムでは成績優秀で, 早くから自然科学, とくに数学と植物に興味を示した. またボルツマンはシラーとベートーヴェンを愛好し, ピアノ演奏も嗜んだ.

1863 年 10 月, ボルツマンはヴィーン大学に進学し, 主として数学と物理学を学んだ. ヴィーン大学で物理学を担当していたのは着任まもないシュテファン (Josef Stefan, 1835-1893) だった. シュテファンは, 英語を知らなかったボルツマンに, マクスウェルの電磁気学論文とともに英文法書をも手渡したという逸話が知られるが, この経験はボルツマンにとって, マクスウェルの気体運動論に関する論文を読

む際にも助けになったであろう．またシュテファンは1877年，熱輻射の全エネルギーが絶対温度の4乗に比例することを実験的に見出し，1884年，ボルツマンはこの結果に対して熱力学による理論的導出を与えた．このシュテファン-ボルツマンの法則は，後にプランクの黒体輻射の法則，そして量子論への足掛かりともなった．

ボルツマンは1866年10月にシュテファンの助手となり，論文執筆のかたわら，同年12月19日にヴィーン大学哲学部から哲学博士の学位を，1868年3月19日に大学教授資格を取得して私講師として講義を担当した．この頃ボルツマンは，員外教授として着任してきたロシュミットと知り合っている．ロシュミットは分子の大きさの推定を行う一方で，後述するような H 定理に対する可逆性反論を提出し(1876年)，ボルツマンが H 定理の確率的意味に関する思索を深めるきっかけをも与えた人物である．

その後ボルツマンは1869年にグラーツ大学数理物理学正教授に就任し，1873年にいったんヴィーン大学数学正教授となった後，1876年から1890年まではふたたびグラーツで一般・実験物理学正教授の座に就いた．この間，1876年7月17日にヘンリエッテ・フォン・アイゲントラー(Henriette von Aigentler, 1854-1938)と結婚し，1878年から1891年にかけて5人の子供をもうけたが，1885年には母親を亡くしたためか深刻な精神的危機に陥り(実際，この年には1本しか論文を書いていない)，さらにもとから強か

った近視がいっそう進行した．1889 年には長男ルートヴィヒを，1890 年には妹ヘートヴィヒを失うという不幸も続いた．

1888 年 1 月，キルヒホッフの後任としてベルリン大学に招聘された際のボルツマンの行動は，その精神的な不安定さの現れかもしれない．ボルツマンはベルリンを訪れ，いったんは招聘を受諾したものの，オーストリア政府からの引き留めもあり，視力や神経症の問題を理由として撤回し，さらにそれを後悔してベルリンに移る可能性が残っていないか問い合わせているのである（結局，キルヒホッフの後任にはプランクが任命された）．もっとも，一度は異動する気になったのには，前年から学長を務めていたボルツマンがその職務を負担に感じていたところ，学生がオーストリア皇帝に対する不敬事件を引き起こし，対処に頭を悩ませていたことも影響しているかもしれない．

グラーツにとどまる決断をし，1889 年 10 月には宮廷顧問官の称号を与えられたものの，1890 年，ボルツマンはミュンヘン大学に新設された理論物理学講座に正教授として移った．彼はそれが「個人的な研究方向により適合している」という理由を政府宛の書状で述べている．19 世紀後半は実験物理学と理論物理学の分離が進み，従来の物理学講座に加えて理論物理学講座が各地に新設された時期である [4]．ボルツマンは理論物理学者であるとの自覚を有していたから，その理由づけ自体は正当なものではあるが，同時に彼は，ベル

リン招聘をめぐる騒動により消耗していたとも言われる.

しかし,ボルツマンはミュンヘンにも満足できず,1894年,ヴィーン大学に理論物理学講座正教授として戻った.先のミュンヘンでの講義と,ヴィーンでの講義が本書『気体論講義』のもととなっている.

ヴィーン時代のボルツマンは活発な論争を繰り広げた. 1894年にはオックスフォードで開催されたイギリス科学振興協会に参加し,後述するように『ネイチャー』誌上でイギリスの物理学者たちと気体運動論の基礎をめぐる活発な議論を展開する一方で,ポアンカレとツェルメロ(Ernst Zermelo, 1871-1953)の再帰性反論に応じ,また,オストヴァルト(Friedrich Wilhelm Ostwald, 1853-1932)やマッハ(Ernst Mach, 1838-1916)からの哲学的批判に応答すべく,科学方法論あるいは科学哲学に関する考察を深めていった.

ただし,ヴィーンでもボルツマンは学生の質に不満であり,講義をしたがらず,セミナーにもめったに姿を現さなかったという.近視のため長時間の実験もできず,早くも半年後には異動を模索しはじめた.そこで彼は1900年,論敵にして友人でもあったオストヴァルトの誘いに応じ,ライプツィヒ大学に理論物理学正教授として移ったが,精神状態が思わしくなく,研究上の成果は上げられなかった.数か月後にはヴィーンに戻る意思を示し,プロイセンへの対抗上著名な学者を欲していたオーストリア政府もこれに応えて,ボルツ

マンはわずか2年でヴィーン大学に理論物理学正教授として復帰した．同大学では，やはりボルツマンの論敵だった物理学者・哲学者のマッハが「帰納科学の歴史および理論に特化した哲学」の講座を担当していたが，彼が体調不良により退職した後，ボルツマンはその講義委嘱を受けて「自然哲学」に関する講義にも取り組んだ．

晩年のボルツマンで特筆すべきことと言えば，アメリカを3度にわたって訪問したことだろう．1899年夏の訪問時にはクラーク大学で「力学の基本原理について」と題する連続講義を，1904年セントルイス万博の折に開催された学術会議では「応用数学について」(のち「統計力学について」と改題)と題する講演を行った．また彼は，1905年に東海岸から西海岸へと旅し，カリフォルニア大学バークリー校やスタンフォード大学，リック天文台などを訪問したときの様子を「あるドイツ人教授のエル・ドラドへの旅」[6]と題する旅行記にまとめた．いずれも『通俗著作集』(*Populäre Schriften*, J. A. Barth, Leipzig, 1905)に収録されている．

教師としてのボルツマンにも触れておこう．ボルツマンは1890年代以降，本書の他に『マクスウェル電気・光理論講義』(*Vorlesungen über Maxwells Theorie der Elektricität und des Lichtes*, 2 Bde., J. A. Barth, Leipzig, 1891-93)や『力学原理講義』(*Vorlesungen über die Principe der Mechanik*, 3 Bde., J. A. Barth,

1897-1920)といった教科書をまとめた．彼のもとで学んだ経験のある物理学者と化学者の中には，物理化学の開拓者アレーニウス(Svante Arrhenius, 1859-1927)，熱力学第三法則を提唱したネルンスト(Walther Nernst, 1864-1941)，統計力学の基礎としてのエルゴード仮説を定式化したパウル・エーレンフェスト(Paul Ehrenfest, 1880-1933)，そして核分裂反応の研究で知られるリーゼ・マイトナー(Lise Meitner, 1878-1968)が含まれる．また長岡半太郎(1865-1950)は，ミュンヘン大学に滞在していたときに本書のもととなった気体論に関する講義を聴講し，ボルツマンの明晰な話しぶりを高く評価している．

ボルツマンの人柄を一言で表すことは難しい．文学や音楽を好み，とりわけ生涯にわたってピアノ演奏を嗜んだことや，ヴィーンらしい陽気さと親密さを語るエピソードは多い．格式を重んじる北ドイツ・プロイセンを訪問した際には，ヘルムホルツ(Hermann von Helmholtz, 1821-1894)という大御所にも遠慮なく誤りを指摘するなど，同地の物理学者を驚かせるような振舞いもした．他方で，子供の頃から静かに考え込むこともあり，また上述したように精神的な抑鬱状態に置かれることもしばしばであった．

かねてから精神的な不調に苦しんでいたボルツマンはイタリア・ドゥイノ(当時はオーストリア-ハンガリー領だった)で静養していたが，ヴィーンへ戻る前日の1906年9月5日，自らの命を絶った．なぜ彼が自殺にまで追い込まれたのかと

いう問題については多くの推測がある．後述するような気体運動論および原子論に対する批判に悩んでいたとか，あるいはそれ以前に息子の早過ぎる死から精神的な不調に陥っていた，などがその一例である．だが，それらはあくまでも推測に過ぎない．ただ，ボルツマンの悲劇的な死が多くの人に惜しまれたこと，それは確かである．

ボルツマンを記念するため，1912 年 12 月 7 日，ヴィーン大学本館の柱廊に胸像が設置された．1994 年 5 月には，ボルツマンの生誕 150 周年を機として，その複製がグラーツ大学にも設置されている．ボルツマンの遺体は当初，ヴィーン北部のデープリング墓地に埋葬されたが，1929 年 5 月 27 日，郊外のヴィーン中央墓地の栄誉墓所に改葬された．現在，同墓地の第 14C 区画(Gruppe 14C)にある墓碑は 1933 年 7 月 4 日に除幕されたもので，それにはボルツマンの原理 $S = k \log W$ が刻まれている．そして 1975 年以来，統計物理学国際会議は，統計物理学に関する顕著な業績を挙げた物理学者に賞を授与しているが，3 年に一度授与されるその賞の名はボルツマン賞という．

揺籃期の気体運動論

さて以下では，解説として，『気体論講義』に到るまでの気体論の歴史を概観していこう．とくに典拠の指示がない場合には，文献 [1, 5, 7] による．ボルツマン自身の貢献については文献 [2, 3] も参照した．本書中に相当する議論があ

る場合にはその箇所も示したが，初出時の議論と本書のそれとは必ずしも同じではないことに注意されたい．

　気体の諸性質をその構成要素，つまり気体分子の性質から説明しようとする試みは，すでにボイルやニュートン(Isaac Newton, 1642-1727)にも見られる．ただし彼らは，気体を構成する粒子はたがいに力をおよぼしあいながら静止位置に留まっているという描像を考えていた．このような気体像は，熱とは熱素(カロリック)という重さのない物質(不可秤量物質)であるという熱素説と結びついて長く支持された．分子間にはたらく斥力を担うのが熱素とされたのである．18世紀後半のラヴォアジエ(Antoine Laurent Lavoisier, 1743-1794)とラプラスはこの路線を発展させ，断熱圧縮や音速，さらには理想気体の状態方程式を導出することに成功した．

　これに対してダニエル・ベルヌーイ(Daniel Bernoulli, 1700-1782)は1738年の『流体動力学』で，気体は自由に飛びまわる分子からなるという想定のもとに，圧力が器壁に対する分子の衝突に由来すると論じた．これは今日の気体運動論の最初の試みと言ってよいだろう．しかし，熱とは分子の運動にほかならないというベルヌーイの前提，すなわち熱運動説は，当時は他の物理学者が受け入れるところではなかった．その後，同様の方針のもとに，1821年にはイギリスのヘラパス(John Herapath, 1790-1868)が気体の圧力や断熱変化における温度の変化を，1845年にはウォーターストン

(John James Waterston, 1811-1883)が分子の速度が異なることを考慮した上で気体の温度が分子速度の2乗に比例することを見出し，エネルギー等分配則や比熱比の計算も行った．だが前者の論文は思弁的すぎるとの批判を招き，後者の論文は手違いからロンドン王立協会の倉庫に放置された（1893年になってからレイリー卿が再発見した）．

これらの試みが影響力を持たなかったのは，熱素説が有力視されていたからである．実際，熱素説は，熱機関の効率の上限に関するカルノーの定理など，一定の成功を収めていたのだった．だが19世紀の中頃には徐々に熱運動説が支持されるようになった．そのひとつの契機は，1840年代のマイヤー，ジュール(James Prescott Joule, 1818-1889)，ヘルムホルツらによるエネルギー保存則の確立である．熱は仕事へ，仕事は熱へとたがいに転化するが，これらを合わせた総量は一定だというのである．1850年にはクラウジウスが，翌年にはウィリアム・トムソン(William Thomson, 1824-1907)が，それぞれ熱運動説の立場から熱力学第一法則と第二法則を定式化してカルノーの定理を再導出することに成功し，熱力学を確立した．第一法則はエネルギー保存則，第二法則は熱現象の不可逆性，すなわち熱がそれ自身としては高温部から低温部へと流れる傾向を持つことを認める法則である．

熱運動説の確立とともに，気体運動論も大きく発展を始めることとなった．クラウジウスはクレーニヒ(August Karl

Krönig, 1822-1879)の論文に触発され，1857年に「われわれが熱と呼ぶ種類の運動について」を発表した．この論文は，気体分子自体の体積，分子どうしの衝突にかかる時間，分子間力の影響がいずれも無視できるとの前提のもとで理想気体の状態方程式を導出し，比熱についての考察も行うという本格的な気体運動論の幕開けを告げるものであったが，気体分子の速度についてはその平均を考えるだけで，速度分布関数はまだ使っていない．またクラウジウスは，気体の拡散速度を説明するために平均自由行程の概念(第Ⅰ部 §10)を導入したが，その値を決定することはできなかった．

マクスウェルとボルツマンの気体運動論

1860年，マクスウェルはその平均自由行程の値を，粘性係数(本書では摩擦係数と呼ばれる)などの輸送係数を経由することで決定できることを示した．そこで彼が観測誤差の理論から取り入れたのが誤差分布という道具であり，気体分子の速度に関するマクスウェル分布(第Ⅰ部式 36)は気体運動論の中核を占めることになった．マクスウェルは当初，気体の粘性係数が密度に依存しないという意外な結果を見出して気体運動論を疑ったものの，後に自ら行った実験でそれを確証した．他方で実験的に明らかになった粘性係数の温度依存性を説明するには，距離の5乗に逆比例してはたらく分子間力を導入する必要があった．そこで1867年には，マクスウェルは逆5乗則にもとづいた衝突過程の分析により，ふたた

びマクスウェル分布を導出するとともに,非平衡過程における任意の物理量の輸送を論じた.

ボルツマンが気体運動論の研究に参入したのはこのようなときであった.1868年,彼はマクスウェルの結果を外力が存在する場合に拡張し,気体分子の速度に関するマクスウェル–ボルツマン分布(第I部式154および式155)を導出した.ボルツマンはその後,自身の結果を多原子分子気体の場合へと拡張(第II部式118)するとともに,粘性係数,拡散係数,熱伝導率などの輸送係数の計算や,比熱比の問題に取り組んだ.比熱比は気体運動論にとって大きな困難であったが,これについては下巻解説で触れる.

気体運動論において,マクスウェル分布が平衡状態における一意な分布であるのかどうかは重要な問題であり,ボルツマンは繰り返しこれを論じた.とくに1872年には,気体がはじめ非平衡状態であっても,最終的にはマクスウェル分布が一意に成り立つのかどうかという問題に取り組んだ.そのため彼は,非平衡状態の気体において,分子の速度分布関数がどのように時間変化するかを表すボルツマン方程式(第I部式114および式115)を導出した.そしてボルツマン方程式から粘性係数(第I部 §§12, 22),拡散係数(第I部 §§13-14, 24),熱伝導率(第I部 §§13-14, 23)といった輸送係数を計算するとともに,H 定理を通じてマクスウェル分布の一意性も示した.H 定理とは,式144で定義される量 H がボルツマン方程式に従った時間発展では増大しえな

い，つまり $dH/dt \leqq 0$ であるという定理であり，ここで $dH/dt = 0$ となるのはマクスウェル分布のときに限られる．そして，いったんマクスウェル分布が平衡状態として成立したならば，以後はその状態がつねに保たれるのである（第I部 §§5, 18，および第II部 §§74-78）．

H 定理は気体運動論と熱力学第二法則の関係についてもある含みを持っていた．熱力学第二法則とは，熱的な変化の不可逆性を認める法則であり，それを象徴するのがエントロピーという物理量である．すなわち断熱変化においてはエントロピーは減少しえず，与えられた環境下でエントロピーが最大値に達した状態が平衡状態である．ところで H 定理によれば H という量は時間とともに増大することはなく，そして H が最小値に達した状態が平衡状態である．そこでボルツマンは，$-H$ がエントロピーと同一視できること，H 定理がエントロピー増大の法則の「解析的証明」であることを主張したのである．

確率的法則としての熱力学第二法則

しかし，熱力学第二法則には，分子運動を司る力学の見地からすれば例外もあること，すなわち第二法則が統計的法則であることは，すでに 1871 年にマクスウェルが指摘していた．ある空間を二つの部屋に分割している扉を，分子の速度に応じて開閉することにより，一方の部屋に速度の大きな分子だけを集めて，二つの部屋のあいだに温度差を作ることが

できる「有限の存在」(トムソンはこれを「魔」(daemon)と呼んだ)を考えられるというのである．1876年にはロシュミットが，第二法則に対する例外として，平衡状態が実現された後にそこからの自発的な逸脱が生じうることを指摘した．たとえば，ある分子系が非平衡状態からの時間発展の結果として平衡状態に到達したとする．ここですべての分子の速度を逆転させると，しばらくのあいだは平衡状態が維持されるが，やがて系は非平衡状態へと向かうだろう．

1877年，ボルツマンはロシュミットの指摘を取り上げて，熱力学第二法則は例外なく成り立つ法則ではなく，確率的な法則であると論じた．たしかに，任意の初期条件から例外なくエントロピーが増大するという結果を力学的に導くことはできない．しかし力学的な系が取りうる状態は，その圧倒的大多数が熱力学的には平衡状態に対応するものであることも見過ごしてはならない．エントロピーが増大している過程に対してロシュミットの言うような操作を施せば，たしかにエントロピーが減少するような過程が得られるが，それは長くは続かず，やがてははるかに確からしい状態である平衡状態へと向かって状態が移行していくのである．そしてこのことは，平衡状態に対応する力学的な系の状態の数が，平衡状態の性質を計算する際の方法として有望であることを示唆していた(第I部§6および第II部§§87-90)．

同年の別の論文でボルツマンは，その平衡状態の計算方法を，ある系のHを，その系の状態の「確率」と関係づける

ことで具体化した．ここで系の状態とは，その系を構成する粒子が取りうる運動エネルギーあるいは速度を有限の個数に分割した上で，それぞれの離散的な値を持つ運動エネルギーあるいは速度をもつ分子数の組合わせで表される．そしてその状態の「確率」とは，そのような分子数の組合わせの数で測られる．それゆえ，ある状態を表す分子数の組合わせの数が多ければ多いほど，その状態は実現されやすい，すなわちより確からしい状態である．熱平衡状態とは，もっとも確からしい状態である．そして実際の気体に関する結果を得るためには，この離散的な組合わせの数の連続極限を取る（第I部 §6）．

なお，この 1877 年の結果は，上述したボルツマンの原理 $S = k \log W$ の提唱として知られている．だが実際には，この表式そのものをボルツマンの原論文や本書に見出すことはできない．ボルツマンが示しているのは，まず，気体の状態の確率(本書で言えば式 35)を最大化するような運動エネルギーないし速度の配分の仕方を考え，そのスターリング近似と連続極限を取った関数 Ω（これは本書で気体の体積を表すためにしばしば使われる Ω ではない）が H と同じ形の関数(本書で言えば 79 頁の $\int f(\xi, \eta, \zeta) l f(\xi, \eta, \zeta) d\xi d\eta d\zeta$) で与えられるということ，またこの関数 Ω を最大化するような速度分布，すなわち平衡状態を表す速度分布について，温度 T の気体が可逆変化のあいだに受けるエントロピー変化が $\int dQ/T = (2/3)\Omega$ と表されるということである．こ

の点については [8, 訳者解説] および下巻解説も参照していただきたい.

また，1876年から翌年にかけての議論により，ボルツマンは「H 定理の確率的解釈」(第I部 §8)へと転向したと言われる. しかし近年の物理学史研究では，ボルツマンは H 定理とそれに到る諸論文において粒子数が十分に大きいこと，時間が十分に長いこと，気体の体積が十分に大きいことなどの仮定を置いていたことから，彼はもともと H 定理については確率的解釈を取っていたのであって，ロシュミットの指摘によって「転向」したわけではないとする見解もある [3, p. 543, n. 131].

1890 年代の論争

第I部序文で言及されているように，1894年から1895年にかけては，イギリスの物理学者たちが不可逆性を力学の観点からいかに理解するかという問題をさかんに論じ，ボルツマンもそれに参加して，気体運動論が依拠すべき前提や方法を洗練させていった. それはエネルギー等分配の問題に端を発した議論であったが，最終的には分子的無秩序の仮定へと到った. とくにバーバリーは，H 定理の前提には，衝突前の任意の二つの分子の相対速度の向きについて，衝突後にはすべての向きが等しく確からしいという「条件 A」があることを指摘し，ボルツマンはバーバリーを引き継ぐ形で分子的無秩序の仮定を定式化したのである. 本書において分子的

無秩序の仮定は，気体運動論全体が依拠すべき前提に位置づけられている（第 I 部 §§3, 6）．

もうひとつの批判とは，ポアンカレが 1889 年に証明した再帰定理をもとにツェルメロが提起した再帰性反論である．ポアンカレによれば，例外的なものを除き，力学系がある状態から出発したとき，その力学系は将来のある時点において，最初の状態に任意に近い状態を取る．1896 年にツェルメロはこの結果を，力学的自然観によって熱力学に特徴的な不可逆過程を説明するのは不可能であることを示すものだと主張した．これに対してボルツマンは，H 定理によれば熱力学第二法則は統計的法則であって，きわめて稀ではあるが破れることがあること，それゆえ第二法則と再帰定理は調和するものであると反論した（第 II 部 §88）．

気体は熱力学に支配される対象であり，その気体を構成する多数の分子は力学に支配される．気体運動論はこれら二つの領域を関係づける理論であり，『気体論講義』はそのひとつの到達点である．本解説で触れてきた通り，第 I 部には気体論の発展途上で明らかになった主要な成果や基礎づけに関する論点が含まれている．第 II 部では，種々の具体的な問題への応用と，統計力学へと繋がる抽象的なアプローチの導入が行われるとともに，基礎的な側面がふたたび論じられる．

本書は日本学術振興会科学研究費補助金（基盤研究 C）

23K00265 の成果の一部である．準備段階では，白石直人氏（東京大学）と河西棟馬氏（東京科学大学）にコメントをいただいた．両氏に感謝申し上げるとともに，なお残る誤りの責任は訳者に帰するものであることを付記しておく．

参考文献

[1] Stephen G. Brush, *The Kind of Motion We Call Heat : A History of the Kinetic Theory of Gases in the 19th Century*, 2 vols., North-Holland, Amsterdam, 1976.
[2] Olivier Darrigol, *Atoms, Mechanics, and Probability : Ludwig Boltzmann's Statistico-Mechanical Writings: an Exegesis*, Oxford University Press, 2018.
[3] Walter Höflechner (Hrsg.), *Ludwig Boltzmann : Leben und Briefe*, Akademische Druck- u. Verlagsanstalt, Graz, 1994.
[4] Christa Jungnickel and Russell McCormmach, *The Second Physicist: On the History of Theoretical Physics in Germany*, Springer, 2017.
[5] 稲葉肇『統計力学の形成』名古屋大学出版会，2021.
[6] パリティ編集委員会編『ボルツマン先生，黄金郷を旅す』丸善，1994.
[7] 広重徹『物理学史』I・II, 培風館，1968.
[8] マックス・プランク『熱輻射論講義』西尾成子訳，岩波文庫，2021.

[9] デヴィッド・リンドリー『ボルツマンの原子：理論物理学の夜明け』松浦俊輔訳, 青土社, 2003.

索　引

英数字

H　68-74, 79-82, 103-105
H 定理（最小定理）　52

あ　行

運動方程式　263
液体　137
エネルギー論（Energetik）　20, 330
エントロピー　102, 103, 106, 107, 237, 259, 326, 330
横断（Vorübergang）　185
温度　93-95, 97, 338

か　行

化学　25
拡散　93, 106, 145, 147, 150, 153, 155-158, 256, 338, 342
拡散係数　150, 156, 158, 342, 343, 345
確率　75-77, 79, 84, 105
確率の法則　52, 81
緩和時間　285, 291
逆衝突　60, 61, 83, 190, 204
結晶学　25
原子論（Atomistik）　23, 25, 26, 85

さ　行

最小定理（H 定理）　52
最大確率速度　91
作用圏（Wirkungssphäre）　177
自己拡散　147, 148, 150
順衝突　66, 83, 190, 191, 204
蒸気（Dampf）　30
全体的整序（molar geordnet）　50
全体的無秩序（molar ungeordnet）　51, 52
像（Bild）　28, 30, 107, 136
速度分布　74, 79, 179, 237
速度分布則　44

た　行

第二主則　26, 107
確からしい状態　106, 260
弾性論　85
注目する種類の衝突　48-50, 69
注目する種類の分子　47, 49, 50, 68, 69
直観（Anschauung）　15, 23, 25-27, 84-86
定常状態　21
電気　125, 132, 149, 153

電気伝導率 133
電気理論 21-23

な 行

内部摩擦(粘性. innere Reibung) 21, 126, 306, 325, 329, 330
熱伝導 21, 106, 126, 325, 329, 330
熱伝導率 143

は 行

比熱 100, 144, 308
比熱比 101, 256
分子的整序(molekular geordnet) 51, 52, 81-83, 164-165
分子的無秩序(molekular ungeordnet) 51, 74, 79, 82, 164, 165
平均運動エネルギー 93, 98, 228, 232, 333
平均二乗速度 39, 90, 228
平均自由行程 119, 121, 124, 128, 129, 131
ポアソンの関係 256
ボイル-シャルル-アヴォガドロの法則 96

ま 行

マクスウェル状態 53
マクスウェルの状態分布 83
マクスウェルの速度分布 67, 74, 76, 80-82
マクスウェルの速度分布則 53, 66, 331
マクスウェル分布 164
摩擦(粘性) 134
摩擦係数(粘性係数. Reibungscoëfficient) 135, 138, 139, 143, 290, 345

ら 行

ラジオメーター 22, 85, 157, 313
流体動力学 22, 85, 86, 250, 290, 310, 337

気体論講義（上）〔全2冊〕
ルートヴィヒ・ボルツマン著

2025年1月15日　第1刷発行

訳者　稲葉　肇

発行者　坂本政謙

発行所　株式会社　岩波書店
〒101-8002　東京都千代田区一ツ橋2-5-5

案内 03-5210-4000　営業部 03-5210-4111
文庫編集部 03-5210-4051
https://www.iwanami.co.jp/

印刷 製本・法令印刷　カバー・精興社

ISBN 978-4-00-339591-2　Printed in Japan

読書子に寄す
―― 岩波文庫発刊に際して ――

　真理は万人によって求められることを自ら欲し、芸術は万人によって愛されることを自ら望む。かつては民を愚昧ならしめるために学芸が最も狭き堂宇に閉鎖されたことがあった。今や知識と美とを特権階級の独占より奪い返すことはつねに進取的なる民衆の切実なる要求である。岩波文庫はこの要求に応じそれに励まされて生まれた。それは生命ある不朽の書を少数者の書斎と研究室とより解放して街頭にくまなく立たしめ民衆に伍せしめるであろう。近時大量生産予約出版の流行を見る。その広告宣伝の狂態はしばらくおくも、後代にのこすと誇称する全集がその編集に万全の用意をなしたるか。千古の典籍の翻訳企図に敬虔の態度を欠かざりしか。さらに分売を許さず読者を繋縛して数十冊を強うるがごとき、はたしてその揚言する学芸解放のゆえんなりや。吾人は天下の名士の声に和してこれを推挙するに躊躇するものである。このときにあたって、岩波書店は自己の責務のいよいよ重大なるを思い、従来の方針の徹底を期するため、すでに十数年以前より志して文芸・哲学・社会科学・自然科学等種類のいかんを問わず、いやしくも万人の必読すべき真に古典的価値ある書をきわめて簡易なる形式において逐次刊行し、あらゆる人間に須要なる生活向上の資料、生活批判の原理を提供せんと欲する。この文庫は予約出版の方法を排したるがゆえに、読者は自己の欲する時に自己の欲する書物を各個に自由に選択することができる。携帯に便にして価格の低きを最主とするがゆえに、外観を顧みざるも内容に至っては厳選最も力を尽くし、従来の岩波出版物の特色をますます発揮せしめようとする。この計画たるや世間の一時的投機的なるものと異なり、永遠の事業として吾人は微力を傾倒し、あらゆる犠牲を忍んで今後永久に継続発展せしめ、もって文庫の使命を遺憾なく果たさしめることを期する。芸術を愛し知識を求むる士の自ら進んでこの挙に参加し、希望と忠言とを寄せられることは吾人の熱望するところである。その性質上経済的には最も困難多きこの事業にあえて当たらんとする吾人の志を諒として、その達成のため世の読書子とのうるわしき共同を期待する。

　　昭和二年七月

　　　　　　　　　　　　　　　　　　　　　　　　　　　　岩波茂雄

《法律・政治》(白)

人権宣言集 高木八尺・末延三次・宮沢俊義 編

世界憲法集 第二版 新版 高橋和之 編

君主論 マキアヴェッリ／河島英昭 訳

フィレンツェ史 全二冊 マキァヴェッリ／齊藤寛海 訳

リヴァイアサン 全四冊 ホッブズ／水田洋 訳

ビヒモス ホッブズ／山田園子 訳

法の精神 全三冊 モンテスキュー／野田良之・稲本洋之助・上原行雄・田中治男・三辺博之・横田地弘 訳

統治二論 完訳 ロック／加藤節 訳

寛容についての手紙 ジョン・ロック／加藤節・李静和 訳

キリスト教の合理性 ジョン・ロック／加藤節 訳

社会契約論 ルソー／桑原武夫・前川貞次郎 訳

フランス二月革命の日々——トクヴィル回想録 トクヴィル／喜安朗 訳

アメリカのデモクラシー 全四冊 トクヴィル／松本礼二 訳

リンカーン演説集 斎藤光 訳

権利のための闘争 イェーリング／村上淳一 訳

近代人の自由と古代人の自由・征服の精神と簒奪 他一篇 コンスタン／堤林剣・堤林恵 訳

民主主義と価値自由 他一篇 ハンス・ケルゼン／長尾龍一・植田俊太郎 訳

本質と価値 E・H・カー／原彬久 訳

危機の二十年——理想と現実 E・H・カー／原彬久 訳

ザ・フェデラリスト A・ハミルトン、J・ジェイ、J・マディソン／齋藤眞・中野勝郎 編訳

アメリカの黒人演説集——キング・マルコムX・モリスン他 荒このみ 編訳

国際政治——権力と平和 モーゲンソー／原彬久 監訳

ポリアーキー ロバート・A・ダール／高畠通敏・前田脩 訳

現代議会主義の精神史的状況 他一篇 カール・シュミット／樋口陽一 訳

政治的なものの概念 カール・シュミット／権左武志 訳

第二次世界大戦外交史 全二冊 芦田均

憲法講話 美濃部達吉

日本国憲法 長谷部恭男 解説

民主体制の崩壊——危機・崩壊・再均衡 ファン・リンス／横田正顕 訳

憲法 鵜飼信成

《経済・社会》(白)

政治算術 ペティ／大内兵衛・松川七郎 訳

国富論 全四冊 アダム・スミス／水田洋 監訳・杉山忠平 訳

道徳感情論 全二冊 アダム・スミス／水田洋 訳

法学講義 アダム・スミス／水田洋 訳

コモン・センス 他三篇 トーマス・ペイン／小松春雄 訳

経済学における諸定義 マルサス／玉野井芳郎 訳

オウエン自叙伝 ロバァト・オウエン／五島茂 訳

戦争・論 全三冊 クラウゼヴィッツ／篠田英雄 訳

自由論 J・S・ミル／関口正司 訳

大学教育について J・S・ミル／竹内一誠 訳

功利主義 J・S・ミル／関口正司 訳

ロンバード街——ロンドンの金融市場 バジョット／宇野弘蔵 訳

イギリス国制論 全二冊 バジョット／遠山隆淑 訳

ヘーゲル法哲学批判序説 ユダヤ人問題によせて マルクス／城塚登 訳

経済学・哲学草稿 マルクス／城塚登・田中吉六 訳

ドイツ・イデオロギー 新編輯版 マルクス、エンゲルス／廣松渉 編訳・小林昌人 補訳

共産党宣言 マルクス、エンゲルス／大内兵衛・向坂逸郎 訳

賃労働と資本 マルクス／長谷部文雄 訳

賃銀・価格および利潤 マルクス／長谷部文雄 訳

経済学批判 マルクス／武田隆夫・遠藤湘吉・大内力・加藤俊彦 訳

2024.2 現在在庫 I-1

マルクス 資本論 全九冊
エンゲルス編　向坂逸郎訳

裏切られた革命 全一冊
トロツキー　藤井一行訳

文学と革命 全二冊
トロツキー　桑野隆訳

ロシア革命史 全五冊
トロツキー　藤井一行訳

トロツキー わが生涯 全三冊
トロツキー　志田昇訳

空想より科学へ
――社会主義の発展
エンゲルス　森田成也訳

イギリスにおける労働者階級の状態
エンゲルス　一八四五年のじぶんの見聞とたしかな典拠にもとづく
エンゲルス　大内兵衛訳

帝国主義 全一冊
レーニン　宇高基輔訳

国家と革命 全一冊
レーニン　宇高基輔訳

日本資本主義分析
山田盛太郎

恐慌論
宇野弘蔵

経済原論
宇野弘蔵

資本主義と市民社会 他十四篇
齋藤英里編　大塚久雄

共同体の基礎理論 他六篇
小野塚知二編　大塚久雄

雇用、利子および貨幣の一般理論 全二冊
ケインズ　間宮陽介訳

シュムペーター 経済発展の理論
――企業者利潤・資本・信用・利子および景気の回転に関する一研究 全二冊
塩野谷祐一／東畑精一／中山伊知郎訳

経済学史
――学説ならびに方法の諸段階
シュムペーター　東畑精一／福岡正夫訳

言論・出版の自由 他一篇
――アレオパジティカ
ミルトン　原田純訳

ユートピアだより 他一篇
ウィリアム・モリス　川端康雄訳

有閑階級の理論
ヴェブレン　小原敬士訳

プロテスタンティズムの倫理と資本主義の精神
社会科学と社会政策にかかわる認識の「客観性」
マックス・ウェーバー　折原浩補訳／大塚久雄訳

職業としての学問
マックス・ウェーバー　尾高邦雄訳

職業としての政治
マックス・ウェーバー　脇圭平訳

社会学の根本概念
マックス・ウェーバー　清水幾太郎訳

古代ユダヤ教 全三冊
マックス・ウェーバー　内田芳明訳

支配について
マックス・ウェーバー　野口雅弘訳

宗教と資本主義の興隆
――歴史的研究 全三冊
トーニー　出口勇蔵／越智武臣訳

贈与論 他二篇
マルセル・モース　森山工訳

国民論 他二篇
マルセル・モース　森山工編訳

独裁と民主政治の社会的起源 全二冊
――近代世界形成過程における領主と農民
バリントン・ムア　宮崎隆次／森山茂徳／高橋直樹／鴫原敬人訳

ヨーロッパの昔話
――その形と本質
マックス・リュティ　小澤俊夫訳

大衆の反逆
オルテガ・イ・ガセット　佐々木孝訳

シャドウ・ワーク
イリイチ　玉野井芳郎／栗原彬訳

《自然科学》青

ヒポクラテス医学論集
國方栄二編訳

科学と仮説
ポアンカレ　河野伊三郎訳

ロウソクの科学
ファラデー　竹内敬人訳

種の起原 全二冊
ダーウィン　八杉龍一訳

自然発生説の検討
パストゥール　山口清三郎訳／高木達訳

完訳 ファーブル昆虫記 全十冊
ファーブル　奥本大三郎訳
山田吉彦訳

科学談義
T・H・ハックスリ　小泉丹訳

メンデル 雑種植物の研究
メンデル　岩槻邦男／須原準平訳

アインシュタイン 相対性理論
アインシュタイン　内山龍雄訳・解説

相対論の意味
アインシュタイン　矢野健太郎訳

アインシュタイン 一般相対性理論
アインシュタイン　小玉英雄訳・解説

自然美と其驚異
ラバック　板倉勝忠訳

ダーウィニズム論集
八杉龍一編訳

近世数学史談
高木貞治

ニールス・ボーア論文集1
因果性と相補性
山本義隆編訳

2024.2 現在在庫 1-2

ニールス・ボーア論文集2 **量子力学の誕生**	山本義隆編訳
ハッブル **銀河の世界**	戎崎俊一訳
パロマーの巨人望遠鏡 全二冊	D・O・ウッドベリー 関正雄・成相恭二・湯澤博・小平桂一訳
生物から見た世界	ユクスキュル/クリサート 日高敏隆・羽田節子訳
ゲーデル **不完全性定理**	林晋・八杉満利子訳
日本の酒	坂口謹一郎
生命とは何か ――物理的にみた生細胞	シュレーディンガー 岡小天・鎮目恭夫訳
ウィーナー サイバネティックス ――動物と機械における制御と通信	池原止戈夫・彌永昌吉・室賀三郎・戸田巌訳
熱輻射論講義	マックス・プランク 西尾成子訳
コレラの感染様式について	ジョン・スノウ 山本太郎訳
20世紀科学論文集 現代宇宙論の誕生	須藤靖編
高峰譲吉 いかにして発明国民となるべきか 文集 他四篇	鈴木淳編
相対性理論の起原 他二篇	西尾成子編
ガリレオ・ガリレイの生涯 他二篇	ヴィンチェンツォ・ヴィヴィアーニ 田中一郎訳
精選 **物理の散歩道**	ロゲルギスト 松浦壮訳

2024.2 現在在庫 I-3

《哲学・教育・宗教》(青)

書名	著者	訳者
ソクラテスの弁明・クリトン		久保勉訳
ゴルギアス	プラトン	加来彰俊訳
饗宴	プラトン	久保勉訳
テアイテトス	プラトン	田中美知太郎訳
パイドロス	プラトン	藤沢令夫訳
メノン	プラトン	藤沢令夫訳
国家 全二冊	プラトン	藤沢令夫訳
プロタゴラス —ソフィストたち	プラトン	藤沢令夫訳
パイドン —魂の不死について	プラトン	岩田靖夫訳
アナバシス —敵中横断六〇〇〇キロ	クセノポン	松平千秋訳
ニコマコス倫理学 全二冊	アリストテレス	高田三郎訳
形而上学 全二冊	アリストテレス	出隆訳
弁論術	アリストテレス	戸塚七郎訳
詩学 詩論	アリストテレース／ホラーティウス	松本仁助・岡道男訳
物の本質について	ルクレーティウス	樋口勝彦訳
エピクロス —教説と手紙		岩崎允胤訳

生の短さについて 他二篇	セネカ	大西英文訳
怒りについて 他三篇	セネカ	兼利琢也訳
人生談義 全二冊	エピクテトス	國方栄二訳
人さまざま	テオプラストス	森進一訳
自省録	マルクス・アウレーリウス	神谷美恵子訳
老年について	キケロー	中務哲郎訳
友情について	キケロー	中務哲郎訳
弁論家について 全二冊	キケロー	大西英文訳
平和の訴え	エラスムス	箕輪三郎訳
エラスムス＝トマス・モア往復書簡		沓掛良彦・高田康成訳
方法序説	デカルト	谷川多佳子訳
哲学原理	デカルト	桂寿一訳
精神指導の規則	デカルト	野田又夫訳
情念論	デカルト	谷川多佳子訳
パンセ 全三冊	パスカル	塩川徹也訳
小品と手紙	パスカル	塩川徹也・望月ゆか訳
神学・政治論 全二冊	スピノザ	畠中尚志訳

知性改善論	スピノザ	畠中尚志訳
エチカ 全二冊 (倫理学)	スピノザ	畠中尚志訳
国家論	スピノザ	畠中尚志訳
スピノザ往復書簡集		畠中尚志訳
デカルトの哲学原理 —附 形而上学的思想	スピノザ	畠中尚志訳
スピノザ 神・人間及び人間の幸福に関する短論文		畠中尚志訳
モナドロジー 他二篇	ライプニッツ	岡部英男・谷川多佳子訳
ノヴム・オルガヌム〔新機関〕	ベーコン	桂寿一訳
市民の国について	ヒューム	小松茂夫訳
自然宗教をめぐる対話	ヒューム	犬塚元訳
君主の統治について —謹んでキプロス王に捧げる	トマス・アクィナス	柴田平三郎訳
精選 神学大全 全四冊	トマス・アクィナス	山本芳久編訳
エミール 全三冊	ルソー	今野一雄訳
人間不平等起原論	ルソー	本田喜代治・平岡昇訳
社会契約論	ルソー	桑原武夫・前川貞次郎訳
言語起源論 —旋律と音楽的模倣について	ルソー	増田真訳
絵画について	ディドロ	佐々木健一訳

2024.2 現在在庫 F-1

純粋理性批判 全三冊 カント 篠田英雄訳	判断力批判 全三冊 カント 篠田英雄訳	永遠平和のために カント 宇都宮芳明訳	プロレゴメナ カント 篠田英雄訳
実践理性批判 カント 波多野精一・宮本和吉・篠田英雄訳			人倫の形而上学 シュライエルマハー 熊野純彦訳
政治論文集 ヘーゲル 金子武蔵訳	哲学史序論 ヘーゲル 武市健人訳	歴史哲学講義 全二冊 ヘーゲル 長谷川宏訳	法の哲学 ——自然法と国家学の要綱 全二冊 ヘーゲル 上妻精・佐藤康邦・山田忠彰訳
独白 ヘーゲル 木場深定訳			学問論 フィヒテ 西川富雄監訳
自殺について 他二篇 ショウペンハウエル 斎藤信治訳	読書について 他二篇 ショウペンハウエル 斎藤忍随訳	知性について 他四篇 ショウペンハウエル 細谷貞雄訳	不安の概念 キェルケゴール 斎藤信治訳
死に至る病 キェルケゴール 斎藤信治訳			
体験と創作 全二冊 ディルタイ 柴田治三郎訳	眠られぬ夜のために 全二冊 ヒルティ 草間平作・大和邦太郎訳	幸福論 全三冊 ヒルティ 草間平作・大和邦太郎訳	悲劇の誕生 ニーチェ 秋山英夫訳
道徳の系譜 ニーチェ 木場深定訳	善悪の彼岸 ニーチェ 木場深定訳	この人を見よ ニーチェ 西尾幹二訳	ツァラトゥストラはこう言った 全二冊 ニーチェ 氷上英廣訳
プラグマティズム W・ジェイムズ 桝田啓三郎訳	宗教的経験の諸相 全二冊 W・ジェイムズ 桝田啓三郎訳	日常生活の精神病理 フロイド 高橋義孝訳	精神分析入門講義 全二冊 フロイド 高田珠樹・新宮一成・須藤訓任・道籏泰三訳
純粋現象学及現象学的哲学考案 フッサール 池上鎌三訳	デカルト的省察 フッサール 浜渦辰二訳	愛の断想・日々の断想 ジンメル 清水幾太郎訳	ジンメル宗教論集 深澤英隆編訳
笑い ベルクソン 林達夫訳			
道徳と宗教の二源泉 ベルクソン 平山高次訳	物質と記憶 ベルクソン 熊野純彦訳	時間と自由 ベルクソン 中村文郎訳	ラッセル幸福論 ラッセル 安藤貞雄訳
存在と時間 全四冊 ハイデガー 熊野純彦訳	民主主義と教育 全二冊 デューイ 松野安男訳	我と汝・対話 マルティン・ブーバー 植田重雄訳	学校と社会 デューイ 宮原誠一訳
天才の心理学 E・クレッチュマー 内村祐之訳	アラン 定義集 アラン 神谷幹夫訳	アラン 幸福論 アラン 神谷幹夫訳	英語発達小史 H・ブラッドリ 寺澤芳雄訳
日本の弓術 オイゲン・ヘリゲル 柴田治三郎訳	英語のロマンス 柳沼重剛訳	似て非なる友について 他三篇 プルタルコス 柳沼重剛訳	学問の方法 ヴィーコ 上村忠男・佐々木力訳
ことばのロマンス ——英語の語源 ウィークリー 寺澤芳雄・出淵博訳			

2024.2 現在在庫 F-2

国家と神話 カッシーラー 熊野純彦訳

天才・悪 ブレンターノ 篠田英雄訳

人間の頭脳活動の本質 他一篇 ディルタイ 小松摂郎訳

反啓蒙思想 他二篇 バーリン 松本礼二編

マキァヴェッリの独創性 他三篇 バーリン 川出良枝編

ロシア・インテリゲンツィヤの誕生 他五篇 バーリン 桑野隆編

論理哲学論考 ウィトゲンシュタイン 野矢茂樹訳

自由と社会的抑圧 シモーヌ・ヴェイユ 冨原眞弓訳

根をもつこと 全二冊 シモーヌ・ヴェイユ 冨原眞弓訳

重力と恩寵 シモーヌ・ヴェイユ 冨原眞弓訳

全体性と無限 全二冊 レヴィナス 熊野純彦訳

啓蒙の弁証法 —哲学的断想— M・ホルクハイマー T.W.アドルノ 徳永恂訳

ヘーゲルからニーチェへ 全二冊 レーヴィット 三島憲一訳

統辞構造論 付「言語理論の論理構造」序説 チョムスキー 福井直樹・辻子美保子訳

統辞理論の諸相 方法論的序説 チョムスキー 辻子美保子訳

快楽について ロレンツォ・ヴァッラ 近藤恒一訳

ニーチェ みずからの時代と闘う者 ルドルフ・シュタイナー 高橋巖訳

フランス革命期の公教育論 コンドルセ他 阪上孝編訳

人間の教育 全三冊 フレーベル 荒井武訳

旧約聖書 創世記 関根正雄訳

旧約聖書 出エジプト記 関根正雄訳

旧約聖書 ヨブ記 関根正雄訳

旧約聖書 詩篇 関根正雄訳

新約聖書 福音書 塚本虎二訳

文語訳 新約聖書 詩篇付

文語訳 旧約聖書 全四冊

キリストにならいて トマス・ア・ケンピス 大沢章・呉茂一訳

聖アウグスティヌス 告白 全三冊 服部英次郎訳

神の国 全五冊 アウグスティヌス 服部英次郎・藤本雄三訳

新訳 キリスト者の自由・聖書への序言 マルティン・ルター 石原謙訳

キリスト教と世界宗教 シュヴァイツェル 鈴木俊郎訳

カルヴァン小論集 波木居斉二編訳

聖なるもの オットー 久松英二訳

コーラン 全三冊 井筒俊彦訳

エックハルト説教集 田島照久編訳

ムハンマドのことば ハディース 小杉泰編訳

新約聖書外典 ナグ・ハマディ文書抄 荒井献・大貫隆・小林稔・筒井賢治訳

後期資本主義における正統化の問題 ハーバーマス 山田正行・金慧訳

シンボルの哲学 ランガー 塚本明子訳

ジャック・ラカン 精神分析の四基本概念 S・K・ラングー 小出浩之・新宮一成・鈴木國文・小川豊昭訳

精神と自然 生きた世界の認識論 ベイトソン 佐藤良明訳

精神の生態学へ 全三冊 グレゴリー・ベイトソン 佐藤良明訳

人間の知的能力に関する試論 全四冊 トマス・リード 戸田剛文訳

開かれた社会とその敵 全四冊 カール・ポパー 小河原誠訳

2024.2 現在在庫 F-3

《歴史・地理》(青)

新訂 魏志倭人伝・後漢書倭伝・宋書倭国伝・隋書倭国伝
中国正史日本伝(1) 石原道博編訳

新訂 旧唐書倭国日本伝・宋史日本伝・元史日本伝
中国正史日本伝(2) 石原道博編訳

ヘロドトス 歴史 全三冊 松平千秋訳

トゥーキュディデース 戦史 全三冊 久保正彰訳

ガリア戦記 カエサル 近山金次訳

タキトゥス 年代記 全二冊 国原吉之助訳

ランケ 世界史概観
——近世史の諸時代—— 相原信作 鈴木成高訳

ランケ自伝 林健太郎訳

歴史における個人の役割 プレハーノフ 木原正雄訳

古代への情熱
シュリーマン自伝 村田数之亮訳

大君の都 全三冊
——幕末日本滞在記—— オールコック 山口光朔訳

アーネスト・サトウ 一外交官の見た明治維新 全二冊 坂田精一訳

ベルツの日記 全二冊 トク・ベルツ編 菅沼竜太郎訳

武家の女性 山川菊栄

ラス・カサス インディアスについての簡潔な報告 染田秀藤訳

ラス・カサス インディアス史 全七冊 長南実訳 石原保徳編

インディアスの破壊をめぐる賠償義務論
——付 二つの疑問への解答—— ラス・カサス 染田秀藤訳

全航海の報告 コロンブス 林屋永吉訳

モース 日本その日その日 全三冊 E・S・モース 石川欣一訳

ナポレオン言行録 オクターヴ・オブリ編 大塚幸男訳

中世的世界の形成 石母田正

日本の古代国家 石母田正

平家物語 他六篇
歴史随想集 石母田正 高橋昌明編

クリオの顔 E・H・ノーマン 大窪愿二編訳

日本における近代国家の成立 E・H・ノーマン 大窪愿二訳

旧事諮問録
——江戸幕府役人の証言—— 進士慶幹校注 旧事諮問会編

ローマ皇帝伝 全二冊 スエトニウス 国原吉之助訳

アリランの歌
——ある朝鮮人革命家の生涯—— ニム・ウェールズ キム・サンイ 松平いを子訳

さまよえる湖 ヘディン 福田宏年訳

老松堂日本行録
——朝鮮使節の見た中世日本—— 宋希璟 村井章介校注

十八世紀パリ生活誌
——グローバー・パリ—— メルシエ 原宏編訳

ヨーロッパ文化と日本文化 ルイス・フロイス 岡田章雄訳注

ギリシア案内記 全二冊 パウサニアス 馬場恵二訳

オデュッセウスの世界 フィンリー 下田立行訳

東京に暮す
一九二八~一九三六 キャサリン・サンソム 大久保美春訳

ミカド
——日本の内なる力—— W・E・グリフィス 亀井俊介訳

幕末百話 増補 篠田鉱造

幕末明治 女百話 全二冊 篠田鉱造

日本中世の村落 清水三男 網野善彦・大山喬平校注

トゥバ紀行 メンヒェン=ヘルフェン R・N・ベラー 田中克彦訳

徳川時代の宗教 R・N・ベラー 池田昭訳

ある出稼石工の回想 マルタン・ナドー 喜安朗訳

革命的群衆 G・ルフェーヴル 二宮宏之訳

植物巡礼
プラント・ハンターの回想 F・キングドン=ウォード 塚谷裕一訳

日本滞在日記 一八〇四～一八〇五 レザーノフ 大島幹雄訳

モンゴルの歴史と文化 ハイシッヒ 田中克彦訳

歴史序説 全四冊 イブン=ハルドゥーン 森本公誠訳

最新世界周航記 全三冊(既刊上巻) ダンピア 平野敬一訳

ローマ建国史 リーウィウス 鈴木一州訳

元治夢物語
——幕末同時代史—— 徳田武校注

- フランス・プロテスタントの反乱 ——カミザール戦争の記録　カヴァリエ　二宮フサ訳
- 徳川制度　全三冊・補遺　加藤貴校注
- 第二のデモクラテス——戦争の正当原因についての対話　セプールベダ　染田秀藤訳
- ユグルタ戦争 カティリーナの陰謀　サルスティウス　栗田伸子訳
- 史的システムとしての資本主義　ウォーラーステイン　川北稔訳
- 中世荘園の様相　網野善彦
- 日本中世の非農業民と天皇　全二冊　網野善彦

2024.2 現在在庫　H-2

岩波文庫の最新刊

折々のうた 三六五日――日本短詩型詞華集
大岡信著

現代人の心に響く詩歌の宝庫『折々のうた』。その中から三六五日それぞれにふさわしい詩歌を著者自らが選び抜き、鑑賞の手引きを付しました。〔カラー版〕
〔緑二〇二-五〕 定価一三〇九円

カヴァフィス詩集
池澤夏樹訳

二〇世紀初めのアレクサンドリアに生きた孤高のギリシャ詩人カヴァフィスの全一五四詩。歴史を題材にしたアイロニーの色調、そして同性愛者の官能と哀愁。
〔赤N七三五-一〕 定価一三六四円

走れメロス・東京八景 他五篇
太宰治作／安藤宏編

誰もが知る〈友情〉の物語「走れメロス」、自伝的小説「東京八景」ほか、「駈込み訴え」「清貧譚」など傑作七篇。〈太宰入門〉として最適の一冊。〈注・解説＝安藤宏〉
〔緑九-一〇〕 定価七九二円

過去と思索(五)
ゲルツェン著／金子幸彦・長縄光男訳

家族の悲劇に見舞われたゲルツェンはロンドンへ。「四八年」が遠のく中で、革命の夢をなおも追い求める亡命者たち。彼らを見る目は冷え冷えとしている。〈全七冊〉
〔青N六一〇-六〕 定価一五七三円

……今月の重版再開……

神々は渇く
アナトール・フランス作／大塚幸男訳
〔赤五四三-三〕 定価一三六四円

女性の解放
J・S・ミル著／大内兵衛・大内節子訳
〔白一一六-七〕 定価八五八円

定価は消費税10％込です　2024.12

岩波文庫の最新刊

新編 イギリス名詩選
川本皓嗣編

〈歌う喜び〉を感じさせてやまない名詩の数々。一六世紀のスペンサーから二〇世紀後半のヒーニーまで、愛され親しまれている九二篇を対訳で編む。待望の新編。〔赤二七三-一〕 定価一二七六円

絵画術の書
チェンニーノ・チェンニーニ著/辻茂編訳/石原靖夫・望月一史訳

フィレンツェの工房で伝えられてきた、ジョット以来の偉大な絵画技法を伝える歴史的文献。現存する三写本からの完訳に、詳細な用語解説を付す。（口絵四頁）〔青五八一-一〕 定価一四三〇円

気体論講義(上)
ルートヴィヒ・ボルツマン著/稲葉肇訳

気体分子の運動に確率計算を取り入れ、統計的方法にもとづく力学理論を打ち立てた、ルートヴィヒ・ボルツマン（一八四四-一九〇六）の集大成といえる著作。（全三冊）〔青九五九-一〕 定価一四三〇円

良寛和尚歌集
相馬御風編注

良寛（一七五八-一八三一）の和歌は、日本人の心をとらえて来た。その礎となった相馬御風（一八八三-一九五〇）の評釈で歌を味わう。（解説＝鈴木健一・復本一郎）〔黄二二二-一〕 定価六四九円

……今月の重版再開……

マリー・アントワネット(上)
シュテファン・ツワイク作/高橋禎二、秋山英夫訳
〔赤四三七-一〕 定価一一五五円

マリー・アントワネット(下)
シュテファン・ツワイク作/高橋禎二、秋山英夫訳
〔赤四三七-二〕 定価一一五五円

定価は消費税10％込です　　　2025.1